U0773031

亚热带建筑科学国家重点实验室　华南理工大学建筑历史文化研究中心　资助

国家自然科学基金资助项目『中国古代城市规划、设计的哲理、学说及历史经验研究』（项目号 50678070）

国家自然科学基金资助项目『中国古城水系营建的学说及历史经验研究』（项目号 51278197）

■中国城市营建史研究书系■

Research of Shangqiu City Construction History of
the Ming and Qing Dynasties

明清商丘古城营建史研究

吴庆洲　主编

张　涵　著

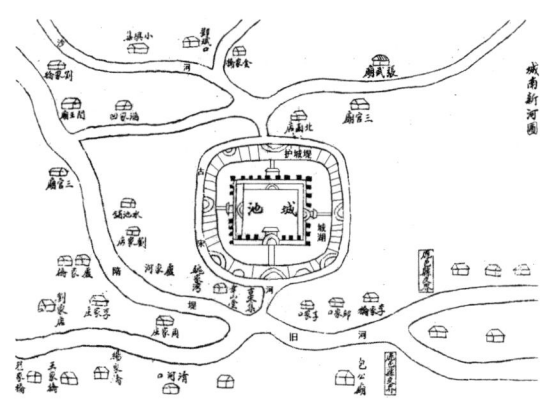

中国建筑工业出版社

图书在版编目（CIP）数据

明清商丘古城营建史研究 / 张涵著. — 北京：中国建筑
工业出版社，2018.4
（中国城市营建史研究书系）
ISBN 978–7–112–21951–3

Ⅰ.①明…　Ⅱ.①张…　Ⅲ.①城市史 — 建筑史 — 研
究 — 商丘 — 明清时代　Ⅳ.① TU-098.12

中国版本图书馆CIP数据核字（2018）第049509号

责任编辑：付　娇　兰丽婷
责任校对：张　颖

中国城市营建史研究书系　　吴庆洲　主编

明清商丘古城营建史研究

张　涵　著
＊
中国建筑工业出版社出版、发行（北京海淀三里河路9号）
各地新华书店、建筑书店经销
北京京点图文设计有限公司制版
北京中科印刷有限公司印刷
＊
开本：787×1092毫米　1/16　印张：17　字数：320千字
2018年9月第一版　2018年9月第一次印刷
定价：76.00元
ISBN 978-7-112-21951-3
　　（31838）

中国城市营建史研究书系编辑委员会名录

总序　迎接中国城市营建史研究之春天

吴庆洲

本文是中国建筑工业出版社于 2010 年出版的"中国城市营建史研究书系"的总序。笔者希望借此机会,讨论中国城市营建史研究的学科特点、研究方法、研究内容和研究特色等若干问题,以推动中国城市营建史研究的进一步发展。

一、关于"营建"

"营建"是经营、建造之谓,包含了从筹划、经始到兴造、缮修、管理的完整过程,正是建筑史学中关于城市历史研究的经典范畴,故本书系以"城市营建史"称之。在古代汉语文献中,国家、城市、建筑的构建都常使用营建一词,其所指不仅是建造,也同时有形而上的意涵。

中国城市营建史研究的主要学科基础是建筑学、城市规划学、考古学和历史学,以往建筑史学中有"城市建设史"、"城市发展史"、"城市规划史"等称谓,各有关注的角度和不同的侧重。城市营建史是城市史学研究体系的子系统,不能离开城市史学的整体视野。

二、国际城市史研究及中国城市史研究概况

城市史学的形成期十分漫长。在城市史被学科化之前,已经有许多关于城市历史的研究了,无论是从历史的视角还是社会、政治、文学等其他视角,这些研究往往与城市的集中兴起、快速发展或危机有关。

古希腊的城邦和中世纪晚期意大利的城市复兴分别造就了那个时代关于城市的学术讨论,现代意义上的城市学则源自工业革命之后的城市发展高潮。一般认为,西方的城市史学最早出现于 20 世纪 20 年代的美国芝加哥等地,与城市社会学渊源颇深。[1] 第二次世界大战后,欧美地区的社会史、城市史、地方史等有了进一步发展。但城市史学作为现代意义上的历史学的一个分支学科,是在 20 世纪 60 年代才出现的。著名的城市理论家刘易斯·芒福德 (Lewis Mumford, 1895—1990) 著《城市发展史——起源、演变和前景》即成书于 1961 年。现在,芒福德、本奈沃洛 (Leonardo

[1]　罗澍伟.中国城市史研究述要 [J]. 城市史研究, 1988, 1.

Benevolo，1923—）、科斯托夫（Spiro Kostof，1936—1991）等城市史家的著作均已有中文译本。据统计，国外有关城市史著作 20 世纪 60 年代按每年度平均计算突破了 500 种，70 年代中期为 1000 种，1982 年已达到 1400种。[1] 此外，海外关于中国城市的研究也日益受到重视，施坚雅（G.William Skinner，1923—2008）主编的《中华帝国晚期的城市》、罗威廉（William Rowe，1931—）的汉口城市史研究、申茨（Alfred Schinz，1919—）的中国古代城镇规划研究、赵冈（1929—）的经济制度史视角下的城市发展史研究、夏南悉（Nancy Shatzman-Steinhardt）的中国古代都城研究以及朱剑飞、王笛和其他学者关于北京、上海、广州、佛山、成都、扬州等地的城市史研究已经逐渐为国内学界熟悉。仅据史明正著《西文中国城市史论著要目》统计，至 2000 年 11 月，以外文撰写的中国城市史有论著 200 多部篇。

　　中国古代建造了许多伟大的城市，在很长的时间里，辉煌的中国城市是外国人难以想象也十分向往的"光明之城"。中国古代有诸多关于城市历史的著述，形成了相应的城市理论体系。现代意义上的中国城市史研究始于 20 世纪 30 年代。刘敦桢先生的《汉长安城与未央宫》发表于 1932 年《中国营造学社汇刊》第 3 卷 3 期，开国内城市史研究之先河。中国城市史研究的热潮出现在 20 世纪 80 年代以后，应该说，这与中国的快速城市化进程不无关系。许多著作纷纷问世，至今已有数百种，初步建立了具有自身学术特色的中国城市史研究体系。这些研究建立在不同的学术基础上，历史学、地理学、经济学、人类学、水利学和建筑学等一级学科领域内，相当多的学者关注城市史的研究。城市史论著较为集中地来自历史地理、经济史、社会史、文化史、建筑史、考古学、水利史、人类学等学科，代表性的作者如侯仁之（1911—2013）、史念海（1912—2001）、杨宽（1914—2005）、韩大成（1924—）、陶濂涛（1930—2007）、皮明庥（1931—）、郭湖生（1931—2008）、马先醒（1936—）、傅崇兰（1940—）等先生。因著作数量较多，恕不一一列举。

　　由 20 世纪 80 年代起，到 2010 年，研究中国城市史的中外著作，加上各大学城市史博士学位论文，估计总量应达 500 部以上。一个研究中国城市史的热潮正在形成。

　　近年来城市史学研究中一个引人注目的现象就是对空间的日益重视——无论是形态空间还是社会空间，而空间研究正是城市营建史的传统领域，营建史学者们在空间上的长期探索已经在方法上形成了深厚的积淀。

5

---

[1]　近代重庆史课题组. 近代中国城市史研究的意义、内容及线索. 载天津社会科学院历史研究所、天津城市科学研究会主办. 城市史研究. 第 5 辑. 天津：天津教育出版社，1991.

三、中国城市营建史研究的回顾

城市营建史研究在方法和内容上不能脱离一般城市史学的基本框架，但更加偏重形式制度、城市规划与设计体系、形态原理与历史变迁、建造过程、工程技术、建设管理等方面。以往的中国城市营建史研究主要由建筑学者、考古学者和历史学者来完成，亦有较多来自社会学者、人类学者、经济史学者、地理学者和艺术史学者等的贡献，学科之间融合的趋势日渐明显。

虽然刘敦桢先生早在 1932 年发表了《汉长安城与未央宫》，但相对于中国传统建筑的研究而言，中国城市营建史的起步较晚。同济大学董鉴泓教授主编的《中国城市建设史》1961 年完成初稿，后来补充修改成二稿、三稿，阮仪三参加了大部分资料收集及插图绘制工作，1982 年由中国建筑工业出版社出版，是系统讨论中国城市营建史的填补空白之作，也是城市规划专业的教科书。我本人教过城市建设史，用的就是董先生主编的书。后来该书又不断修订、增补，内容更加丰富、完善。

郭湖生先生在城市史研究上建树颇丰，在《建筑师》上发表了中华古代都城小史系列论文，1997 年结集为《中华古都——中国古代城市史论文集》(台北：空间出版社)。曹汛先生评价：

"郭先生从八十年代开始勤力于城市史研究，自己最注重地方城市制度、宫城与皇城、古代城市的工程技术等三个方面。发表的重要论文有《子城制度》、《台城考》、《魏晋南北朝至隋唐宫室制度沿革——兼论日本平城京的宫室制度》等三篇，都发表在日本的重头书刊上。"[1]

贺业钜先生于 1986 年发表了《中国古代城市规划史论丛》，1996 年出版的《中国古代城市规划史》是另一本重要著作，对中国古代城市规划的制度进行了较深入细致的研究。

吴良镛先生一直关注中国城市史的研究，英文专著《中国古代城市史纲》1985 年在联邦德国塞尔大学出版社出版，他还关注近代南通城市史的研究。

华南理工大学建筑学科对城市史的研究始于龙庆忠（非了）先生，龙先生 1983 年发表的《古番禺城的发展史》是广州城市历史研究的经典文献。

其实，建筑与城市规划学者关注和研究城市史的人越来越多，以上只是提到几位老一辈的著名学者。至于中青年学者，由于人数较多，难以一一列举。

华南理工大学建筑历史与理论博士点自 20 世纪 80 年代起就开始培养

[1] 曹汛. 伤悼郭湖生先生 [J]. 建筑师，2008，6: 104-107.

城市史和城市防灾研究的博士生，龙先生培养的五个博士中，有四位的博士论文为城市史研究：吴庆洲《中国古代城市防洪研究》（1987），沈亚虹《潮州古城规划设计研究》（1987），郑力鹏《福州城市发展史研究》（1991），张春阳的《肇庆古城研究》（1992）。龙先生倡导在城市史研究中重视城市防灾（其实质是重视城市营建与自然地理、百姓安危的关系）、重视工程技术和管理技术在城市营建过程中的作用、重视从古代的城市营建中获取能为今日所用的经验与启迪。

龙老开创的重防灾、重技术、重古为今用的特色，为其学生们所继承和发扬。陆元鼎教授、刘管平教授、邓其生教授、肖大威教授、程建军教授和笔者所指导的博士中，不乏研究城市史者，至 2010 年 9 月，完成的有关城市营建史的博士学位论文已有 20 多篇。

四、中国城市营建史研究的理论与方法

诚如许多学者所注意到的，近年以来，有关中国城市营建史的研究取得了长足的进展，既有基于传统研究方法的整理和积累，也从其他学科和海外引入了一些新的理论、方法，一些新的技术也被引入到城市史研究中。笔者完全同意何一民先生的看法："城市史研究已经逐渐成为与历史学、社会学、经济学、地理学等学科密切联系而又具有相对独立性的一门新学科。"[1]

笔者认为，中国城市营建史的研究虽然面临着方法的极大丰富，但仍应注意立足于稳固的研究基础。关于方法，笔者有如下的体会：

1. 系统学方法

系统学的研究对象是各类系统。"系统"一词来自古代希腊语"systema"，是指若干要素以一定结构形式联结构成的具有某种功能的有机整体。现代系统思想作为一种对事物整体及整体中各部分进行全面考察的思想，是由美籍奥地利生物学家贝塔朗菲（Ludwig Von Bertalanffy，1901—1972）提出的。系统论的核心思想是系统的整体观念。

钱学森先生在 1990 年提出的"开放的复杂巨系统"（Open Complex Giant System）理论中，根据组成系统的元素和元素种类的多少以及它们之间关联的复杂程度，将系统分为简单系统和巨系统两大类。还原论等传统研究方法无法处理复杂的系统关系，从定性到定量的综合集成法（meta-synthesis）才是处理开放、复杂巨系统的唯一正确的方法。这个研究方法具有以下特点：（1）把定量研究和定性研究有机结合起来；（2）把科学技术方法和经验知识结合起来；（3）把多种学科结合起来进行交叉

---

[1] 何一民. 近代中国衰落城市研究 [M]. 成都：巴蜀书社，2007：14.

研究；（4）把宏观研究和微观研究结合起来。[1]

城市是一个开放的复杂巨系统，不是细节的堆积。

2. 多学科交叉的方法

中国城市营建史不只是城市规划史、形态史、建筑史，其研究涉及建筑学、城市规划学、水利学、地理学、水文学、天文学、宗教学、神话学、军事学、哲学、社会学、经济学、人类学、灾害学等多种学科，只有多学科的交叉，多角度的考察，才可能取得好的成果，靠近真实的城市历史。

3. 田野与文献不能偏废，应采用实地调查与查阅历史文献相结合、考古发掘成果与历史文献的记载进行印证相结合、广泛的调查考察与深入细致的案例分析相结合的方法。

4. 比较研究

和许多领域的研究一样，比较研究在城市史中是有效的方法。诸如中西城市，沿海与内地城市，不同地域、不同时期、不同民族的城市的比较研究，往往能发现问题，显现特色。

5. 借鉴西方理论和方法应考虑是否适用中国国情

中国城市营建史的研究可以借鉴西方一些理论和方法，诸如形态学、类型学、人类学、新史学的理论和方法等。但不宜生搬硬套，应考虑其是否适用于中国国情。任放先生所言极有见地：

"任何西方理论在中国问题研究领域的适用度，都必须通过实证研究加以证实或证伪，都必须置于中国本土的历史情境中予以审视，绝不能假定其代表客观真理，盲目信从，拿来就用，造成所谓以论带史的削足适履式的难堪，无形中使中国历史的实态成为西方理论的注脚。我们应通过扎实的历史研究，对西方理论的某些概念和分析工具提出修正或予以抛弃，力求创建符合中国社会情境的理论架构。

在借鉴西方诸社会科学方法时，应该保持警觉，力戒西方中心主义的魅影对研究工作造成干扰。"[2]

6. 提倡研究理论和方法的创新

依靠多学科交叉、借鉴其他学科，就有可能找到新的研究理论和方法。

比如，拙著《中国古城防洪研究》第四章第三节"古代长江流域城市水灾频繁化和严重化"中，研究表明，中国历代人口的变化与长江流域城市水灾的频率的变化有着惊人的相关性，从而得出"古代中国人口的剧增，加重了资源和环境的压力，加重了城市水灾"的结论。[3] 这是从社会学的

---

[1] 钱学森，于景元，戴汝．一个科学新领域——开放的复杂巨系统及其方法论 [J]．自然杂志，1990，1：3-10．

[2] 任放．中国市镇的历史研究与方法 [M]．商务印书馆，2010：357-358，367．

[3] 吴庆洲．中国古城防洪研究 [M]．北京：中国建筑工业出版社，2009：187-195．

角度以人口变化的背景研究城市水灾变化的一种探索，仅仅从工程技术的角度是很难解答这一问题的。

五、中国城市营建史的研究要突出中国特色

类似生物有遗传基因那样，民族的传统文化（包括科学），也有控制其发育生长，决定其性状特征的"基因"，可称"文化基因"。文化基因表现为民族的传统思维方式和心理底层结构。中国传统文化作为一个整体有明显的阴性偏向，其本质性特征与一般女性的心理和思维特征相一致；而西方则有明显的阳性偏向，其特征与一般男性的心理和思维特征相一致。

在古代学术思想史上，西方学者多立足空间以视时间；中国学者多立足时间以视空间。所以西方较多地研究了整体的空间特性和空间性的整体，中国则较多地探寻了整体的时间特性和时间性的整体。[1]

世界上几乎每个民族都有自己特殊的历史、文化传统和思维方式。思维方式有极强的渗透性、继承性、守常性。从文化人类学的观点看，思维方式的考察对于说明世界历史的发展有重要的理论价值。在社会、哲学、宗教、艺术、道德、语言文字等方面，中国与欧洲鲜明显示出两种不同的体系，不同的走向，不同的格调。[2]

由于"文化基因"的不同，中国城市的营建必然具有中国特色，中国的城市是中国人在自己的哲学理念指导下，根据城市的地理环境选址，按照自己的理想和要求营建的，中国的城市体现的是中国的文化特色。中国城市营建史一定要注意中国特色、研究中国特色、突出中国特色。

我们运用现代系统论的理论，也要认识到中国古代的易经和老子哲学也是用的系统论观点，认为天、地、人三才为一个开放的宇宙大系统，天、地、人三才合一为古人追求的最高的理想境界，这些都投射到了城市营建之中。

赵冈先生从经济史的角度出发，发现中国与西方的城市发展完全不同。第一，中国城市发展的主要因素是政治力量，不待工商业之兴起，所以中国城市兴起很早。第二，政治因素远不如工商业之稳定，常常有巨大的波动及变化，所以许多城市的兴衰变化也很大，繁华的大都市转眼化为废墟是屡见不鲜之事。此外，赵冈的研究还发现中国的城乡并不似欧洲中世纪那样对立，战国以后井田制度解体，城乡人民可以对流，基本上城乡是打成一片的。[3]赵冈先生的研究成果显现了中国城市的若干特色。

中国城市营建史中有着太多的特色等待着更多的研究者去做深入的发

9

---

[1]　田盛颐．中国系统思维再版序 [M]．刘长林．中国系统思维——文化基因探视．北京：社会科学文献出版社，2008．

[2]　刘长林．中国系统思维——文化基因探视 [M]．北京：社会科学文献出版社，2008：1-2．

[3]　赵冈．中国城市发展史论集 [M]．北京：新星出版社，2006：90-91．

掘。即以笔者的研究体会为例:

中国的古城的城市水系,是多功能的统一体,被称为古城的血脉。[1]这是一大特色。

作为军事防御用的中国古代城池,同时又能防御洪水侵袭,它是军事防御和防洪工程的统一体,[2]为其一大特色。

研究城市形态,可别忘了,我国古人按照周易哲学,有"观象制器"的传统,也有"仿生象物"的营造意匠。[3]

只有关注中国特色,才能发现并突出中国特色,才能研究出真正的中国城市营建史的成果。

六、研究中国城市营建史的现实意义

中国古城有 6000 年以上的历史,在古代世界,中国的城市规划、设计取得了举世瞩目的成就,建设了当时最壮美、繁荣的城市。汉唐的长安城、洛阳城,六朝古都南京城、宋代东京城、南宋临安城、元大都城、明清北京城都是当时最壮丽的都市。明南京城是世界古代最大的设防城市。中国古代城市无论在规模之宏大、功能之完善、生态之良好、景观之秀丽上,都堪称当时世界之最。

吴良镛院士指出:

"中国古代城市是中国古代文化的重要组成部分。在封建社会时期,中国城市文化灿烂辉煌,中国可以说是当时世界上城市最发达的国家之一。其特点是:城市分布普遍而广泛,遍及黄河流域、长江流域、珠江流域等;城市体系严密规整,国都、州、府、县治体系严明;大城市繁荣,唐长安、宋开封、南宋临安等地区可能都拥有百万人口;城市规划制度完整,反映了不得逾越的封建等级制度等等;所有这些都在世界城市史上占有独特的重要地位。……中国古代城市有高水平的建筑文化环境。中国传统的城市建设独树一帜,'辨方正位','体国经野',有一套独具中国特色的规划结构、城市设计体系和建筑群布局方式,在世界城市史上也占有独特的位置。"[4]

中国古人在城市规划、城市设计上有相应的哲理、学说以及丰富的历史经验,这是一笔丰厚的文化与科学技术遗产,值得我们去挖掘、总结,并将其有生命活力的部分,应用于今天的城市规划、城市设计之中。

20 世纪 80 年代之后,我国的城市化进程迅速加快,但城市规划的理

[1] 吴庆洲.中国古代的城市水系 [J]. 华中建筑, 1991, 2: 55-61.
[2] 吴庆洲.中国古城防洪研究 [M]. 北京: 中国建筑工业出版社, 2009: 563-572.
[3] 吴庆洲.仿生象物——传统中国营造意匠探微 [J]. 城市与设计学报, 2007, 9, 28: 155-203.
[4] 吴良镛.建筑·城市·人居环境 [M]. 石家庄: 河北教育出版社, 2003: 378-379.

论和实践处于较低水平，并且理论尤为滞后。正因为城市规划理论的滞后，我们国家的城市面貌出现城市无特色的"千城一面"的状况。出现这种状况有两种原因：

一是由于我们的规划师、建筑师不了解我国城市的过去，也没有结合国情来运用西方的规划理论，而是盲目效仿。正如刘太格先生所认为的："欧洲城市建设善于利用山、水和古迹，其现代化和国际化的创作都具有本土特色，在长期的城市发展中，设计者们较好地实现了新旧文明的衔接，并进而向全球推广欧洲文化。亚洲城市建设过程中缺少对山水和古迹的保护，设计者中'现代化'、'国际化'的追随者较多，设计缺少本土特色。"即亚洲的"建设者自信不足，不了解却迷信西方文化，盲目地崇拜和模仿西洋建筑，而不珍惜亚洲自己的文化。"[1] 事实上，山、水在中国古代城市的营建中具有十分重要的意义，例如广州城，便立意于"云山珠水"。只是由于当代人对城市历史的不了解，山水才在城市的蔓延和拔高中逐渐变得微不足道，以至于成为了被慢慢淡忘的"历史"了。

二是中国古城营建的哲理、学说和历史经验，尚有待总结，才能给城市规划师、建筑师和有关决策者、建设者和管理人员参考运用。城市营建的历史本身是一种记忆，也是一门重要而深奥的学问。中国城市营建史研究不可建立在功利性的基础之上，但城市营建的现实性决定了它也不能只发生在书斋和象牙塔之内，对于处于巨变中的中国城市来说，城市营建在观念、理论、技术和管理上的历史经验、智慧和教训完全应该也能够成为当代城市福祉的一部分。

中国城市营建史之研究，有重大的理论价值和指导城市规划、城市设计的实践意义。从创造和建设具有中国特色的现代化城市，以及对世界城市规划理论作出中国应有的贡献这两方面，这一研究的理论和实践意义都是重大的。

七、中国城市营建史研究的主要内容

各个学科研究城市史各有其关注的重点。笔者认为，以建筑学和城市规划学以及历史学为基础学科的中国城市营建史的研究应体现出自身学科的特色，应在城市营建的理论、学说，城市的形态、营建的科学技术以及管理等方面作更深入、细致的研究。中国城市营建史应关注：

（1）中国古代城市营建的学说；
（2）影响中国古代城市营建的主要思想体系；

[1] 万育玲.亚洲城乡应与欧洲争艳——刘太格先生谈亚洲的城市建设 [J].规划师.2006,3: 82-83.

  (3) 中国古代城市选址的学说和实践;

  (4) 城市的营造意匠与城市的形态格局;

  (5) 中国古代城池军事防御体系的营建和维护;

  (6) 中国古城防洪体系的营造和管理;

  (7) 中国古代城市水系的营建、功用及管理维护;

  (8) 中国古城水陆交通系统的营建与管理;

  (9) 中国古城的商业市街分布与发展演变;

  (10) 中国古代城市的公共空间与公共生活;

  (11) 中国古代城市的园林和生态环境;

  (12) 中国古代城市的灾害与城市的盛衰;

  (13) 中国古代的战争与城市的盛衰;

  (14) 城市地理环境的演变与其盛衰的关系;

  (15) 中国古代对城市营建有创建和贡献的历史人物;

  (16) 各地城市的不同特色;

  (17) 城市营建的驱动力;

  (18) 城市产生、发展、演变的过程、特点与规律;

  (19) 中外城市营建思想比较研究;

  (20) 中外城市营建史比较研究,等等。

八、迎接中国城市营建史研究之春天

  中国城市营建史研究书系首批出版十本,都是在各位作者所完成的博士学位论文的基础上修改补充而成的,也是亚热带建筑科学国家重点实验室和华南理工大学建筑历史文化研究中心的学术研究成果。这十本书分别是:

  (1) 苏畅著《〈管子〉城市思想研究》;

  (2) 张蓉著《先秦至五代成都古城形态变迁研究》;

  (3) 万谦著《江陵城池与荆州城市御灾防卫体系研究》;

  (4) 李炎著《清代南阳"梅花城"研究》;

  (5) 王茂生著《从盛京到沈阳——清代沈阳城市发展与空间形态研究》;

  (6) 刘剀著《晚清汉口城市发展与空间形态研究》;

  (7) 傅娟著《近代岳阳城市转型和空间转型研究(1899—1949)》;

  (8) 贺为才著《徽州城市村镇水系营建与管理研究》;

  (9) 刘晖著《珠三角城市边缘传统聚落形态的城市化演进研究》;

  (10) 冯江著《祖先之翼——明清广州府的开垦、聚族而居与宗族祠堂的衍变》。

  这些著作研究的时间跨度从先秦至当下,以明清以来为主。研究的地

域北至沈阳，南至广州，西至成都，东至山东，以长江以南为主。既有关
于城市营建思想的理论探讨，也有对城市案例和村镇聚落的研究，以案例
的深入分析为主。从研究特点的角度，可以看到这些研究主要集中于以下
主题：城市营建理论、社会变迁与城市形态演变、城市化的社会与空间过程、
城与乡。

　　《〈管子〉城市思想研究》是一部关于城市思想的理论著作，讨论的是
我国古代的三代城市思想体系之一的管子营城思想及其对后世的影响。

　　有六位作者的著作是关于具体城市的案例解析，因为过往的城市营建
史研究较多地集中于都城、边城和其他名城，相对于中国古代城市在层次、
类型、时期和地域上的丰富性而言，营建史研究的多样性尚嫌不足，因此
案例研究近年来在博士论文的选题中得到了鼓励。案例积累的过程是逐渐
探索和完善城市营建史研究方法和工具的过程，仍然需要继续。

　　另有三位作者的论文是关于村镇甚至乡土聚落的，可能会有人认为不
应属于城市史研究的范畴。在笔者看来，中国古代的城与乡在人的流动、
营建理念和技术上存在着紧密的联系，区域史框架之内的聚落史是城市史
研究的另一方面。

　　正是因为这些著作来源于博士学位论文，因此本书系并未有意去构建
一个完整的框架，而是期待更多更好的研究成果能够陆续出版，期待更多
的青年学人投身于中国城市营建史的研究之中。

　　让我们共同努力，迎接中国城市营建史研究之春天的到来！

吴庆洲

华南理工大学建筑学院　教授

亚热带建筑科学国家重点实验室　学术委员

华南理工大学建筑历史文化研究中心　主任

2010 年 10 月

目　录

15

第一章　考察端绪

中国历史古城环境优美、古迹众多、特色乡土建筑丰富，中国五千年源源不断的历史及文化，成就了中国古城独有的特色。考古和文献证明历代中国古城的营建由于其行政职能的需要，大都经过事先的规划，尔后集中建造。其规划中蕴含着中国古代哲学思想，营建体现着礼制的规范性。目前为止，中国延续下来约有 2000 多个历史性城镇，至 2013 年国家历史文化名城已有 123 座，这些都是中国宝贵的物质文化遗产资源。鉴于地理和人文环境的不同，这些古城又各有其独特的地域特色和城市景观。古城作为活生生的历史载体，作为至今人类仍生存活动的场所，对它的研究连接了过去、现在和未来，其研究价值远远超过任何文献资料[1]。

第一节　城市营建视野中的商丘古城营建之确立

一、研究背景

中国城市是中国科学技术及文化的产物[2]。正如吴庆洲先生[3]所强调，要深入研究"营建"背后的形而上的意涵，才能突出中国特色。通过对中国古代城市的研究，才能在尊重历史的基础上，找到城市未来发展的方向。而中国城市营建史研究所包含的理论思想、科学技术及城市个案等诸多方向，需要更多的研究者来做更加深入、广泛的研究。本书的研究就是立足这样的学术背景之下。

商丘位于黄河流域中下游，河南省东部，毗邻安徽、山东、江苏三省，紧靠黄河故道，正当中原大地，也是中原大地上难得保留至今的、完整的、天地人和的历史文化名城。据考古及文献记载，商丘的历史距今有五千年。历数每一个发展阶段，都有不同的特色。上古时期留下的是阏伯台，是三皇五帝时代标志人类生存中心的发源地；夏商周三代时期，是商族发源、生息、壮大的祖居地；周代又作为殷商遗民的国都所在地；汉代是重要皇

[1] 王景慧，阮仪三，王林. 历史文化名城保护理论与规划 [M]. 上海：同济大学出版社，2009.
[2] 卢嘉锡. 总序. 卢嘉锡. 中国科学技术史 [M] 北京：科学出版社，2002.
[3] 吴庆洲. 总序. 吴庆洲. 中国城市营建史研究书系 [M]. 北京：中国建筑工业出版社，2010.

族的分封地；北宋时期，又作为首都的门户起着重要的军事作用；明清时期是豫东府治治所。在不同时期，这个城市发挥了不同的城市功能。这为城市营建的研究提供了多个视角。这些具有代表性的时期，均留下了古城变迁珍贵的地面及地下遗迹，商丘古城的变迁研究，可以看做北方中原文化发展的一个完整缩影。

现存商丘古城始建于明正德六年（1511 年），距今已有 500 年的历史。古城按照古代风水理论修建，全城外圆内方，形如古铜钱；内城城墙耸立，蔚为壮观，护城河绕城一周，水面宽阔。从空中俯瞰（图 1-1-1）可以发现，古城仿佛是建在水中，侧看宛如龟背伏趴，深入湖中之势。以龟为意匠营建的中国古城约有 30 多座 [1]，其中，又同时为中国历史文化名城的有 7 座 [2]，商丘就是其中之一。不仅如此，商丘古城的内城、城湖、城郭三位一体，保存完好，在国内独一无二，堪称中国古城池营建的典范之作，而且又是目前中国现存的唯一一座集八卦城、水中城、城摞城的大型古城遗址，文化内涵深厚。本书拟从中国古代城市营建史的学术视角研究明清商丘城营建的历史与文化特色，以供当今城市建设参考。

图1-1-1　商丘古城鸟瞰图
（资料来源：转引自李伟伟. 商丘古城传统建筑地域性特色研究 [D].
开封：河南大学，2012：12. 图 2-4）

二、研究对象之界定

商丘地区处在历史上所称的黄泛区，自北宋末至清咸丰年间黄河南泛所引起的大量泥沙堆积，导致了大部分史前和历史时代的文化遗址被

[1]　吴庆洲. 龟文化与中国传统建筑 [A]. 中国建筑史论汇刊（第二辑）[C]. 北京：清华大学出版社，2009：445-483.

[2]　吴庆洲. 中国古代城市规划哲理研究——以龟形城市格局为例 [J]. 中国名城，2010（8）：37-46.

深埋于黄河冲积物之下。商丘的地面遗存，最早可追溯到公元前四千多年前的阏伯观星台。最具代表性的就是距今五百年之久、保存完整的明清归德府城，即现在的商丘古城。1996 年，中国社会科学院考古研究所与美国哈佛大学皮保德博物馆组成的中美联合考古队在商丘古城周围探出了东周宋国城址及唐宋元睢阳城址，并且这三座城址（图 1-1-2）是叠放着的：东周宋国城位于最下面，上面叠压着睢阳城，再上面

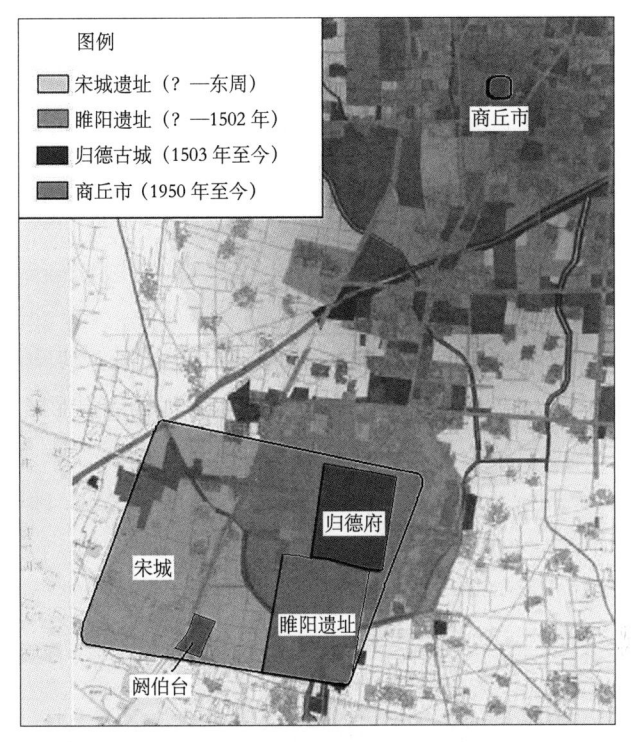

图1-1-2　商丘古城演变示意图

（资料来源：以中国社会科学院考古研究所，美国哈佛大学皮德保博物馆中美联合考古队. 河南商丘县东周城址勘查简报 [J]. 考古，1998（12）. 图 1 为底图编绘）

是现在的商丘古城[1]。此一发现，将商丘的历史变迁明晰地展示出来。本研究就是立足在这一连续的古城变迁基础之上，历时上下五千多年。

（一）明清商丘城

结合商丘县志及考古挖掘分析，以古城的变迁为基本线索，商丘地区经历了四个阶段的重要发展。

阏伯台时期，即三皇五帝之帝喾年代至商代。早在上古五帝时期，唐尧封阏伯于商丘，任火正，主辰星之祀。他带领族人定居于观星之阏伯台旁。舜封契于商，为商族人的始祖。约公元前 16 世纪，契的十三世孙汤，灭夏后，在商丘建立了商。始"从先王居"，后徙西亳。

宋国故城时期，即西周至汉代。西周时期，约公元前 11 世纪，周成王封殷商后裔微子启于商丘，建宋国，于商丘立国 775 年。秦朝统一后，实行郡县制，因其位于睢水之阳，改商丘为睢阳。始置睢阳县，属砀郡。西汉封梁孝王于商丘，建梁国，睢阳为梁都城。至晋武帝，封彤为梁王，

[1]　中国社会科学院考古研究所，美国哈佛大学皮德保博物馆中美联合考古队. 河南商丘县东周城址勘查简报 [J]. 考古，1998（12）：18-27.

睢阳仍为梁国都城。十六国南北朝，继称睢阳，为梁郡郡治。隋开皇十八年（598 年）改睢阳为宋城县，属宋州。因治所沿用宋国城而得名。

睢阳城时期，即唐代至明代前期。唐建中时，为宣武军城。唐天宝时属睢阳郡，乾元时改宋州。至五代均为宋州州治，"归德"之名始于后唐时期归德军治此。宋太祖赵匡胤因任归德军节度使，兴兵于宋地，建国后称国号为"宋"。景德三年（1006 年），升宋州为应天府；大中祥符七年（1014 年）改称南京，成为北宋的陪都。随后康王赵构在此即位，开南宋之基。金承安五年（1200 年）改宋城为睢阳县。元代为归德府治。明设归德卫，洪武二年（1369 年）设县，降府为州。此城于明弘治十五年（1502 年）圮于水。

归德府城时期，即明清至今时期。明弘治十六年至正德六年（1503—1511 年），于旧城北筑新城，史称归德府城。嘉靖二十四年（1545 年）升州为府，复置县，改名为商丘。清代设为归德府治，并设镇守使署。民国 2 年（1913 年）裁归德府留县，商丘县归属开封道。后又复归河南省第二行政区，专员公署设在商丘古城内。1948 年商丘解放。中华人民共和国成立后，又依次隶属开封专区、商丘专区、商丘地区，为商丘县和地区驻地，现为商丘市睢阳区所在[1]。

目前，商丘古城总体格局上仍保留着周秦汉唐以来的历史印迹，并以明清时期的归德府城形制最为完整。因此，明清时期是古往今来商丘城市营建变迁的重要转折点。本书将视点集中于探寻明清时期商丘城的营建。明清商丘城是历史学含义的名称，是地理学意义上的明清归德府城，也是明清时期归德府治和商丘县治所在地。

（二）城市营建

城市史研究有不同的学科方向。城市营建史研究侧重城市规划、建筑与历史三个基础学科的结合。深入细致地探究城市营建的理论思想、城市形态变迁、营建技术及管理是它的学科特色[2]。明清商丘城的营建研究包括城市选址、规划布局、城池军事防御、防洪体系及城市建筑群等方面，重点探明以下几个关键问题：商丘城市选址的自身特色；不同时期古城的营建思想；古城产生、发展、演变的过程、特点与规律；古城的营造意匠与古城形态、布局的形成过程；地理环境、自然灾害及战争与商丘古城盛衰的关系；城池军事防御、基于城市的防洪体系营造及管理特色的历史发展等。

三、研究意义

商丘古城在中国古代城市营建史上的研究价值是很突出的，体现在以

---

[1] 据彭卿云. 中国历史文化名城词典续编 [M]. 上海：上海辞书出版社，1997：623 及（清康熙四十四年）商丘县志. 卷之一. 沿革总结而成。

[2] 吴庆洲. 总序. 吴庆洲. 中国城市营建史研究书系 [M]. 北京：中国建筑工业出版社，2010.

下六点。

1. 作为古城历史变迁的见证，在中国城市发展史上具有代表性和典型性

商丘地理位置重要，地处鲁豫皖三省交会之要冲，有豫东门户之称。历史上也为兵家必争之地。故自春秋以迄清末，皆为军事重镇，地理位置对河南的战略影响重大，成为历代政权的政治军事文化中心，因而具有普遍意义的中原传统官属城市特征，也最能反映中国历史上社会经济发展的总体历程和典型的文化内涵。

商丘古城典型性因其处于黄淮流域，黄河下游冲积平原著名的黄泛区，城市发展与黄河有着直接关系，是黄河变迁的特定历史产物。在长期抵御洪涝、沙灾的过程中，商丘地区古城逐渐形成了与黄泛相适应的独特的防洪体系及防洪抗冲措施。商丘古城的防洪体系是历史时期黄河泛滥和古代先民治水实践经过长期相互作用形成的智慧结晶。其浑然一体的城池、城湖和城堤是先民丰富治水经验的物质体现，是人们在严酷的自然环境下，以生命为代价换取的"生存的艺术"，探讨明清商丘古城抗洪排涝的历史经验，对于当代城市建设有借鉴意义。

2. 明清商丘古城可成为研究中国城市营建史的实物例证

商丘古城是一座历史悠久的古城，周代是宋国都城，汉初立为睢阳县，五代后周时，赵匡胤发迹于此，曾为北宋陪都，南宋赵构即位于此，故曾为南宋都城。金代改为归德府，至明清时期均为归德府治所在地。因此它是研究古城历史变迁、发展的珍贵实物例证。黄河自南宋至清咸丰长达700余年的时间里，在淮北平原上频频决口、泛滥、改道，使该地区成为最著名的黄泛区。河南商丘地区处于黄泛区的核心区，在长期抵御洪涝、沙灾的过程中，商丘古城逐渐形成了与黄泛过程相适应的独特的洪涝景观。作为目前我国遗存较完整、为数不多的明代府县城城墙之一，它是研究明代建筑的营造特色以及城市军事防御构筑发展的历史实物。其科学价值体现在古城规划的布局上：棋盘道路系统、城池方正、排水泄洪系统合理有序，特别是它的城池、城湖、圆形护城堤三位一体布局，不仅是完美体现古城防洪排涝特点的防洪御灾设施，而且也是体现古代战争特点的军事防御设施。由此可见，商丘古城是一座完整的古代城池，是考古学的第一手实物研究资料。

3. 明清商丘古城所蕴含的"龟文化"特色，是对建筑文化哲理研究的补充和深化

在古城规划的布局上：棋盘道路系统、城池方正、排水泄洪系统合理有序，城墙、城门、城湖、城堤四位一体，不仅体现了我国古代城市规划的科学性，而且其规划思想体现了中国古代阴阳五行八卦的宇宙观。古城

坐落在向南微倾的龟背上，暗示了龟文化的意向流露[1]。龟文化所蕴含的人文和生态理念是商丘古城保持原貌的可行性理论根据。

4. 阏伯台选址所体现的中国古代天文学思想，是对城市选址理论的补充

上古时期，由历代古国的选址均在中央天齐线可知，阏伯台的选址首先是出于观测天文的需要，其次以观测大火星的最佳位置来定点。因此，它的选址具有独一无二性，此地也由此成为观测大火星的商族的族属地。

5. 对明清商丘古城的系统研究为当地历史文化遗产保护和利用提供理论指引

从古城外在的几个所谓物质要素指标来看，它称得上建筑史意义上的古城。但从现实背景来看，商丘古城在城市现代化进程中的危机现状令人担忧。可以说是现代城市化进程中，中西文化冲突的较为典型的例证、城镇化中人文缺失的例证。就是这样一个保存完整的古城，一个曾经完整的古代城市，经历繁荣昌盛，有文化底蕴的城市一定有它存在的原因。而现在却面目全非，造成这些衰败背后的真正原因是什么？科学理性的不足？人文精神的失落？国民的科学素养？传统文化的后继乏人？诚信的缺失？本研究力求通过对物质层面的梳理，挖掘物质深层的制度和精神因素对城市发展的影响因素。文化的地域性特征的主导影响力，将单一要素物质层面背后的社会历史问题结合起来，构成不同时期城市物质形态所反映的中国古代社会的变化。我们不仅要重视城市规划的个性因素，还要考虑人文因素对城市规划的深层影响。

6. 本研究也是河南省政府决策招标课题"河南省传统文化资源的深度挖掘与传承"[2]研究的案例部分

第二节　相关学术研究之梳理

一、城市营建历史相关研究

一般认为，中国城市史发展存在两条主线：一条是行政力量强制下的城市发展道路；一条是城市发展的自然历史过程。前者主要指行政区划上的治所，后者产生的是以市场为主要特征的都市（或市镇）。这几乎是目前中国学者对城市史学这一学科公认的认识和界定。整个中国城市史研究

[1]　陈道山. 商丘古城：地平天成的龟城 [J]. 电子科技大学学报（社科版），2013（4），70-77.
[2]　此课题已于 2011 年结项，其中成果部分见：张涵，朱晓娟. 河南省传统文化资源的深度挖掘 [J]. 河南科技大学学报（社会科学版），2011（2）：67-69.

体系涉及的学科相当广泛[1]。由于关于城市史的综述研究颇为丰富[2]，不在此详细列出。立足本研究的侧重点，首先回顾一下多学科领域内的中国古代城市史的研究成果，以作为此次学术研究的大背景；其次总结中国城市营建史的研究现状，以明确此次研究的起点。

（一）中国古代城市研究之综述

关于先秦时期城市的研究[3]，以考古资料为主，辅以文献资料。代表性的研究成果主要有：许宏的《先秦城市考古学研究》收集归纳了最全面的先秦城市考古资料；曲英杰的《先秦都城复原研究》和《史记都城考》尝试复原了先秦时期大量都城的城市布局；张国硕的《夏商时代都城制度研究》首次提出夏商时期就存在主辅都的都城制度。视角独特的研究还有：杜正胜的《古代社会与国家》、《周代城邦》和马世之的《中国史前古城》。

汉唐时期城市史的研究成果较多[4]。最具代表性的著作有周长山的《汉代城市研究》和张继海的《汉代城市社会》。研究视角较具新意的有：姜波的《汉唐都城礼制建筑研究》、王静的《唐代长安社会史研究——从社会流动的角度来观察》。

开封和江南城市一直是宋代城市研究的焦点[5]。早期最著名的有周宝珠的《宋代东京研究》和田银生的《走向开放的街市——宋代东京街市研究》，其社会学视角的研究方式值得借鉴。宋代开封最新的研究著作有刘

7

[1] 这些研究建立在不同的学术基础之上，历史学、地理学、经济学、人类学、水利学和建筑学等一级学科领域内，论著较为集中地来自历史地理、经济史、社会史、文化史、建筑史、考古学、水利学、人类学等学科。引自吴庆洲.总序.吴庆洲.中国城市营建史研究书系 [M].北京：中国建筑工业出版社，2010。

[2] 与本研究相关的主要有：吴庆洲.中国建筑史学近20年的发展及今后展望 [J].华中建筑，2005 (3)：126-133；熊月之、张生.中国城市史研究综述 (1986-2006) [J].史林，2008 (1)：21-35；毛曦.城市史学与中国古代城市研究 [J].史学理论研究，2006 (2)：71-81；何韶颖.明清城市史研究综述 [J].南方建筑，2012 (1)：18-21；成一农.2010年中国历史地理研究综述 [J].中国史研究动态，2011 (5)：27-34。

[3] 许宏.先秦城市考古学研究 [M].北京：燕山出版社，2000；曲英杰.先秦都城复原研究 [M].哈尔滨：黑龙江人民出版社，1991；曲英杰.史记都城考 [M].北京：商务出版社，2007；张国硕.夏商时代都城制度研究 [M].郑州：河南人民出版社，2002；杜正胜.古代社会与国家 [M].台湾：允晨文化，1992；杜正胜.周代城邦 [M].台北：联经出版事业公司，1979；马世之.中国史前古城 [M].武汉：湖北教育出版社，2003。

[4] 肖建乐.唐代城市经济研究 [M].北京：人民出版社，2009；程存洁.唐代城市史研究初编 [M].北京：中华书局，2002；周长山.汉代城市研究 [M].北京：人民出版社，2001；张继海.汉代城市社会 [M].北京：社会科学文献出版社，2006；姜波.汉唐都城礼制建筑研究 [M].北京：文物出版社，2003；王静.唐代长安社会史研究——从社会流动的角度来观察 [A].北京：北京大学，2004。

[5] 江南研究的代表著作有：（日）斯波义信著.方健、何忠礼译.宋代江南经济史 [M].南京：江苏人民出版社，2001；周宝珠.宋代东京研究 [M].开封：河南大学出版社，1999；田银生.走向开放的街市——宋代东京街市研究 [M].生活·读书·新知三联书店，2011；刘春迎.北宋东京研究 [M].北京：科学出版社，2004；（日）久保田和男著.郭万平译.董科校译.宋代开封研究 [M].上海：上海古籍出版社，2010。

春迎的《北宋东京城研究》和（日）久保田和男的《宋代开封研究》。刘春迎将文献资料与考古资料结合起来，全面揭示了北宋开封的城市布局；而久保田和男在前代周宝珠、日野开三郎等中外学者先行研究基础上，提出了从首都功能的视角来切入，其研究思路和问题意识值得我国学者借鉴和进一步深化。

基于史料丰富的大前提，明清时期城市研究[1]是国内外学者热衷的研究领域。综合性著作中有韩大成的《明代城市研究》、刘凤云的《明清城市空间的文化探析》，施坚雅主编的《中华帝国晚期的城市》影响力较大，以上是中国城市史研究中的重要参考书。

中国古代城市的综合研究涉及诸多学科领域，其中与本研究相关的学科主要包括：建筑史、水利学、历史地理、考古学、文化史、社会史、经济史、人类学等。其中具有影响力的论著[2]有侯仁之的《历史地理学的理论与实践》，史念海的《中国古都和文化》，中村圭尔·辛德勇的《中国古代城市研究》，吴松弟的《中国古代都城》，杨宽的《中国古代都城制度史》，张驭寰的《中国城池史》，赵冈的《中国城市发展史论集》，成一农的《古代城市形态研究方法新探》等。这些通史类著作，较为全面系统地论述了形态与人类社会、文明发展的关系，对城市的分类研究和理解中国城市的渊源和演变有十分重要的价值。

[1] 韩大成.明代城市研究[M].北京：中国人民大学出版社，1991；刘凤云.明清城市空间的文化探析[M].北京：中央民族大学出版社，2001；施坚雅.中华帝国晚期的城市[M].北京：中华书局，2000。
[2] 侯仁之.历史地理学的理论与实践[M].上海：上海人民出版社，1979；史念海.中国古都和文化[M].北京：中华书局，1998；中村圭尔，辛德勇.中国古代城市研究[M].北京：中国社会科学出版社，2004；吴松弟.中国古代都城[M].北京：商务印书馆，1998；杨宽.中国古代都城制度史研究[M].上海：上海人民出版社，2006；张驭寰.中国城池史[M].天津：百花文艺出版社，2003；郭湖生.中华古都——中国古代城市史论文集[M].台北：空间出版社，1997；萧红颜.东周以前城市史研究[D].东南大学，2003；汪德华.中国古代城市规划文化思想[M].北京：中国城市出版社，1997；何一民.中国城市史[M].武汉：武汉大学出版社，2012；何一民.中国城市史纲[M].成都：四川大学出版社，1994；傅崇兰，白晨曦等.中国城市发展史[M].北京：社会科学文献出版社，2009；傅崇兰.中国运河城市发展史[M].成都：四川人民出版社，1985；马正林.中国城市历史地理[M].济南：山东教育出版社，1998；赵冈.中国城市发展史论集[M].北京：新星出版社，2006；李孝聪.历史城市地理[M].济南：山东教育出版社，2007；成一农.古代城市形态研究方法新探[M].北京：社会科学文献出版社，2009；李孝悌.中国的城市生活[M].北京：新星出版社，2006；马先醒.中国古代城市论集[M].台北：简牍学会刊行，1980；高佩义.中外城市比较研究[M].天津：南开大学出版社，1991；陈桥驿.中国历史名城[M].北京：中国青年出版社，1986；胡俊.中国城市：模式与演进[M].北京：中国建筑工业出版社，1995；汪铭铭.逝去的繁荣——一座老城的历史人类学考察[M].杭州：浙江人民出版社，1999；郑连第.中国古代城市水利[M].北京：水利电力出版社，1985；魏泽崧，汪霞，郭海.从文化生态学范畴看中国历史城市的发展[J].华中建筑，2013（2）：117-121。

（二）城市营建史研究现状

中国城市营建史的研究立足于建筑学、城市规划学及历史学等基础学科，重点着眼于与城市建设相关的理论、科学技术以及管理方面的探讨。目前城市营建的综合研究论著不多，具有影响力的有：同济大学董鉴泓教授主编的《中国城市建设史》[1]是系统讨论中国城市营建史的填补空白之作。该著作将中国古代城市按历史分期的方法，来论述各时期城市建设发展方式，并辅以大量关于历史居民点和城镇的实例，通过对城镇形态特征的描述，归纳出中国古代城市建设的特征与渊源。贺业钜的《中国古代城市规划史》[2]则是侧重对中国古代城市规划的制度研究的一本力作。

城市营建史涉及的研究对象颇为广泛。在对中国古代城市营建的理论、学说的研究中，贺业钜的《考工记营国制度研究》是一部研究中国古代城市规划制度——《考工记》营国制度的学术著作。通过对西周初期城邑建设制度的分析，揭示我国古代城市规划体系的全貌，辨明我国城市规划传统的渊源。吴庆洲[3]在著作《建筑哲理、意匠与文化》中通过大量实证的解析，系统研究了我国古代传统建筑园林、宗教艺术、装饰艺术和城市规划等方面蕴含的深层次哲理，深刻揭示了中国古代哲学与城市规划的关系。在此基础上，吴庆洲将建筑及古城中呈现的这些仿生象物的传统营造意匠阐释为中华仿生象物文化，并在其著作《中国古城营建与仿生象物》和《中国器物设计与仿生象物》中，运用详细的例证论证了这一文化特征及哲理内涵。这是对中国古代城市营建理论体系研究的重要成果，也是保护名城、建设名城的思想武器。关于探讨城市思想的理论著作还有苏畅的《〈管子〉城市思想研究》[4]，该书讨论了影响中国古代城市规划的三大思想体系[5]之一的管子营城思想及其对后世的影响。

涉及营建文化方面[6]，如汪德华的《中国山水文化与城市规划》，王其

9

[1] 董鉴泓. 中国城市建设史 [M]. 上海：同济大学出版社，1989；董鉴泓. 城市规划历史与理论研究 [M]. 上海：同济大学出版社，1999。

[2] 贺业钜. 中国古代城市规划史 [M]. 北京：中国建筑工业出版社，1996；贺业钜. 考工记营国制度研究 [M]. 北京：中国建筑工业出版社，1985。

[3] 吴庆洲. 建筑哲理、意匠与文化 [M]. 北京：中国建筑工业出版社，2005；吴庆洲. 中国古城营建与仿生象物 [M]. 北京：中国建筑工业出版社，2013；吴庆洲. 中国器物设计与仿生象物 [M]. 北京：中国建筑工业出版社，2013。

[4] 苏畅.《管子》城市思想研究 [M]. 北京：中国建筑工业出版社，2010.

[5] 吴庆洲先生在其《象天法地意匠与中国古都规划》一文中提出了影响中国古都规划的三种思想体系，分别是体现礼制的思想体系、《管子》为代表的注重环境求实用的思想体系、追求天地人和谐合一的哲学思想体系。引自吴庆洲. 象天法地意匠与中国古都规划 [J]. 华中建筑，1996（2）。

[6] 汪德华. 中国山水文化与城市规划 [M]. 南京：东南大学出版社，2002；王其亨. 风水理论研究 [M]. 天津：天津大学出版社，1998；程建军. 中国古代建筑与周易哲学 [M]. 长春：吉林教育出版社，1991；程建军，孔尚朴. 风水与建筑 [M]. 南昌：江西科学技术出版社，2005。

亨的《风水理论研究》，程建军的《中国古代建筑与周易哲学》和程建军、孔尚朴的《风水与建筑》。

在中国古代城池防御体系营建的研究中，吴庆洲的《中国古代城市防洪研究》和《中国军事建筑艺术》[1]是两部分量极重的研究成果。两部专著以中国千余座古城中的典型案例为基础，精辟地论述了中国古代城市城池防御体系的发展、特色、功效及内涵，并提出了"城池是军事防御与防洪工程的统一体；古城的水系是多功能的统一体，是古城的血脉"等观点，受到学术界的广泛关注。《中国古代城市防洪研究》科学归纳总结了中国古代城市水系功能、营建经验，全面论述了城市水系与城市防洪、防灾的辩证关系。该书关于中国古代城市防洪的研究，填补了中国科技史上的一项空白。而《中国军事建筑艺术》一书从军事的角度对中国古代城市的军事防卫功能进行了系统研究，进一步完善了中国城市的科学技术史研究。

关于城池营建的细部研究，如城墙、防御体系的营建维护等研究中，一些学者对中国古代城市城墙史研究做了综述性研究[2]，对国内城墙史研究的现状做了全面详细深入的梳理。包括城墙起源、建筑及考古学、军事学诸多角度以及子城等研究方向的成果。其中涉及营建史的包括：张驭寰的《中国城池史》；罗哲文、赵所生等主编的《中国城墙》，该书以图片为主，对保存至今的古代城市的城墙进行了介绍；曲英杰的《古代城市》；国家文物局文物保护司主编的《中国古城墙保护研究》、《中国筑城史》。

对于中国古代城市营建史的个案研究方面，显示出不断增长的发展势头。华南理工大学建筑学科早在龙庆忠教授开辟城市史和城市防灾研究领域以来，一直致力于城市营建史的研究。继承老一辈学者研究成果的基础上，新的研究层出不穷[3]。其中，吴庆洲主编的"中国城市营建史研究书系"

[1] 吴庆洲. 中国古城防洪研究 [M]. 北京：中国建筑工业出版社，2009；吴庆洲. 中国军事建筑艺术（上下）[M]. 武汉：湖北教育出版社，2006。

[2] 成一农. 中国古代城市城墙史研究综述 [J]. 中国史研究动态，2007（1）：20-25；孙兵. 在广阔的视野中日渐丰满的城墙面相——中国古代城市城墙史研究综述 [J]. 史林，2010（3）：32-37；罗哲文，赵所生等. 中国城墙 [M]. 南京：江苏教育出版社，2000；曲英杰. 古代城市 [M]. 北京：文物出版社，2003；国家文物局文物保护司，江苏省文物管理委员会，南京市文物局. 中国古城墙保护研究 [M]. 北京：文物出版社，2001；工程兵工程学院《中国筑城史研究》课题组. 中国筑城史 [M]. 军事谊文出版社，2000。

[3] 其中，龙庆忠先生的《古番禺城的发展史》是广州城市历史研究的经典文献。龙先生培养的五个博士中，有四位的博士论文为城市史研究：吴庆洲《中国古代城市防洪研究》（1987）、沈亚虹《潮州古城规划设计研究》（1987）、郑力鹏《福州城市发展史研究》（1991）、张春阳的《肇庆古城研究》（1992）。至2010年9月，完成的有关城市营建史的博士学位论文已有20多篇。详见吴庆洲. 回顾和展望——关于建筑史研究生的培养 [J]. 城市建筑，2005（3）：85-87。

第一批[1]、第二批[2]系统地阐述了中国古城营建的选址理论、发展历史以及蕴含的深刻思想体系。其中，有古代营建理论的研究，有古代城市的个案研究，也有营建技术如水系、防御体系等的研究。

从粗略的回顾中看出，我国的城市史学研究，领域广阔，几乎论及城市各个层面，新著丰厚，新见迭出，为我国城市史学研究奠定了较高的起点。包括对城市多层次立体考察的注重，多学科在城市史领域的拓展，以及研究方法的多样化。也为笔者全面系统考察明清商丘古城的建设发展奠定了坚实的学术基础。笔者要求自己"恪守规范"，严于治史，以科学发展观来创新研究，要超越狭隘的"城市"概念，与多学科研究体系紧密结合。本书在研究明清商丘时，将城市发展与建设史、生态学及人类文化学相结合，力求在此方面有所突破。

二、商丘城市历史相关研究

与书研究相关的论著分为两类。一为中国古代历史文献，其中包括商丘历史研究的背景资料；二为商丘古城的相关研究成果，以作为写作的文献资料和论据。

（一）涉及商丘的古代历史文献

商丘历史时期的城市研究，除明清以后的地方志及各类家谱、墓志铭等文献之外，主要来源于各类历史文献之中。

商丘为周代宋国的都城。最早完备记录宋国历史的文献为孔子所作的《春秋》和左丘明所作的《左传》，对春秋时期诸侯、卿大夫间的聘问、会盟、城筑、婚丧、篡弑、族灭出亡等事情进行了详细记录，为宋国历史研究提供了第一手的文献资料；战国时期的《墨子》、《孟子》、《庄子》、《吕氏春秋》等先秦诸子之书可作为论证参考；还有西汉司马迁编撰的《史记·宋微子世家》等。

先秦两汉时期，《尚书》中的《禹贡》，分述了古代九州的山川、湖泊、田赋等，可了解春秋战国的政治地理；《山海经》中的《山经》，记载了春秋时的山脉水系资料；《管子》记载了大量建城、农业生产、土壤、植物分

---

[1] 十本书为：苏畅《<管子>城市思想研究》、张蓉《先秦至五代成都古城形态变迁研究》、万谦《江陵城池与荆州城市御灾防卫体系研究》、李炎《清代南阳"梅花城"研究》、王茂生《从盛京到沈阳——清代沈阳城市发展与空间形态研究》、刘剀《晚清汉口城市发展与空间形态研究》、傅娟《近代岳阳城市转型和空间转型研究（1899—1949）》、贺为才《徽州城市村镇水系营建与管理研究》、刘晖《珠三角城市边缘传统聚落形态的城市化演进研究》、冯江《祖先之翼——明清广州府的开垦、聚族而居与宗族祠堂的衍变》。出版均为北京：中国建筑工业出版社，2010。

[2] 六本书为：吴左宾《城水相依：明清西安城市水系与人居环境营建研究》、邱衍庆《明清佛山城市发展与空间形态研究》、吴薇《近代武昌城市发展与空间形态研究》、谢璇《1937—1949年重庆城市建设与规划研究》、梁励韵《巨变与响应——广东顺德城镇形态演变与机制研究》、黄全乐《乡城：类型—形态学视野下的广州石牌空间（1978—2008）》。出版均为北京：中国建筑工业出版社，2014。

布及军事地理。相关文献还有司马迁《史记》中的《河渠书》、《货殖列传》、《大宛列传》；东汉班固的《汉书·地理志》、《汉书·沟洫志》等。

魏晋南北朝时期，裴秀制作汉代全国地图《地形方丈图》；北魏郦道元的《水经注》，作为综合性地理文献，以水为纲，记述河流的发源、流经、水文的变迁及地貌。

唐宋时期沈括的《梦溪笔谈》记录了关于华北平原成因、古环境变迁及控制植物分布要素等地理学方面100多条内容，绘制全国地图《天下州县图》；全国较有名的地理志包括：唐代李吉甫的《元和郡县图志》，记录唐宪宗元和八年（813年）全国十道所属府州县；北宋乐史的《太平寰宇记》，以雍熙四年（987年）的行政区划为纲，记述到宋初100多年间的地理志。

元明清时期徐霞客的《徐霞客游记》，潘季驯作为明督河大臣、水利学家的治黄理论《河防一览·河议辨惑》代表了清代地理的较高成就发展。地理总志类有《明书》、《明史稿》和《明史》中的地理总志[1]。顾炎武的《天下郡国利病书》和《肇域志》，是针对明末社会危机，搜集有关兵防、赋役、水利农业、矿产、交通等资料，从经济和地理角度，帮治国者寻找社会积弊的根源，以革除这些积弊的途径。虽未完成，但其史料价值巨大。著名历史地理学家顾祖禹的《读史方舆纪要》，体现了浓厚的军事地理色彩，突出的人地关系辨证，贯穿始终的经世致用的思想，并将研究史事与研究方舆有机结合，是通达古今之变，为政事、为军事、为国计民生服务的重要著作，还有《嘉庆重修一统志》、《历代地理沿革表》等。河渠水利专书有水道著作《明史·河渠志》，水利工程专著《治河方略》是论述17世纪治河通运工程的专书，靳辅撰及水利资料汇编《行水金鉴》、《续行水金鉴》，两部衔接，系统地汇总了中国黄河、淮河、长江、永定河、运河等流域的水道变迁、水利工程和行政管理的情况，所辑资料从上古到清嘉庆末，是研究河渠水利的重要参考书。地图汇编类：《皇舆全览图》与《乾隆内府舆图》是清初在实测基础上先后完成的两种采用经纬度与投影法绘制的全国地图，其水平达到了当时的世界先进水平[2]；《大清会典舆图》是清末组织汇编的一部全国地图集，其特点主要体现在为编制这一图集所进行的省级地图测绘上。《水经注图》是一部历史地理力作，将郦道元《水经注》所述各项内容，标注在清代地图上，以书考图，以图复书，是中国历史地理研究的又一重要成果。今人谭其骧主持编写的《中国历史地图集》是查阅和了解古史的重要工具书，其中春秋与战国时期宋国疆域图具体描绘了其疆域和城邑的变化轨迹，但未有具体的文字说明和考证；钱林书根据谭其

[1] 即为《明书·方域志》、《明史稿·地理志》.《明史·地理志》。
[2] 李约瑟在称它们：不仅是亚洲当时所有地图中最好的一种，而且比当时所有欧洲地图都更好、更精确. 转引自：赵荣，杨正泰. 中国地理学史：清代 [M]. 北京：商务印书馆，1998：134。

骧《中国历史地图集》及历代舆图志，并参照《左传》、《战国策》等先秦
典籍中宋国的地名描述与前人的研究成果，对春秋战国时期宋国的疆域及
城邑变化进行逐一翔实考证，具有极高的史学参考价值。

明清时期与商丘相关的古籍文献又有以下四类。正史类有：宋濂、脱
脱的《元史》、张廷玉的《明史》、龙文斌《明会要》、台湾历史语言研究
所校勘《明实录》、《清实录》等。商丘地方志类有：嘉靖《归德志》、乾隆《归
德府志》、康熙《商丘县志》、宣统《宁陵县志》、光绪《柘城县志》、光绪《鹿
邑县志》、嘉靖《夏邑县志》、民国《夏邑县志》、康熙《睢州志》、嘉靖《永
城县志》、民国《考城县志》等。商丘名人文集类有：明商丘沈鲤《文雅社约》、
明昌坤《救命书》、清商丘侯方域《壮悔堂文集》、清商丘郑廉《豫变纪略》、
清商丘贾开宗《溯园文集》、清田文镜《抚豫宣化录》、清王凤生《宋州从
政录》等。家谱类有：《商丘蒋氏族谱》、《商丘宋氏家乘》、《商丘侯氏家乘》、
《商丘朱氏家乘》、《商丘叶氏家乘》、虞城《瓦屋刘氏族谱》等。

（二）商丘古城历史研究之现状

1986 年，商丘古城被国务院命名为国家级历史文化名城，自此以后商
丘古城的研究开始受到各方关注。关于商丘的专著多偏重于从历史、文化
角度的介绍。如阎根齐编著的《商丘名人名胜》，尚起兴的《商丘文史大观》、
《商丘史话》，《商丘大观》，《商丘与商文化》等著作。《商丘与商文化》是
关于考古历史方面的论文集，有一定学术参考价值。商丘师院李可亭教授
所著的《商丘通史》，以章节体形式论述了商丘政治、经济、军事、思想、
文化、建置沿革和社会风俗的发展历程，是关于商丘的第一部融知识性与
学术性为一体的区域史著作。专题性著作《商丘近代建筑史》、《商丘地区
建筑志》、《河南省商丘城市建设志》等则从建筑和城市发展的角度介绍商丘，
但涉及商丘古城时，多以旅游资源来介绍，尚未揭示古城的价值。2006 年，
《三商之源商丘》一书出版，时任商丘市委常委、宣传部长张琼任主编，商
丘师院历史学教授李可亭任副主编，该书系统而翔实地阐释了商丘作为"三
商之源"的学术探源和历史考证。总之，几乎没有关于商丘古城研究的学
术专著。但值得一提的是，由同济大学阮仪三教授主持的商丘古城的城市
规划，商丘古城作为规划案例出现在王景慧、阮仪三教授、王林编著的《历
史文化名城保护理论与规划》及参与古城规划的同济大学严国泰编著的《历
史城镇旅游规划理论与实务》中，围绕历史文化名城保护理论进行了深入
研究，对保护内容与方法、保护模式的论述，加上附有大量名城保护实例
的分析，加深了对商丘作为历史文化名城的文化价值的认识。

对商丘历史的论文研究数量丰富[1]。仅从与本研究相关的成果来看，涉

---

[1]　需要说明的是，商丘师范学院的各学科学术团队在商丘历史的研究中占据重要位置。其
　　地方研究资料室关于商丘历史的藏书及各类古籍文献全面而丰富。笔者从中受益很大。

及商丘考古挖掘、商丘历史事件及文化、黄河及其水患治理、历史景观、城市规划、古城保护等诸多方面。在商丘上古时期的考古文化学研究[1]中，对商丘全新世的地貌发展及中华早期文明的迁移进行了探讨，还有对现存最早地面遗存阏伯观星台的研究[2]。以张光直、张长寿为首的商文明及考古挖掘[3]研究；春秋宋国史研究[4]也是本研究立足宋国故城形制探讨的出发点；黄河及其水患治理研究[5]对本书论述古城防洪御灾有重要启发；关于商丘在北宋时期作为陪都的研究是厘清奠定商丘地域文化传承的关键，

[1] 周峰.全新世时期河南的地理环境与气候[J].中原文物，1995（4）；张锴生.商丘地区考古学文化试析[A].赵保佑.商丘与商文化[C].郑州：中州古籍出版社，1999：135-159；王青.试论史前黄河下游的改道与古文化的发展[J].中原文物，1993（4）；周述椿.四千年前黄河北流改道与鲧禹治水的传说[J].中国历史地理论丛，1994（1）；阎道衡.论豫鲁苏皖交界的堌堆遗址——兼论先商和早商文化问题[A].赵保佑.商丘与商文化[C].郑州：中州古籍出版社，1999：160-176。

[2] 王小块.关于商丘火神台庙会的田野调查[J].商丘师范学院学报，2005（3）：142-144；王小块.阏伯台庙会与商丘的历史文化[J].商丘师范学院学报，2007（7）：19-21；王小块.商丘阏伯台庙会研究[D].北京：北京师范大学，2004。

[3] 李景聃.豫东商丘永城调查及造律台黑孤堆曹桥三处小发掘[J].中国考古学报，1947（2）：83-120；中国社会科学院考古研究所河南二队，商丘地区文物管理委员会.1977年豫东考古纪要[J].考古，1981（5）：385-397；商丘地区文物管理委员会，中国社会科学院考古研究所河南二队.河南商丘县坞墙遗址试掘简报[J].考古，1983（2）：116-132；张光直.一个美国人类学家看中国考古学的一些重要问题[J].华夏考古，1995（1）：36-43；张长寿，张光直.河南商丘地区殷商文明调查发掘初步报告[J].考古，1997（4）：24-31；荆志淳，George（Rip）Rapp，Jr，高天麟.河南商丘全新世地貌演变及其对史前和早期历史考古遗址的影响[J].考古，1997（5）：68-84；中国社会科学院考古研究所，美国哈佛大学皮德保博物馆中美联合考古队.河南商丘县东周城址勘查简报[J].考古，1998（12）：18-27；郑州大学历史学院考古系.豫东商丘地区考古调查简报[J].华夏考古.2005（2）：13-27。

[4] 郑清森.宋国都城初探[J].文物世界，2001（3）：12-14；阎根齐，刘海燕.先秦宋国史若干问题初探[J].商丘师范学院学报，2004（1）：93-95；曲英杰.史记都城考——周代宋国及汉代梁王都宋城[M].北京：商务出版社，2007；钱林书.春秋战国时期的国家、都城、疆域及政区[J].历史教学问题，2000（4）：17-22；钱林书.春秋战国时期宋国的城邑及疆域考[J].历史地理（第七辑），1990（6）；硕士论文有：刘园园.商丘古城的保护与发展研究[D].西安：陕西师范大学，2008；纪丹阳.西周至春秋时期宋国史料辑考[D].合肥：安徽大学，2012；博士论文有：苗永立.周代宋国史研究[D].长春：吉林大学，2008。

[5] 李正华.商丘地区黄河水患史料辑要[J].黄淮学刊，1989（3）：90-91；曹隆龚.商丘地区的水灾规律及其治水的历史经验[J].中国农史，1990（3）：103-113；李东坡，李可东.黄河在商丘的迁徙及其影响[J].商丘职业技术学院学报，2004（4）：69-71；邹逸麟.历史时期黄河流域的环境变迁与城市兴衰[J].江汉论坛，2006（5）：98-105；俞孔坚，张蕾.黄泛平原古城镇洪涝经验及其适应性景观[J].城市规划学刊，2007（5）：85-91；俞孔坚，张蕾.黄泛平原适应性"水城"景观及其保护和建设途径[J].水利学报，2008（6）：688-696；许继清，张庆.商丘古城坑塘水系探微[J].山西建筑，2010（24）：4-5；硕士论文有：陈曦.河南商丘地区古城洪涝适应性景观研究[D].北京：北京大学，2008；王修全.隋唐大运河商丘段的遗产构成与价值分析[D].郑州：郑州大学，2011；丁祥利.春旱秋潦：黄河与豫东平原社会变迁（1644—1795）[D].南京：南京大学，2011；程敬磊.清代豫东地区城镇地理初探[D].郑州：郑州大学，2012；许涛.明代中后期归德府水患治理研究[D].合肥：安徽大学，2012；博士论文有：张蕾.黄泛平原古城洪涝灾害经验与适应性景观—以明清归德府七城为例[D].北京：北京大学，2008。

特别是探析明清商丘社会文化影响的溯源；明清商丘的社会研究方面，也是本书构建明清商丘古城城市风貌的基础[1]；最后是作为历史文化名城的商丘古城的研究成果。

以上作为研究的知识及学术背景，以作为本研究的理论基础和方法论。由于本书研究的商丘古城，虽然以明清时期为主，但是涉及的内容需要向前追溯至上古时期，因此其时间跨度之大，对许多问题的进一步理解需要借助其他学科的研究成果，以澄清城市发展、变化背后的真正动因。这些研究成果[2]将在本书的每一章节中一一陈述。

第三节　研究方案之敲定

一、研究途径与方法

研究对象的特点和研究的主观目的共同决定了学术研究所采用的方法及思路。商丘作为国家历史文化名城，应以动态、发展及比较的研究思路入手，对它的研究拟采用以文献收集、数据及地图分析、实地调查为主的实证研究和以多学科研究思路及成果借鉴、要素系统为主的整体系统研究。

（一）文献搜集整理

文献搜集、阅读与整理是历史城市开展实证研究的第一步。涉及的历史文献主要包括四大类：正史、明会要、明清实录等官方记录文献；明清、民国及当代的方志，如历代全国地理总志、河南省通志和归德地区各县志等；有关商丘当地明清名人文集、笔记、杂书等；商丘家谱、墓志铭等。其中明清方志类成为本研究的重要文献来源，但同时注意与正史类的资料

[1] 王瑞平.明清时期商丘的集市贸易[J].商丘师范学院学报，2005（3）：135-138；李永菊.从田野考察看明清归德府世家大族的形成与变迁[J].商丘师范学院学报，2009(11)：20-22；张民服，徐晶.明代河南宗藩浅述[J].商丘师范学院学报，2002（1）：48-51；赵广华.明代河南科举与人才的消长[J].河南大学学报，1992（1）：59-63；硕士论文有：臧守刚.侯方域与雪苑社研究[D].南京：南京师范大学，2006；赵晓华.商丘历代行政区划沿革研究[D].郑州：郑州大学，2009；丁亮.明代役的结构研究[D].沈阳：辽宁师范大学，2010；刘海侠.侯方域研究[D].成都：四川师范大学，2008；博士学位论文有：李永菊.明代河南的军事权贵与士绅阶层——归德府世家大族研究[D].厦门：厦门大学，2008；张佐良.清初河南社会重建研究[D].北京：中国社会科学院研究生院，2009；李晓方.县志编纂与地方社会：明清《瑞金县志》研究[D].上海：华东师范大学，2011。
[2] 比如：如何还原商丘上古时期的地貌状况？王大有考古文化论证下的三皇五帝时代；中国古代天文学的真正内涵；张光直引发的商丘之与商代的关系是怎样的；李峰对西周制度之研究；宋国故城考古挖掘的真正意义；宋代商丘之为陪都的制度考察；明清时期的各项制度与社会背景复原；中国古代特色的市镇之于城市的关系；这些问题的解答需要其他学科的帮助。

进行查证，以辨别真伪。另外地方性的民间传说、俚语俗语、民歌民谣中，往往蕴藏着较不为人知的重要历史文化信息。而有关的现代研究论著也是本书重要的参考资料来源。

（二）数据及地图分析

对象分析法是本书实证研究的第二步。对历史数据进行整理分析，根据论证的需要，制成图表以便于进一步分析比较，数据来源于文献及实地测绘。这是本研究的一个分析方法，另一个分析方法就是地图分析法。地图对研究城市营建非常重要，它直观反映出城市空间分布、内部结构与形态等空间信息。研究所需要的地图来自明清地方志中的舆图，还有中华人民共和国成立后不同时期测绘的城市地形图以及能反映商丘历代情况的中国古代历史地图等。

（三）实地调查

实地调查是本书实证研究的第三步。本书写作期间，笔者于2010年3月、2011年7月、2012年9月，在商丘地区所属古城进行田野考察，实地测绘和摄影，获得第一手资料。通过野外调查和与护城堤东南门村的村民进行交流，对古城当前的发展现状及问题有了直接认识，获得宝贵的相关信息，并在当地规划局、水利局、博物馆以及商丘师范学院地方资料研究室获得了大量宝贵的考古证据及历史资料。

（四）多学科研究思路及成果借鉴

对古城价值的深入发掘，必须依靠多学科研究思路及成果借鉴。古城研究的历史跨度几乎是从城市发源期的上古时期一直到现在。对不同时段的研究，每门学科应用是不同的。比如，商丘上古时期，最需要借鉴的学科成果来自中国古代天文学、考古文化学、环境学、人类学、地质学、物候学及地理历史学，而明清时期，建筑学、社会学、经济学等更为重要。为了复原历史时期的城市形态，包括对地图的深度加工，可以运用历史地理学的手段，从文献、方志、现存街道和建筑等入手，以便于总结演变规律。而社会史研究的角度，注重空间格局变化背后的社会原因，将人文层面与物质层面相结合。只有这样才能获得较为全面的研究结果。

（五）要素系统研究法

系统研究法立足于古城的整个历史时期不可分割的整体研究层面及古城特定历史时段和它的特定文化区域层面。运用要素系统研究法首先要对城市形态物质层面展开研究；在此基础上对构成商丘古城的城市形态各个要素的演变原因进行分析，以达到对城市形态构成要素的发展变化背后所体现的中国古代政治制度、社会形态、思想意识等方面演变的认识；最终对商丘城市形态演变的原因和动力做出总结，从而为中国古代营建史的研究提供新的视角和切入点。

（六）变化发展的眼光

将研究思路始终放在古城起源、形成、演变的发展中去提出具体问题，并在变化与比较中去发现背后的真正原因。

二、研究内容与框架

明清商丘城是中国历史文化名城。本书主要依据地方志、文集和族谱、墓志铭等民间历史文献、历代官方文献、考古证据以及现代手段下的科学技术成果，借助"明清商丘城"这一载体，透过错综复杂的历史事实，在明清黄淮流域黄河下游冲积平原的区域背景下，将研究体系主要定位在城市发展中的营建史宏观范畴，以及城市营建中体现本地特色的城市选址、规划意匠、军事防御及抗洪体系等较为微观的层面，对明清商丘这一既具豫东黄泛区域特色又颇有普遍意义的中原传统官属城市代表，进行较为全面的研究和剖析。

本书由六章组成，主要可归为五个主题：第一章对城市营建史语境中明清商丘城的学术背景及历史背景做了全面的交代，是对整个研究的宏观规划的阐释；第二章考察了明清商丘城之前的城市变迁历程，立足在文化历史名城背景下，分析其"城摞城"、"水上城"、"八卦城"的城市格局的历史形成，对体现该地区的城市营建历史沿革进行系统梳理，以展示其城市产生、发展、演变的过程、特点与规律；第三、四章将商丘置于中原腹地、黄河下游冲积平原最著名的黄泛区的区域背景之下，论证其对兵患、水患的防御方式与思路在我国古代城市建设史上的科学价值；第五章通过对"八卦城"文化内涵特色的探析，揭示了城市规划的营建特色；第六章则是立足城市营建角度，来重新思考明清商丘城的历史文化遗产保护与利用问题。以期提取城市营建思想中有生命力的部分，运用到古城的当代发展上，为当地历史文化遗产保护、利用和发展提供新的发展建议，为其可持续发展找到较为理想的解决方案。

第一章论述了与研究对象相关的各项背景知识，以从宏观规划的视角建立对整个研究的全面了解。包括城市营建视野中的明清商丘古城研究之确立、相关学术研究之梳理、研究方案之敲定、研究创新之展望等方面。

第二章在立足历史文化名城的背景下，探寻了商丘历代古城变迁的历程及其"城摞城"之名的由来。由寻找有关商丘阏伯台选址的信号开始，考察了古城长期变迁的过程。从阏伯台的考察，揭示上古时期城市选址与天文观测的密切关系；对周代宋国都城的田野考察，揭示其城市营建思想的礼制因素；对唐宋睢阳城的考察，特别是北宋时期，揭示其城市作为国家陪都的营建思路。

第三章考察了古城的防洪排涝体系，借以梳理"水上城"的历史形成过程。之所以将防洪也作为单独的一个章节来探讨，因为黄河对商丘的影响是致命的。确切地说，从隋唐大运河时期开始，引黄助运，商丘的地貌就开始发生了变化。到了南宋时期，黄河改道从此流经商丘，这种影响一直持续到1833年黄河重新北流。因此，对其防洪的研究，就不仅仅是在明清时期，至少要追溯到北宋大运河时期。本章先从黄河的区域治理层面进行了宏观描述，将商丘地区置于其间，以看到国家治理层面的局限性；在此基础上，商丘本地的防洪工作又是怎样展开的，并且进一步论述其防洪治理如何克服局限性，找到适合自身特色的防洪方式。在这个背景下，对其防洪排涝体系的地方特色进行详细探讨。结合第四、五章的研究结论，可以总结为以方形城池、巨大城湖和圆形护城堤三位一体的军事防御与防洪御灾体系。

第四章商丘古城的"水上城"的含义，不仅是指其防洪排涝的御灾能力的体现，而且它在军事防御上的意义也非常强大。商丘地处平原，自古为军事要地。纵观商丘的军事防御史，从上古至今，均有可考的史料及历史遗存。但是其选址从军事防御角度来看，无险可守是致命的缺陷，因此商丘历代的城池营建均与军事防御紧密相关联，体现其"军事营城"的思想。而城池的军事营建特色更体现在明清"水上城"的形成时期。本章重点考察了历史时期商丘城池防御的经验、明清归德府城的军事作用以及府城的军事防御营建特色。

第五章主要考察明清商丘古城的营建特色，重点论述及揭示该时期其作为府级官属城市的职能是如何运用到城市规划及营建上的，以及其文化职能对城市风貌的影响。首先梳理归德府城的社会历史背景，明初初建时的移民、设置卫所及军屯开发等一系列政策，形成军事权贵在商丘军民杂处的环境中占据了支配地位。其次考察其行政管理职能是如何对城市建设的各方面发生作用及影响的。从府城到乡级梳理了归德府的行政管理层级，以及府级城市的标准形制，转入到对新城规划思路的分析。最后从外部城池军事防御设施、城市空间结构所体现的城市职能及城市建筑体现的城市风貌等三个不同层次特色，揭示了新城所体现的具有地域风格的明清官属城市的特色。

第六章讨论了古城的保护与发展利用问题。由于商丘是国家历史文化名城，对其古城的保护与发展利用的研究很多，从城市规划、旅游等角度，其中最为权威的就是阮仪三教授的商丘古城规划。本章讨论的古城保护，则是建立在城市营建的视角。通过前面五章对商丘历史时期城市营建的详细考察，特别是对明清时期的研究可以发现，商丘古城三位一体的城市格局是不可分割的。护城堤、城湖与城池之间，不仅有历史上的防御关系，更为重要的是，这三者已经在城市漫长的发展过程之中，由于共同抵御灾害，形成了生态上的依存关系。在这个前提下，重新来看待保护问题。本章先简要描述了古城的发展现状，接着对先前的保护规划中有价值的部分做总结，最后从营建角度，对古城保护发展提出可行的建议。

全书的研究框架见图 1-3-1。

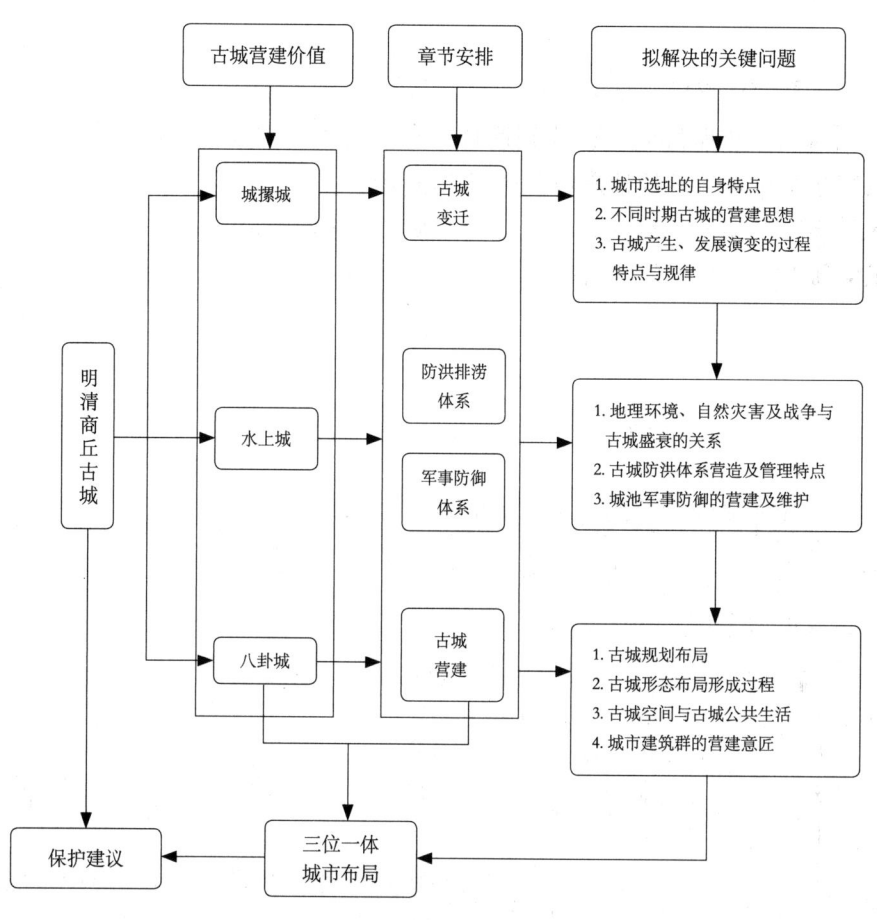

图1-3-1　研究框架
（资料来源：作者自绘）

19

第二章　城摞城之古城变迁考

本章旨在考察明清商丘城之前的城市变迁历程，在立足历史文化名城的背景下，对该地区的城市营建历史沿革进行系统梳理，探寻商丘历代古城变迁的历程及其"城摞城"之名的由来，以展示其城市产生、发展、演变的过程、特点与规律。商丘城市变迁的主要历程为三个时段：上古时期的阏伯台、周代的宋国都城及唐宋元时期的睢阳城。

第一节　上古商丘之阏伯台

目前商丘存留最早的地面建筑遗址，是位于商丘古城西南 2.5 公里处的阏伯观星台。本节的研究缘起于对一个考古事件的思考。1996 年，在商丘首次探出了东周时期宋国都城的城址[1]和唐宋元时期的睢阳城址。从挖掘报告发现（参见图 1-1-2）三座古城地层上的叠放关系：位于最下面的是东周宋国城，其上面叠压着唐宋元睢阳城，而明清时期至今的商丘古城位于最上层。从地面包含关系来看，其中商丘现存最古老的地面遗存阏伯台位于宋城南墙之内，睢阳城位于宋国故城内的东南角，而宋国故城内的东北一角才是现存的商丘古城，二城均在最早宋国故城的城池内。依照时间顺序，古城变迁依次为：阏伯台—宋国故城—睢阳城—归德府城。这个发现，让我们对现存商丘古城的择址营建，从公元 1511 年向前追溯到公元前 2800 年的阏伯台时期。阏伯台作为目前商丘存留最早的地面遗存，与埋藏在地下的宋国故城，在选址上二者之间有何关联性？阏伯台究竟在商丘的上古时代扮演着什么样的角色呢？

现代对阏伯台的认识现状是什么样？阏伯台，又名火星台、火神台（图 2-1-1）。当地群众尊阏伯为火神，每年农历正月初七都要到火神台祭祀，由此形成了规模盛大的庙会，旧有"天下第一会"的说法[2]。1994 年，北京天文馆和商丘县人民政府联合筹办了中国商丘火星台学术研讨认证会，

---

[1]　中国社会科学院考古研究所，美国哈佛大学皮德保博物馆中美联合考古队．河南商丘县东周城址勘查简报 [J].考古，1998（12）：18-27.
[2]　王小块．关于商丘火神台庙会的田野调查 [J].商丘师范学院学报，2005（6）：142-144.

认定火神台为现存中国历史上最早的观星台之一[1]。其中达成的最重要的共识就是：阏伯是帝尧时期的火正，他在此观星授时，火星台应定名为"阏伯观星台"为宜（图2-1-2）。

图2-1-1　商丘阏伯观星台正面特写
（资料来源：作者自摄）

图2-1-2　阏伯台认证碑刻特写
（资料来源：作者自摄）

从以上对阏伯台和阏伯的认识，笔者认为有几点值得进一步探究：

首先，阏伯台在朝代的变迁中，经历了阏伯台、火星台到火神台的名

---

[1]　这次学术研讨认证会的纪要刻在石碑上，立于阏伯台遗址的台下。

称变化，其功能从天文观测到火神庙会，已不再是原有的文化含义。如果从现在的火神祭祀角度来理解，其真正的历史含义完全丧失。

其次，同为天文观测，由于古代中国天文学与现代意义上的天文学内涵不同[1]，其功能与服务也相去甚远；即使在中国古代天文观测中，同为执掌观测的"火正"，在不同历史时段，其身份、职责与权力也大不相同[2]。

最后，更为重要的是，随着考古证据及考古科技水平的发达，旧有对中国上古时期的历史认识发生了很大的变化[3]，这是对整个认识基础的颠覆。

这些认知上的局限，已经将阏伯台的真实面目遮盖了。只有对这些疑问进行更深入追究，才能使真相浮出。本节将在探明上古时期阏伯台文化内涵基础上，揭示其包含的古代城市选址思想，拟理清以下四个问题：①商丘上古时期的区域环境；②阏伯所处的上古发展阶段及文明程度；③上古阏伯观星台的内涵；④影响上古时期都邑选址的重要因素。

一、上古时期的商丘历史地理

据考古发现，商丘地区的人类活动大约是从距今七千年左右开始的。目前这里发现最早的考古文化学属仰韶文化时期，此后便基本上连续不断地延续下去。但是，人类活动在这里经过早期发展进入文明阶段的时期，也是这一地区地形变化最剧烈的时期——与之紧密相邻的山东地区，正在由分散的岛屿变成大陆的一部分。如果把商丘地区环境变迁分为两个转折期，这是其中之一。因此，当我们试图分析这一地区内的考古资料，试图通过这些考古资料去了解和复原古代人类活动的时候，这一持续的地理变化是不能不加以考虑的。史前和早期历史时期商丘的地理环境是如何变化的？

（一）史前商丘的区域环境重建

商丘至今未见仰韶文化早期的文化遗存，仰韶文化中晚期出现东方色彩浓厚的古文化遗存，龙山时期早期遗址的缺乏，王油坊类型文化的繁盛等，凡此无不与古黄河的改道有着直接的关系。商丘在上古时期是连接中原文化与东夷文化的通道，与鲁西南平原连为一体，在文化传承上二者更为接近，黄河改道使得文化的地区更换性显著。据我国古地质、古气候学者的研究

---

[1] 此处借助北京古观象台王玉民博士的观点，他认为中国古代天文学与现代西方天文学是不同的两条路径，中国古代天文学基本都是由皇家把持，很重要的一个功能是根据观测结果制定历法，另一个功能是星占，预测国家大事，都服务于政权。而西方天文学不是国家行为，主要目的是探索宇宙奥秘，要了解星体运动的本原。详见：贡晓丽．自成一体的中国古天文 [N]．中国科学报，2012-11-23（第5版）。总之，一个服务于人事，一个服务于科学。

[2] 详见江晓原．天学真原 [M]．沈阳：辽宁教育出版社，2007。在本书中，江晓原对中国古代天学的性质和功能做了系统的论述。本节在研究中，结合实际中有引述。

[3] 这些变化指的是，文明起源时间的提前，对神话时期的重新认识等。

资料[1]，商丘在上古时期，处于一个非常优良的地理环境和特殊的地理位置。这使得商丘成为中原华夏文化与东方夷人文化融合竞争的场所。造成这种情况，有两点不可抗拒的自然因素起了重要作用，一是远古时代海平面的升降，二是北方第一大河——黄河的泥土冲积效应及南北大改道。

　　距今二万至八千年间，华北平原尚为一海湾，商丘位于海湾的南部边缘。商丘北面的鲁西南平原地势低洼，被海水淹没，整个山东丘陵四面环海，为黄海中的一个岛屿。后来由于黄河的冲积作用，在公元前5500年左右，商丘北部逐渐形成的黄河冲积扇，已经接触到原来是海中岛屿的鲁中南丘陵地。至距今六千年前，海平面停止上升并开始回落，浅海变成陆地，鲁西南平原形成，其东端与山东丘陵连接使之成为半岛[2]。鲁西南平原形成后，如果排除古黄河的影响，鲁西作为华北大平原的一部分，它与商丘地区已连为一体（图2-1-3），至今犹存的鲁中南丘陵西部的湖泊地带（考古资料表明，在很长一段时间里，海水退后给鲁西南地区留下了大面积的湖泊沼泽），有几千年的时间里，都是山东丘陵地区古文化与西面中原文化交流的天然屏障。

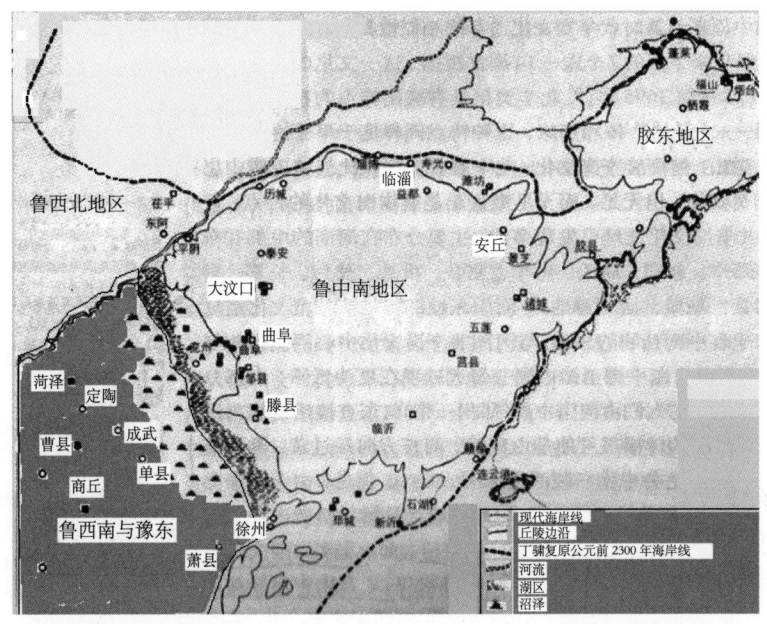

图2-1-3　新石器早中期的豫东与山东地区地形示意图

（资料来源：根据巫鸿. 从地形变化和地理分布观察山东地区古文化的发展.
礼仪中的美术：巫鸿中国古代美术史文编[M]. 北京：生活·读书·新知三联书店，
2005：29-42，34，43页图改绘）

[1]　周峰. 全新世时期河南的地理环境与气候[J]. 中原文物，1995（4）.
[2]　巫鸿. 从地形变化和地理分布观察山东地区古文化的发展. 礼仪中的美术：巫鸿中国
　　古代美术史文编[M]. 北京：生活·读书·新知三联书店，2005：29-42.

23

这两种文化的交流与融合，需绕道而行，商丘地区即是其中一条最近的通道。商丘地区就成为连接两种文化的桥梁。甚至，中原文化经商丘地区东行，可抵皖北、苏北、鲁南，还可沿淮河而下向东南地区扩展。同样，这些地方的古文化也循此路到达中原。华夏部族与东夷部族在商丘地区的进出、滞留，逐步形成不同时期的商丘远古文化[1]。

同时，和黄河下游许多地方的古文化一样，商丘的古文化与黄河也有着密不可分的关系，特别是古黄河的改道对商丘考古学文化的影响。自进入全新世以来至四千年前，黄河受持续高温的影响水流洪大，河口三角洲堆积发育迅速，使之在下游地区不断泛滥并改道。它在郑州至兰考一线南北摆动，交替流入渤海和黄海。目前在对黄河下游古河道的改道、次数、流向等仍然存在不同意见[2]。但从中可以看出古黄河与其周围古文化的亲密关联。古黄河的多次改道[3]，强烈地影响到商丘远古文化的发展。可见史前和早期历史时期商丘的地理环境是影响其文化发展的重要因素，对它的探讨是研究并理清该地区文明发源的首要任务。

通过以上对商丘地区历史时期地理地貌环境变迁的回顾，可以发现，从区域环境的视角来看，商丘自古与鲁西南、皖北、苏北有历史渊源。不论是自然环境因素，还是人文因素。在讨论上古的考古文化时，商丘地区的这种四省交界的地理位置就很重要。如果回到历史原境，甚至还要建立此地区为一个文化区的考察视角。以下关于商丘地区的文化考察，均建立在此"区域（豫鲁苏皖交界地区）"基础之上。

（二）基本地貌背景还原

豫鲁苏皖交界地区主要是指河南省东部的开封、商丘、周口地区，山东省曲阜以西的菏泽地区，安徽省的亳州和江苏省的徐州地区，总面积约十余万平方公里。除黄河故道外，主要有惠济河、涡河、沙河、沱河等河流（图2-1-4），属黄淮平原。这是商丘上古时期所处的区域范围。

---

[1]　张锴生.商丘地区考古学文化试析[A].赵保佑.商丘与商文化[C].郑州:中州古籍出版社,1999: 135-159.

[2]　王青.试论史前黄河下游的改道与古文化的发展[J].中原文物,1993（4）;周述椿.四千年前黄河北流改道与鲧禹治水的传说[J].中国历史地理论丛,1994（1）。

[3]　综合有关黄河故道的一些地质资料,结合豫鲁苏皖交界地区旧石器时代以来,各个时期不同类型考古文化遗存的分布状况,对古黄河改道有以下认识:黄河多次改道,交替注入渤海和黄海,河北平原和苏北平原的成陆过程与黄河改道关系密切,而且其沿海贝壳堤的发育也取决于黄河的南北改道。当黄河经河北平原入海时,不利于渤海湾西岸贝壳堤的生长;当黄河改走苏北平原入海后,渤海湾西岸形成贝壳堤。黄河往返改道,交替注入黄海、渤海,就在河北平原和苏北平原沿岸留下了多道贝壳堤遗迹。现已探明,河北平原和苏北平原沿岸发现的多道贝壳堤有着较清楚的时间序列,C14测定两地贝壳堤的形成年代基本上相互交叉,指明了黄河改道的大体时间。研究表明,黄河在距今约4600—4000年间是经淮北苏北平原入海的,到距今4000年前后改道经河北平原注入渤海。距今4000年前后黄河下游的南北大改道,时间上大致和大禹治水时间相吻合。

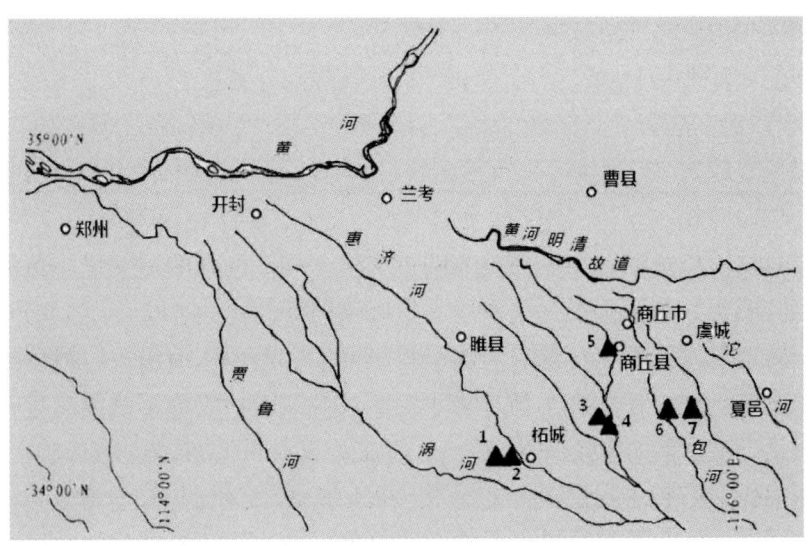

图2-1-4　商丘的区域地理位置示意图

1-柘城县山台寺遗址；2-柘城县孟庄遗址；3-商丘县潘庙遗址；4-商丘县高辛遗址；
5-商丘县老南关遗址；6-虞城县马庄遗址；7-虞城县杜集遗址

（资料来源：根据荆志淳，George（Rip）Rapp，Jr，高天麟.河南商丘全新世地貌演变及其
对史前和早期历史考古遗址的影响[J].考古，1997（5）：68-84 中 69 页图改绘）

　　从商丘的考古挖掘研究[1] 来看，这一地区从远古时期的大汶口文化，
到殷商、周代文化的地层堆积，多是高出现有地面的堌堆遗址。经过文物
部门的调查、勘探，能够确定其文化内涵的仅商丘地区就有 60 余处。已
经发表资料的达 20 余处[2]，都表现出许多独特一致的文化内涵。它们都临
近河道的两旁。一般距河道 500—1500 米，多者距河流 1500 米。堌堆遗迹
的形状大都为东西向的长方形或不规则形。高出现有地面最高者达 7.3 米，
少者也有 2—3 米，一般都在 2—4 米。堌堆遗址中绝大多数是人类生活、
居住的聚落遗址，遗址的内涵主要是房基、灰坑、窖穴及生活中废弃的堆
积物。少见墓葬、作坊、祭祀、城墙等遗迹。遗址的地层叠压关系为：黄

---

[1] 李景聃.豫东商丘永城调查及造律台黑孤堆曹桥三处小发掘 [J].中国考古学报，1947
（2）：83-120；中国社会科学院考古研究所河南二队，商丘地区文物管理委员会.1977
年豫东考古纪要 [J].考古，1981（5）：385-397；商丘地区文物管理委员会，中国社
会科学院考古研究所河南二队.河南商丘县坞墙遗址试掘简报 [J].考古，1983（2）：
116-132。

[2] 按挖掘时间先后，有永城市造律台、黑堌堆、王油坊、胡道沟遗址，睢县黑龙岗遗址，
民权县吴岗遗址，商丘市坞墙遗址，虞城县马庄遗址，鹿邑县栾台岗遗址，永城市
曹桥遗址，柘城县孟庄遗址，夏邑县夏邑清凉寺遗址，柘城县本台寺遗址，商丘县
潘庙遗址，杞县鹿台岗、朱岗遗址，淮阳县平粮台遗址，山东曹县莘家集遗址，梁
山县青堆遗址，泗水县尹家城遗址，菏泽市安丘堌堆遗址，蒙城尉迟寺遗址，阳谷
县景阳冈遗址，杞县牛角岗遗址等。详见阎道衡.论豫鲁苏皖交界的堌堆遗址——兼
论先商和早商文化问题 [A].赵保佑.商丘与商文化 [C].郑州：中州古籍出版社，1999：
160-176。

河淤积严重的地方距地表深 10 米以下为原生土，淤积较浅的地方距地表 2—5 米即为原生土。

而从对商丘全新世地貌的科学勘察[1]结果中发现，商丘至少从仰韶文化时期至汉代，地貌条件一直很稳定。早期人类活动较少受到河流洪水泛滥等灾害影响，其择址的选择余地很大。既可择高，也可平地。这种稳定的地貌条件使得大规模聚落形成成为可能。

（三）影响本地区文化的两次大规模的地区性文化更换

商丘地处中原文化和海岱文化结合部的客观形势，使得该地区的古文化表现出二者相融合的特点。区别只是，在不同的时期影响的程度不同。商丘地区考古学总的发展脉络如下：仰韶文化时代存在有中原仰韶文化和东夷大汶口文化，龙山时代主要是"造律台类型"文化，又称"青堌堆类型"，夏代则有岳石文化和二里头文化，接下来便是二里岗及殷墟文化。其中，影响本地区文化发展的是两次大规模的地区性文化更换。

第一次发生在仰韶文化晚期。一支长期受到中原文化影响的大汶口文化，迅速成长并向中原地区迁徙。在长期交流杂处后，最终被融合同化。而表现在商丘龙山文化时期最主要、最丰富、最具影响的龙山"造律台类型"文化，就是这批大汶口文化颍水类型中西进中原后被遗留下来的一支。从文化源流上看，其主流来源于海岱文化。该类型文化不仅普遍存在于整个商丘地区，而且分布在鲁西南、皖西北及整个豫东地区。值得一提的是，鲁西南地区与商丘的关系超过其与鲁中南丘陵地区的关系。青堌堆类型文化包含有浓厚的河南龙山文化的成分[2]。

第二次就是商丘地区二里岗上层文化直接取代岳石文化，较前面发生的造律台类型文化转变为岳石文化的情况有所不同，完全是一种大规模的地区性文化更换，继承发展的因素较少。

这种地理分布与考古证据的对照分析给我们相当重要的启示：中原文化的传播很可能是由项城、商丘方向经过黄、淮两流域间的陆架到达鲁中

---

[1] 荆志淳，George（Rip）Rapp, Jr，高天麟. 河南商丘全新世地貌演变及其对史前和早期历史考古遗址的影响[J]. 考古，1997（5）：68-84.

[2] 据巫鸿的观点，实际上，青堌堆类型文化很难算作山东龙山文化的一部分，而更像是河南龙山文化接受了山东龙山文化强烈影响所形成的一个独特的文化类型。特别需要指出的是，青堌堆类型遗址广泛散布的鲁西平原，在大汶口文化早、中期还是一片少人或无人居住的湖区沼泽。龙山时期，这块地区逐渐干涸，众多的湖泊、湿地虽然仍旧存在，但已经成为进行渔猎、采集以及农业活动的良好场所。青堌堆类型的广泛分布，说明当时有相当数量的人口以较快的速度移入这个地区定居。根据这一类型的文化特色，可以推测这些居民很可能是从河南龙山文化地区，或主要是从河南龙山文化地区迁入的。巫鸿. 从地形变化和地理分布观察山东地区古文化的发展. 礼仪中的美术：巫鸿中国古代美术史文编[M]. 北京：生活·读书·新知三联书店，2005：29-42。

南丘陵西南部的。商丘在上古时期是联系中原与东夷的纽带，其文化的丰富性由此可知。商丘与鲁西南平原由于地理关系形成文化上的血缘关系，二者更像一个整体共同接收来自东西文化的冲击。将环境变迁及考古学文化一起来推断地区性文化更换是如何实现的，旨在进一步说明，环境因素对本地区文化的重要影响以及文明与地理环境的关系。

二、回归阏伯时代

以往对于商丘历史的研究，特别是先秦时期的研究，多立足文献，史学界对商丘问题的争论始终是持续的，没有定论。原因何在？对它在历史时期的状况所知甚少，只局限在考证文献。对于商丘历史的研究，对上古时期历史的新认识及新的视界，才是突破点。在研究中不断回到历史原境，不断与当时文明背景对接是本研究的基本立足点。突破对文献的认识，必须回到当时的思想认识即世界观。

（一）考证阏伯时代的依据

中国上古时期，一直被称为传说时代。但是越来越多的考古学证据以及建立在考古学、图腾学、古文字学、民族学、民俗学、文献学、体质人类学、星象学、物候学等学科的成果之上的研究表明，中华文明的起源约有 8000—10000 年。而对传说中的三皇五帝也有了新的认识，这对于建立在上古时代背景下的各学科研究都有对认识基础的巨大突破，结合与商丘相关的考古学文化成果，将其简要汇集如表 2-1-1 所示。

27

新石器时期考古学文化综合年表　　　　表2-1-1

山东东夷	商丘（豫东）	中原氏族	年代（公元前）	三皇五帝时代	史前洪灾及海洋水文曲线
			6300		高海面期 +10 米
后李文化		裴里岗文化	5900		
			5700		大洪水期
			5500		
			5400		特大洪水
北辛文化		仰韶文化	5000	炎帝神农时代	
			4513	黄帝时代	
			4200		
大汶口文化			4000	少昊时代	
			3800	颛顼时代	
			3500		第五次大洪水期 +5 米

续表

山东东夷	商丘 (豫东)	中原氏族	年代 (公元前)	三皇五帝时代	史前洪灾及海洋水文曲线
大汶口 文化	大汶口文化颍河类型	仰韶文化	3380	帝喾时代	
			3000		
		庙底沟二期文化	2900		
			2800	帝挚时代	海平面回落
山东 龙山文化	造律台类型（又称山东青堌堆类型、河南王油坊类型）	中原龙山文化	2600		
			2500		
			2357	帝尧时代	
			2208		第六次大洪水、治水期
			2083	帝禹时代	治水成功
			2000	夏	

资料来源：此表内容是在刘庆柱. 中国考古发现与研究（1949—2009）[M]. 北京：人民出版社，2010：94-196；王大有. 三皇五帝时代 [M]. 北京：中国社会出版社，2000：621-622等研究成果基础上编制。

由此表可知，古人类是伴随着海进与洪水等不断从高地到丘陵、从西向东迁移的。商丘作为古人类迁移的通道，是新石器早期中原文化的东迁证据。作为中原氏族文化与山东东夷海岱文化的交汇区域与分界线，其东部区域无仰韶文化发现，而其西部区域无大汶口文化的痕迹。但本地存在大汶口文化西进留下的东部移民，且长期以来稳定地生活在这里，形成有本地特色的文化风格——龙山文化造律台型，说明是有影响力的氏族选址在此地定居。而在商丘有文化遗存的就是阏伯台，阏伯台是阏伯观星的地方。那么他所处的时代处于中国上古文明的哪一发展阶段呢？而此段时期就是三皇五帝时代的帝喾帝尧时期（公元前3500—前2000年），如何来解读这个时代？

（二）考古背景下的时代文明特色

展开探研之前，有几个重要的问题需要澄清。

1. 那个时代文明的核心是什么？与王权密切相关的是什么？

天文历法、文字、敬天法祖祭祀礼制，是中华上古文明的三大支柱，是上古中华文明的核心，其他文明都围绕着这三大文明展开。

天文历法的发明，即中国历史上说的"开天辟地"。由观测原点，确定天北极，定极星为天地之中，确定天地方位和日、月、星在一年一月一日中的运行规律。这样有了历法，才有历算和纪年，才有历史，所以历法是人类历史的基础。

　　与天文历法同时发生的是"表记真图"或"表计宜图"的榜图或榜文，这就是文字。天文历法要公布，就要有图（文）有计数，这就是"榜"。图或文是以"象"的方式显示，历算或算筹是以"数"展示，所以"象"、"数"构成文字的两种形态，一种是"依类象形"的图象（图形），一种是计数的数字。所以文字起于结绳纪历时代，是为了记录结绳纪历的历法，公布榜书[1]。

　　敬天法祖祭祀礼制，是确立了天、地、人三道的宇宙秩序和人类社会秩序，与人伦道德规范，总谓"天人合一"。"人法地、地法天、天法道、道法自然"，是敬天。天文历法是祖先"开天辟地"首创，又立图腾姓氏图腾制、婚姻制、嫁娶制，才有人根人本，所以要遵守祖规祖训，法祖尊祖。由此而祭天祭祖，以祖先设教，进行宗族立德、立业教育，使明德永传，以德立族、立氏、立国，以德治人心[2]。

　　由此可见，与王权密切相关的就是对行使此三者的专有权的控制。

　　2. 如何看待上古氏族及上古人物

　　上古氏族，因图腾物而命名，因始祖诞生方式命名，因德命名。从此凡该氏族的全体与个人，该氏族的领袖，该氏族的天下，都邑、天象中心、祭祀中心，不论传多少代、多少年，不论到何地，皆袭此名号，即使有个人私名，有分衍的支裔，其名号徽志中必仍会有始祖、宗亲的原有氏族名号。这是把握认识上古氏族的关键所在，是理解古典文献的钥匙[3]。

　　上古氏族因经历了母系下传、父系下传时代，或处于其某一阶段，所以文献所载某"生"某、某"产"某，未必是母生子女的"生育"、"生产"之义。而是有"生育"、"生产"、"化育"、"分化"、"分封"、"分衍"、"册立"的多重意义。因为母系下传，一个氏族的纯血统，难以持久维系；父系下传时，又有姊妹同嫁的传习；所以氏族的代、系会有混血，会有氏族的嫡系与庶系；氏族的酋长或王位传承也就并不纯是母传子、传女，而是还传妹，传婿，传甥舅，或传叔、侄，是以"德"为标志的推举、共认，不是"世袭"，禹之前，莫不如此，所谓"公天下"。因而不论伏羲女娲氏系、帝系，还是炎帝、黄帝、少昊等氏系、帝系，都不是纯一的"父死子承"或"母亡子继"的传位法，不是父传子、子传孙、孙传玄孙……的世系方式和承

[1]　至于由结绳记事纪历，到契刻纪历，转为刻画，是为了永久保留观测记录和历法，发明了石刻、崖刻、木刻、骨刻、甲刻、陶刻、戳印等，代替结绳之政，统称为契刻文字，按材质又可分称为甲文、骨文、陶文、金文、崖刻文、玉文等культ。发明了毛笔、竹笔后，变契刻为书写图绘，于是有了彩陶书绘文字、竹简木牍书、帛书。由此角度，再来看待出土的上古文物，会更加深刻认识到上古时期文字中所蕴含的信息。王大有. 上古中华文明 [M]. 北京：中国时代经济出版社，2006：24-25。

[2]　同上。

[3]　王大有. 三皇五帝时代 [M]. 北京：中国社会出版社，2000：3.

继关系。文献中常见一帝与一帝间相隔百岁，甚至几百岁，或"在位百年"等等，只是某氏族中一个支裔群体掌权的历史阶段。不明此，上古史之"代"、"世"、"系"的断层、空白，与氏族积年间的矛盾，便只会由神话去自由解说[1]。上古氏族的现代裔族，仍保存有不少古遗风和族源传说，其民族志史料和民俗传统是上古氏族的活化石，足资参考[2]。

3. 从三皇五帝到三代的社会性质

从社会性质的角度来看，中国从原始社会（我们仅指产生氏族以前的人类社会）发展到氏族社会；又从氏族社会进入王族联邦（联盟）封建社会，这种社会自黄帝至禹；然后进入家族宗法封建社会，这种社会自夏启到先秦；然后又进入一姓帝王专制封建社会，自秦始皇称帝到清王朝覆灭[3]。但从文明发展的角度，中国三千年的文明模式是在周初定型的[4]。那么上古时期商丘文明的探源，就是对其在三皇五帝到夏商时段的考察。

三皇时代，文治天下，不用干戈而天下清明，四域国族并立互不统属，是天道无为而治的时代。而从黄帝起，形成国族联盟制中央政权。王族（国族）为主、四域国族为属从。其中，国族由黄帝、东夷（太昊、少昊、蚩尤等九夷）、炎帝（祝融、共工、后土、信、夸父）三大集团组成，权力在他们之间转移。黄帝族衰落后，少昊（东夷）代替帝位。少昊时期，炎夷集团融合，遂东西方文化（黄河中、下游文化）相互渗透，出现中原仰韶文化和大汶口文化的交流，产生庙底沟文化。黄帝族退向北方，颛顼集团强盛，遂又取代少昊文化。随后帝喾替代颛顼而登帝位，是东夷民族对黄帝民族的胜利。帝喾是少昊清（清阳或青阳）玄嚣（枵）的后裔。故帝喾生而神异，自言其名俊，明其为玄鸮鸷鸟族子裔。帝喾的联姻族团陈酆氏、娶（女取）訾氏、有邰氏、有娀氏，显然是炎帝族、东夷族，与黄帝族较为疏远。娶（女取）訾氏，是太昊先祖裔。陈酆氏是东氏与蜂氏的合婚族。陈酆氏的子裔是尧，娶（女取）訾氏的子裔是挚。挚继喾位，尧继挚位，带有家族世袭性质。在挚、尧、舜、禹、皋陶、益时，已有同族兄弟世袭或父终子继的世袭制。但如果先王之弟或子不贤，则就由先王选任，或联盟内阁确定的人员继位。这个制度表现在先帝崩亡后回避登位制。尧死，舜避丹朱；舜死，禹避商均于阳城；禹死，益避启于箕山之阳，皆此。最终家族继承制取代了禅让推举制，家天下代替公天下。从夏启开始，中国进入中古史私天下时代。

关于对三代的认识，史学界有这样的共识：夏商周并非前后继承之关

[1] 王大有. 三皇五帝时代 [M]. 北京：中国社会出版社，2000：4.
[2] 同上.
[3] 王大有. 三皇五帝时代 [M]. 北京：中国社会出版社，2000：601.
[4] 启良. 中国文明史 [M]. 北京：国际文化出版公司，2010：3.

系，是并列意义上的三个组团。三个王朝就起源而言大致同时，其先祖皆为五帝时代的部落酋长，且均有一定的实力和影响。

4.帝喾帝尧时期的文明特色

帝喾帝挚时代是中国上古文明鼎盛时代及中国玉器文明巅峰时代（公元前3400—前2300年）。继承少昊颛顼天文学成就，以北极星、玄枵、虚、危星座为星象坐标历法系统，授时日月五星七政，承颛顼官职，重黎吴回为羲和之官传天数；实行炎帝（有邰氏、陈酆氏）、少昊（有娀氏）、蚩尤（邹屠氏）、常羲（娵訾氏）、畎夷（太昊盘瓠氏）、祝融（神农氏）、鹳兜（颛顼氏）、防风氏（房王封豨阳夷风夷，太昊方雷氏风姓裔）九族共和，是中华上古史上的和平、稳定、繁荣、清明之世；诞生了中原庙底沟文化—大河村文化，湖北三苗国文化，太湖防风氏防王国良渚玉器文化；农业、制陶业、玉器业、漆器业、航运业空前发达，冶铜业在发展；大地湾文字系统遍布黄河、西辽河、淮河、汉水、长江流域；大地湾—河姆渡—大汶口—良渚文化的八卦太极盖天宇宙模式通行，璇玑玉衡向琮、璧天文仪器衍化；太湖防风氏蚩尤三苗玉器文明达到登峰造极的文化极品、艺术极品境界。

尧舜禹时代是中国上古文明鼎盛时代、中国玉器文明晚期、青铜时代早期、金玉并用时代、洪水时代（公元前2300—前2000年）。尧舜禹时代是强化中央政权的武力兵戎时代，九族共和解体，道为天下裂，治水为急务，共工、凿齿、鲧、三苗、鹳兜、夸父、丹朱等蚩尤炎帝少昊民族被反复征剿，失去沃土良田，放逐迁徙，共工氏在北方创立了夏家店文化，三苗在甘肃河西走廊创造了辛甸文化，畎夷三苗在湖北、湖南创造了三苗国文化，尧舜禹三代在中原创造了中原龙山文化，城邦王城迅速发展，冶铜业在黄河上游的齐家文化（公元前2000年）得到迅速发展（已发现带銎斧、刀、锥、凿、钻头、匕、指环、铜镜等红铜器、青铜器50余件），这是三苗蚩尤裔民继承先祖蚩尤发明金兵的传统，再造冶金辉煌，率先进入青铜时代[1]。

这些背景均与阏伯的身份探析相关。

（三）阏伯身份探析

1.阏伯究竟是谁?

据《左传·昭公元年》记载:

昔高辛氏有二子,伯曰阏伯,季曰实沈,居于旷林,不相能也。日寻干戈,以相征讨。后帝不臧,迁阏伯于商丘,主辰。商人是因,故辰为商星。迁实沈于大夏,主参,唐人是因,以服事夏、商。

从这则文献中，可读出以下信息:

(1) 高辛氏为喾氏族登中央共主帝位的首任，史称帝喾。阏伯与实沈

[1]　王大有.三皇五帝时代 [M].北京:中国社会出版社,2000:596-601,604-605.

作为帝喾直系两支系，从其他地方被迁到此二地来分管大火星与参星的观测。说明此二星的观测在当时的重要性。这也道明了夏、商二族的来源。阏伯应为帝喾族分支在商丘[1]观测大火星的肇始者，也是商丘成为重要氏族居住地的开始。

（2）再从文献本身的内容来看，《左传》中这一段描述的背景是晋平侯得病，占卜的人说是实沈、台骀引起的灾祸。于是有了晋国大臣叔向询问前来探病的郑国使臣子产，此为何神？子产告诉他关于二者的来历，均为晋（大夏）地方大神，其中实沈主星辰。从中可以推知，阏伯与实沈的身份等同。同是高辛氏（帝喾）的儿子，被封在商，应该为商丘的地方大神，主星辰。阏伯作为商丘远古时期的地方大神，他与商丘的渊源是怎样的？有说，阏伯是火神，祝融也是火神，纵观各地敬火神的习俗，都是敬祝融，只有商丘是敬阏伯，可见阏伯对于商丘的意义远不止火神的层面。从这个角度也可证明阏伯与商丘来源的关系。

2. 阏伯究竟在商丘如何观测大火星？

据《左传·襄公九年》载：

陶唐氏之火正阏伯居商丘，祀大火，而火纪时焉。

又据清康熙四十四年《商丘县志》载：

夫伯固帝之子，黄帝五世孙，圣裔也。唐尧亦帝之子，以火德王。而伯主辰祀，乃圣德也。圣德圣裔，血食一方，固无疑矣。

这里首先要澄清，陶唐氏与阏伯均不指称具体某人，而是所在氏族的称呼，这是很重要的立足点。再从文献字面来看，就不难理解，陶唐氏所在的帝尧氏族时期，阏伯氏族一直是专任火正之职。从二族与黄帝的血缘来看，阏伯氏族的身份显著；而从祀大火与火纪时来看，当时是以火纪时的历法。大火授时的依据是大火星和参星刚好分别处于两个分点，而从天文学推测，这个时间刚好是公元前5000年左右，它是上古时期天文观测的实际天象，对后世的影响相当深远[2]。庞朴先生也曾经指出，中国古代确曾存在过一部以火纪时的历法，它的滥觞约当大火处于秋分点的公元前2800年左右，即传说中的所谓尧舜时代[3]。这是在暗示，用于观测大火星

---

[1] 关于商丘之名的地望所在，史学界一向有不同意见。大致分为两个方向：其中以顾栋高注释为权威证据的认为《左传》中商丘非今地名之河南商丘为权威说法之一；另一个方向以商丘地方史学研究者为主导的观点却认可商丘古今一地的说法。笔者通过对两种认识的详细考证及结合自身研究成果，认为双方观点都有其相当值得深入研究的道理。但是从观点上更倾向于商丘古今一地的说法。阏伯台的详细论证正是对此种说法提供了另一个证据，并且有机会希望进一步探讨先商与商丘的关系。阏伯台的深入研究对考古及史学研究的意义较大。

[2] 冯时. 中国天文考古学 [M]. 北京：中国社会科学出版社，2007: 183.

[3] 转引自冯时. 中国天文考古学 [M]. 北京：中国社会科学出版社，2007: 182.

的阏伯台曾经是五帝时期某一阶段非常重要的地点，要进一步理解这种解释，还需要对中国古代天文学有一定认知。

中国古代天文学，特别是上古时期的天文学，与现代意义上的天文学意义相差甚远，主要原因在于，现代天文学是一门自然科学，而中国古代天文学与人文是密切相关的。中国古代天文历法的特点是天、地、人三才通贯（由三而王），由一个天文历法世家历代承传，史称"传天数者"。也就是传日月星辰周天运行历度数据的观象制历授时的职业天文学家。据司马迁《史记·天官书》载：

> 昔者之传天数者：高辛之前，重黎；于唐、虞，羲、和；有夏，昆吾；殷商，巫咸；周室，史佚、苌弘；于宋，子韦；郑则裨灶；在齐，甘公；楚，唐眜；赵，尹皋；魏，石申。

江晓原从《史记·天官书》中的"昔之传天数者"名单入手，以先秦两汉重要古籍为主，对其中有关该名单中人物的记载作"地毯式"搜检和分析，考察该名单中人物以何种面目呈现出来。由于该名单对于古代中国天学家而言具有代表意义，因此考察该名单所得的结论也就具有相当普遍的意义。这一结论是：古人心目中的天学家——"传天数者"，最早是上古时代专司交通天地人神的巫觋，此后分工渐细，乃演变成专职的星占学家。而且无论是上古通天巫觋还是后世星占学家，他们都是只服务于王家的[1]。王大有更是特别指出了，在高辛之前，传天数者的身份是氏族的首领[2]。

3. 传天数者所传的"天数"是什么呢？

是对日、月、木水火土金五星等运行规律的实测数据、运行周期数据、空间方位行度数据以及它们相互间的关系数据，辨方正位，编制年、月、日、时的历法系统数据等。

这些"天数"是怎样得到的呢？

---

[1] 江晓原.天学真原[M].沈阳：辽宁教育出版社，2007：106-108.

[2] 《潜夫论》说："昔者圣王观象于乾坤，考度于神明，探命历之法就，省群后之德业，而赐姓命氏，因彰德功。"由此可见，由观象、制历、授时、赐姓而法天敬祖为内涵的天文历法、文字、敬天法祖祭祀礼制，是中华上古文明的三大支柱。"圣王"、"群后"即上古各氏族首长，即三皇五帝及各侯伯。古代制定天文历法是任何一位氏族领袖的首要职责，由此"传天数"、"传天道"、"正人伦"，不如此不能成为圣王。同时氏族领袖又根据各氏族观察天文气象和制定天文历法的功绩为首要德业，来给各支系（氏族）赐姓命氏分封、册立，从此有祭天权、司天权、观天权、授历权、公布榜文寰图权、传天数权。无上述权，为非正统，为无文化根脉传承，非禅让得政。所以这套世代传承的制历授时传天道、传天数的赐姓立氏制，就形成法天敬祖的祭祀礼仪制。中国历来只把祖先作为"神明"崇拜，只有他们有文明、有智慧、有德。此教无人格化的超自然力的主宰，只有祖先和天道自然宇宙，以人祖妣为命根，以自然为玄牝命门，这叫作"敬天法祖"或"法天敬祖"。转引自王大有.上古中华文明[M].北京：中国时代经济出版社，2006：193-198。

是根据他们（她们）发明的观天象仪、测天数仪，仰天观象实测所得。首先确定一个观测中心，确定一个参照物，推导出一个坐标系。观测中心是四野平旷的山丘，最理想的是中央耸立的平台，利于辨方正位。因此高地、土台是观测天象所需。次称天脐临淄灵台。在灵台上竖立参照物，即观测原点，或是扶木，或是建木，或是表竿，由这一点向四面八方引申，定出四面八方的参照物，或树、或山峰，确定在一年、一月、一日中日、月、星、辰的升、降、位移变化，定出或算出出入行度、高度、周天历度、晷度，就得到一个坐标系。这就有了大山纪历、扶桑纪历、建木纪历、晷仪纪历。白天在灵台上测太阳一日中的升降高度和一年中日影消长长度，夜间在灵台上测北极星及月亮、五星的运行[1]。由此可见，在古代中国，特别在上古文明之初，天文学有更深层的含义，有"通天之学"的意义。

4. 怎样来讲述"天学"和"天文学"的不同呢？

江晓原用"天学"来描述"古代天文学"所包含的更深层的人文内涵，并对此做了详密的考察。其论述的"天学"包括历代官史中天文志、律历志和五行志。作为"通天之学"，天学作为古代中国文化中最直接、最主要的通天手段，与王权交互作用、密不可分，是古代天文和人文的综合之学。天学在古代中国社会文化中占有特殊地位。

天学家的起源及其所扮演的社会文化角色既已判明，进而探讨灵台——它既是天学家工作之所，也是王家天学机构象征之物的起源及其所扮演的社会文化角色，所得结论竟恰好与关于天学家的上述结论平行而且相互呼应。

灵台本是上古巫觋作法通天的神圣坛场。它又常与明堂联系在一起，后者不仅也是通天之所，又是天子接见诸侯、分别尊卑、发号施令的行政之所。与天学家仅服务于王家这一点相对应，灵台及其所代表的天学机构和天学事务，也始终只是王家独有之物。

天学在谋求王权者为急务，在已获王权者为禁脔，这在中国漫长的古代社会历史上一直如此，只不过在早期可能表现得更直接、更明显一些。张光直先生仅通过青铜礼器及其上的动物纹样之类，也同样得出独占通天手段和王权关系的交互作用和密切关系[2]。

5. 阏伯的真实身份究竟是什么？

通过考察发现，天学在历代官吏中，在古籍中所见上古政务中，在古代知识体系中的特殊地位都源于天学对于确立王权的必要性和重要性；其

---

[1] 王大有．上古中华文明 [M]．北京：中国时代经济出版社，2006：207-208.
[2] 有关这方面的研究，详见张光直．中国青铜时代 [M]．北京：生活·读书·新知三联书店，2013，以及（美）巫鸿．中国古代艺术与建筑中的"纪念碑性"[M]．李清泉，郑岩等．上海：上海人民出版社，2008。

在古代数术中的特殊地位则在于数术也是通天通神之学，且始终是由"传天数者"执掌的；而天学家及天学机构的特殊地位和历代对私习天学之厉禁，则显然肇因于为确立王权对天学的垄断与争夺[1]。

由此可知，龙山文化时期是史上帝喾帝挚尧舜禹活动的历史时期。商丘在此期间，除了考古遗址出土的文物证明，对本地区有影响力的人物就是与高辛氏有关的阏伯。帝喾族与商丘肯定有关系，将他认作商丘有史可追溯的历史人物无可非议，至少活动在商丘的先民是帝喾的后裔（有考古文化可证明：仰韶后期，东夷族西进留在商丘的一支）。帝喾时代，推行历法为大火星历，商丘作为观测大火星的最佳地点（且是与二十八星宿中星宿二大火星对应的地区），观测者（即火正）必是与王族有直接亲缘关系的氏族，此地也是此族的定居地。

《左传·襄公九年》载：

陶唐氏之火正阏伯居商丘，祀大火，而火纪时焉，相土因之，故商主大火。

可以这样来解读：阏伯为当政的帝喾的儿子，被指派到观测大火星的地方。可以肯定的是，此地区成为帝喾族的分支阏伯氏族的居住地，此族世代行火正之职。到了陶唐氏时期，即唐尧时期依然如此。此段文献证明，火正之职位阏伯氏族专有，并且地点只在商丘，商丘是祀大火的专有地点。当时的历法是大火纪历。相土是商先祖第三代，可见是继承阏伯的火正之职，商族主祀大火星。言外之意，商先祖在商丘这个地方的阏伯台观测大火星。商族聚族而居于此地，商星由此而得名。

关于商族，较早的文献记载里常把它追溯到有娀氏，《诗经·长发》就曾说"有娀方将，帝立子生商"。《史记》的记载比较全面且简明扼要，主要内容如下："殷契，母曰简狄，有娀氏之女，为帝喾次妃。三人行浴，见玄鸟坠其卵，简狄取吞之，因孕生契。契长而佐禹治水有功……封于商，赐姓子氏。"

从文献显示可知，契为有娀氏与帝喾的儿子，以商族为称谓始于契。就是说，商族所包含的意思是帝喾氏族的一支系与有娀氏族结合而形成的新的一支系。这里需要说明，文献中帝喾有五个妻子[2]，其实这里的帝喾不是一个人，五个妻子是五个氏族，反映了帝喾族在不断迁徙过程中，在不同时期与不同族类的婚配，包括其中有周先祖，还有后继的帝挚、帝尧等，表明后来历史发展中，帝喾的族人一直是世袭下去的。从这个背景来看，

---

[1]　江晓原.天学真原[M].沈阳：辽宁教育出版社，2007：106-108.

[2]　帝喾有五妃，分别是有邰氏（姜嫄生后稷为周先祖）、有娀氏（简狄生契为商先祖）、陈酆氏（庆都生帝尧）、娵訾氏（常仪生帝挚）、邹屠氏。（《大戴礼记·帝系》、《拾遗记》等）转引自王大有.三皇五帝时代[M].北京：中国社会出版社，2000：471.

契的身份在帝喾族中是尊贵的，是活动在商丘的商族的首领。继阏伯之后，也是传天数的领袖，才有后来其后代继承火正之职。从后来商族与大火星的关系来看，这是源远流长的。

最早提到商丘名字的文献是《左传》，这说明，至少在春秋时期，大家公认此地名的存在，并且商族在此地祀大火星是个不争的事实。至于商丘、商族、商星命名的因果关系，说法甚多。但有一点是达成共识的：阏伯台是上古火历纪时时代专用来观测大火星的灵台。阏伯的身份不仅仅是中央政府的官员，且为某一方的国族领袖，与尧的国族有亲缘关系。大火星的名字在前，又被称为商星，说明商族是专祀大火星的。只有在此地居住的有声望的氏族才拥有这个资格。

至于阏伯与商契的关系，有个大胆推测，阏伯氏族作为帝喾族较早的一支分支，在帝喾时代的早期，整个氏族生活在商丘这个地方，专祀大火星。文献中帝喾与有娀氏结合，可以理解为作为帝喾族裔的阏伯氏族与有娀氏族在商丘结合而最终成为支配该地区的重要氏族，而这个新氏族名为商族。

三、阏伯观星台的内涵

阏伯的身份，不仅仅是中央政府的官员，且为某一方的国族领袖，且与尧的国族有亲缘关系。商丘地名的来源与阏伯有直接关系。由观测商星而建灵台于丘，故商丘为阏伯祀火星的重要场所。位于河南商丘古城郊外的阏伯台，又名火星台，是帝喾子阏伯观测心宿二大火星的灵台。原高八十八尺，周二百步。位于北纬34°23′。这究竟有什么含义？

（一）古文明地标之一

生活在北半球的古代中华先人，仰观天象，俯察地理，确立天北极和日高天当地真午时的天之中，为天齐。这个地方是观测者所站立的地方（地心），是测量原点，或太极原点。这个原点要求天心（天北极）与地心及观测者的头顶（天门），在一条垂直线上，也就是夜间的天北极星要位于头顶正上方，白天中午太阳要在头顶的正上方，"日中无影"，或日影很短，取夏至日人影或与人登高的表木投影最短的地方，为天地之中，也就是天齐，义为"天之肚脐"。符合这种要求的地方基本位于北纬34°—35°[1]。

古代氏族、王族、国族迁徙频繁。每次迁徙到一个新地方，建立新的文化传播中心，就重新勘定天齐。天齐在北纬33°—36°之间东西迁移所形成的卯酉线分布带即天齐线（图2-1-5）。这条线上分布的任何一个天齐点，都是为着测定春分点和秋分点，为着确定天地之中，确定宇宙中心，确定文脉中心、族脉中心、国脉中心、政治中心。天齐线成为历代的正统中央

---

[1]　王大有.人类理想家园 [M].北京：中国时代经济出版社，2005：76.

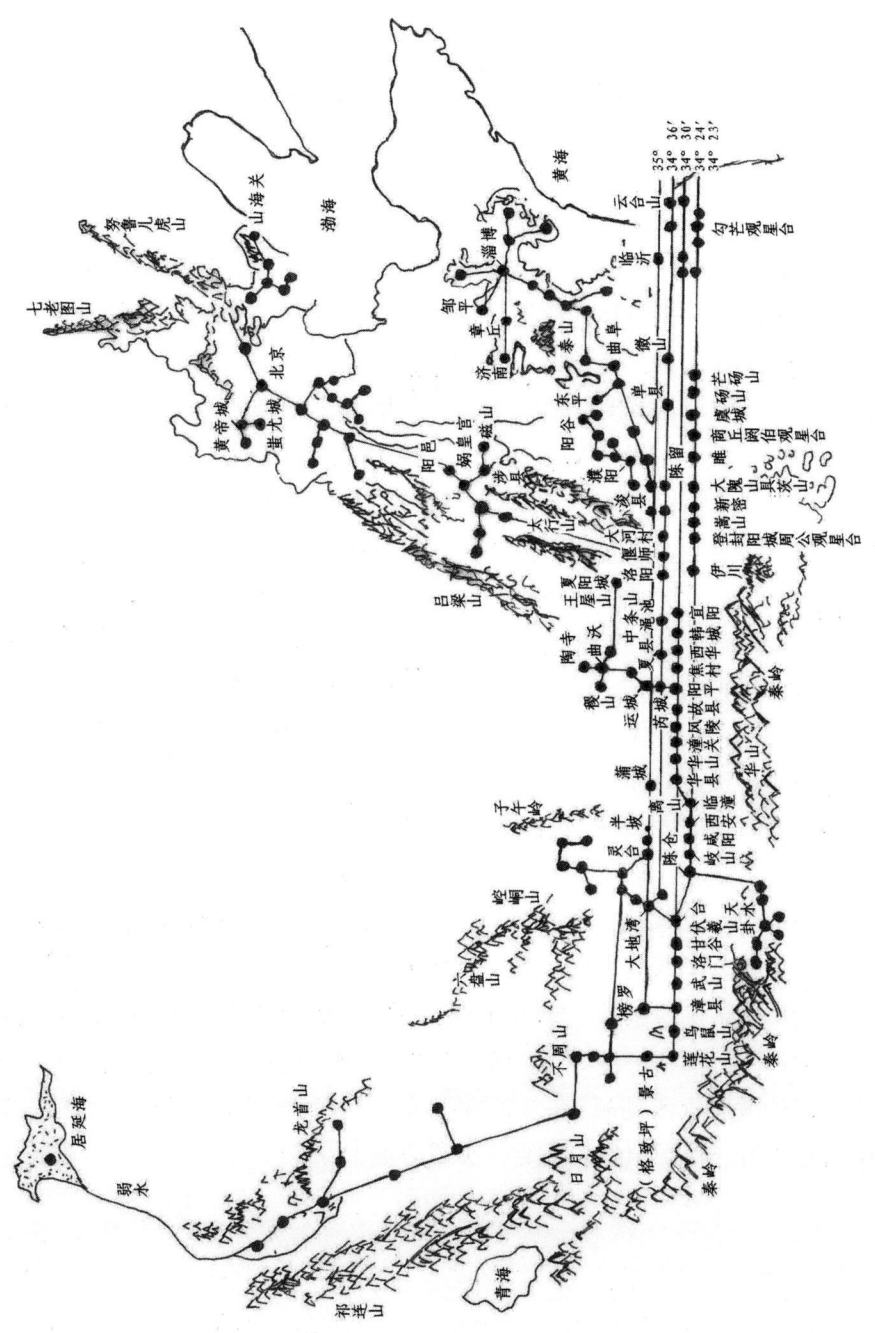

图2-1-5　34°—35°文明线古城分布示意图

（资料来源：摹自王大有. 人类理想家园 [M]. 北京：中国时代经济出版社，2005：102）

政权的标准线。伏羲氏在天水确立了成纪天文中心，为"天地之中"，天地的肚脐，名"天齐"，位于北纬34°23′。从此向东，在陈仓、陈留、睢、商丘、东海、旸谷、阳城，以及西安、洛阳、开封连成一条历代王都的天齐线，在北纬34°23′—24′之间漂移。这条天齐线上的王城帝都都为中央王朝，为中央、中国、中州、中原、九州之心脏[1]。

（二）观测大火星的最佳位置

虽然中央天齐线在很大程度上决定了观测天象的区域，在天齐线所在区域可能会最早出现城市，但是否产生了城市以及城市的微观选址则还是应该另有因素。比如，在陈仓、陈留、睢、商丘、东海、旸谷、阳城，以及西安、洛阳、开封连成一条历代王都的天齐线，在北纬34°23′—34°24′之间漂移。为什么阏伯台会选址在商丘？文化典籍记载了出土文物中反映的上古社会生活，考古天文学和传世的星宿文化是人间社会的反映，古代的星宿兆域分野对应了上天下地的氏族存在与分布。天界星辰与地域氏族同位一体，这是中国天文星象学的独有特征[2]。

自古以来商丘的分野是如何划分的呢？《左传》曰："心，宋之分野"。《汉书·地理志》曰："宋地房、心之分野"。《晋书·天文志》曰："自氐五度至尾九度为大火（心星古称大火，又谓之辰，亦曰商星），于辰在卯，为宋之分野"。按宋本大国，故自为分野，观之阏伯、相土皆主火正，则心为宋之分野无疑矣[3]。

《左传·昭公元年》云：

昔高辛氏有二子，伯曰阏伯，季曰实沈，居于旷林，不相能也，日寻干戈，以相征讨。后帝不臧，迁阏伯于商丘，主辰，商人是因，故辰为商星。迁实沈于大夏，主参，唐人是因，以服事夏、商。

参与商所在的两个星座正好位于黄道的东西两端，每当商星从东方升起，参星便没入西方的地平，绝不同时出现。在后人看来它们似乎只是天幕上此起彼伏的两颗恒星，其实并不尽然，对于揭示一部湮没已久的古老授时星历的历史，这却不啻为一个重要线索[4]。

[1] 王大有. 人类理想家园 [M]. 北京：中国时代经济出版社，2005：81-83.

[2] 王大有. 三皇五帝时代 [M]. 北京：中国社会出版社，2000：3.

[3] 商丘县志编纂委员会.（清康熙四十四年）商丘县志 [M]. 北京：生活·读书·新知三联书店，1991：47.

[4] 先秦时代的火星观测究竟怎么展开？原始农业以焚田为生产工作的第一步，这个时间一定要准确把握，过早烧田，种子发芽之后，如果没有雨水就会枯死；过晚则又受到雨水的干扰。古人通过长期的观象授时活动发现，这个时间确定在心宿二昏见于东方的时候最为适宜，而心宿恰巧为一颗红色的一等亮星，它的颜色与焚田的烈火又如此契合，这很可能成为古人最初将心宿二名为大火星的两个基本原因。鉴于大火星对于授时定候的指示作用，古人最初正是通过对大火星出没的观测来指导"出火"、"入火"的生产实践。冯时. 中国天文考古学 [M]. 北京：中国社会科学出版社，2007：178。

古人以大火为授时的标准星,《国语》、《左传》、《尚书》、《诗经》、《礼记》、《夏小正》等先秦文献所提供的先民对于大火星的祭祀与观测资料相当丰富,从大火的出没到浮没,几乎周天运动中每一个重要的位置变化都给予了系统观测。几乎对大火星的每一次记录,都涉及了它的授时作用。同时我们也看到,古人所测大火星所在的天球位置俱十分完美,这使我们有幸领略了先民对大火星周天变化规律的精审认识。事实上,也根本找不出二十八宿的哪颗星能像大火星那样备受古人的重视[1]。

（三）主祀大火星的商族的族属地标志

在中国,天界星辰名称,与中华大地上的国族地域相对应,古称此为"分野"。其关系是先有地上的国家民族（或国族、或氏族）的名称,然后才把这个国家民族居住区域的上方——天空中布列的星辰,命名为这个国族的名称。这两者相合,是出于什么原因? 这是因为古代民族在他们居住的地区,分别观测在他们区域星空中的星体,以其在星空中的视运动的止宿运行方位,作为本民族观象授时的主要依据,又把这些星作为本民族的代表,就把自己的族称作为这些星名,意为某族之星,或我族之星。这种把族称与本族主观测星名一体化的结果,就出现了天上星名与地下国族名对应成为自然划分的分野。当社会不断前进,众多以古星为历占的民族逐渐消失或迁徙,或依然在其发祥地生息,仍旧保持了以原始族称为星名。当着它族异地而国后,新族国沿袭古历星的原始称,遂有星名与下界方域不符的现象。但此下界方域在昔仍是古历星占民族的生息地,这是无可疑义的[2]。

据《史记》载:

角、亢、氐,兖州。房、心,豫州。尾、箕,幽州。斗,江、湖。牵牛、婺女,扬州。虚、危,青州。营室至东壁,并州。奎、娄、胃,徐州。昴、毕,冀州。觜觿、参,益州。东井、舆鬼,雍州。柳、七星、张,三河。翼、轸,荆州。

据《左传·襄公九年》载:

古之火正,或食于心,或食于咮,以出内火。是故咮为鹑火,心为大火。陶唐氏之火正阏伯居商丘,祀大火,而火纪时焉。相土因之,故商主大火。商人阅其祸败之衅,必始于火,是以日知其有天道也。

据《国语·晋语四》载:

吾闻晋之始封也,岁在大火,阏伯之星也,实纪商人。

由此,商人主祀大火星的事实已经很清楚,这不仅因为文献提供了明

[1] 冯时. 中国天文考古学 [M]. 北京: 中国社会科学出版社, 2007: 182.
[2] 王大有. 中华龙种文化 [M]. 北京: 中国时代经济出版社, 2006: 116-118.

确的证据，而且殷卜辞也显示了这方面的真实记录。"殷人主祀大火星，遍行侑、燎、陟、并、用、奏等多种祭祀，用牲有羔羊、牡猪乃至人牲，足见祭祀之隆重。"也必然设有专以司掌大火为职的"火正"。值得注意的是，在殷人祭祀及观测大火星的全部卜辞中，有殷王亲自占，也有当时重要的贞人。这清楚显示了此项活动在殷代是一项"国之大事"。研究表明，殷人不仅祭祀大火星，而且以其偕日升作为确定岁首的标志，这表明在商代历法中，一年的岁首一定被限定在大火星于黎明前第一次晨见之月[1]。

可见，阏伯台作为一种灵台出现，首先是为着观测天象，确定日、月、北极星、北斗星、木星、大火星等的运行规律，和它们在一年四季八节中昼夜在地平方位的出没规律，引起的天气、地气的对应变化，出现的地候、物候节律，与该氏族的人事、农事等会有什么吉凶祸福。灵台作为沟通天、地、人信息关系的"神殿"，发号施令的行政之所，这是古代商丘政治、祭祀、经济文化中心，族群活动地域的中心。

以此来看，阏伯台的选址首先是出于观测天文而考虑在中央天齐线上，其次以观测大火星，即商星的最佳位置来定点。因此，它的选址具有独一无二性，同时它也成为了观测大火星的商族的族属地。

四、古代天文历法对都邑选址的实质性影响

吴庆洲先生曾提出影响中国古都规划的三种思想体系[2]。在此基础上，进一步深入论述了中国古城选址的择中说、地利说和象天说[3]。通过对商丘阏伯观星台的考察，发现古代天文历法对上古时期都邑选址有决定性的影响。笔者在此做一简要总结，试图为研究中国古都营建史打开一个新的视角。

（一）观测天文是上古都邑选址的基本依据

对天齐观测地点的地理位置，有特殊的苛刻要求：①突兀、高耸、挺立的平坝塬丘，接近日月星空，便于仰观天象；②周边四野开阔、水平、低下，或是群山众岭奔涌，但山头在同一水平面上；或四野是茫茫平原、草甸；或四野为河湖水面；这种地势便于俯察日月星辰出现并沉落的地理位置；③主丘和四野有明确的可作为定向定位的地理标志，或山或树作为标记。这三点要求，实际上确定了天齐模式。比如，在平原狂野地，天齐

[1] 冯时.中国天文考古学 [M].北京：中国社会科学出版社，2007：189-196.
[2] 三种思想体系为：体现礼制的思想体系、注重环境求实用的思想体系以及追求天地人和谐合一的哲学思想体系。吴庆洲.象天法地意匠与中国古都规划 [J].华中建筑，1996（2）：31-40.
[3] 吴庆洲.中国古城选址与建设的历史经验与借鉴 [J].城市规划，2000（9）：31-36.

穴区选在拔地而起的岗丘台地; 在城市井邑地, 天齐穴区选在郊区南面狂野高地筑台观为灵台[1]。

（二）族属标志地的祭祖功能

立建木天表测定天齐的地方成为氏族、部族中心, 祭天中心, 祭祖中心, 逐渐演化为王族中心、族国中心、国都中心。古代的天齐、天地之中及国中、国都, 都以丘、台、阜、邑、临、个、京、都、高、昌、景、亭、亳等命名。这是因为主持"天脐"灵台工作的巫觋的居地是族群邑落的危屋华盖宫室, 久之王宫加垣, 即王城。这是考察古国最可靠的标尺之一。灵台作为沟通天、地、人信息关系的"神殿", 在此宣示天意、上达民意, 是至高无上的神权、文权、政权、军权的一体表征。这样一个地方, 基座越建越高, 就形成下大上小、逐渐收缩的梯级坛台, 以阶梯示登天神路。俯视其平面为亚形、十形[2]。

由以上分析可知, 阏伯台是为观测大火星, 也即商星而专门设立的。因为观测大火星的所在之地的氏族为商族, 所以大火星后来也被称作商星。而观测商星的灵台, 也即称商丘。因此, 可以理顺这个命名的因果关系。循着这个思路, 当商族最终八迁至豫北安阳, 商丘仍为商族的族属地。也因此, 周代将殷后代微子启封到商丘。周代宋国城的选址与阏伯台有直接关系。有周一代, 阏伯台还在发挥着重要的祭祖及观测大火星的作用。阏伯台可为宋国城选址的关键因素所在。

通过对以上四个问题的梳理, 对于商丘上古时期的阏伯观星台内涵有了进一步的认识。阏伯为仰韶文化晚期至龙山文化时期活跃在商丘本地的来自帝喾族东夷人的某一分支的首领; 阏伯台是专为观测大火星而特意选取的地点, 由于该地区具有适宜大型聚落的地理条件, 也随之成为族人的居住地, 阏伯台成为此地的地标, 其选址体现了中国上古文明的天学成就; 居住在此的阏伯氏族与有娀氏族的联姻而形成的支系, 在帝舜时代渐渐成为该地区具有支配地位的氏族, 名为商族。商先祖之第三代相土继阏伯而祀大火星, 大火星后又被称为商星, 以表明大火星为商族的族星。

对阏伯台内涵的揭示过程, 也是对商丘上古历史背景及文明发展的梳理过程, 是对商丘文明来源的深入认识。如果有更大胆的推测, 观星台甚至先于阏伯而存在。因为大火星观测可以追溯到早于帝尧时期。火星纪历的年代, 商丘这个地方就有古老的族团居住。但是有一点, 能够有资格观测大火星的族团, 在当时一定是具有影响整个文明发展的族团之一。因此, 在上古时期, 商丘在中华文明的发展过程中也扮演了较为重要的角色。

---

[1]　王大有. 人类理想家园 [M]. 北京: 中国时代经济出版社, 2005: 83-84.

[2]　王大有. 人类理想家园 [M]. 北京: 中国时代经济出版社, 2005: 84-85.

第二节　周代宋国都城之宋城

　　周代宋国城，顾名思义是指西周初建分封的诸侯国宋国的都城。本节研究的宋国城，有必要做一说明。从考古遗址的角度，这座城命名为周代宋国城，是因为它的主要建造及使用反映在此时期。从城市的营建角度来看，这座城的起源、发展及最终灭亡的整个时期都是需要关注的。从现有考古及文献资料的证据来看，其营建的历史最早可追溯到三代之前，经历了先民选址（尧时期）、聚落（夏）、族邑（商）、都城（周代）、郡国都城（汉代梁国）的不同发展时期。本节欲探明以下三个问题：①城市在商丘是如何起源的？②西周初宋国城的营建背景；③宋国城的布局探讨。

一、城市在商丘的起源

　　宋国都城究竟是西周时期由于分封而新建的城市，还是在原有城邑的基础上建造的？这至少涉及商丘在三代时期文化上的连续性问题，也将为考古证据下的宋城研究提供一个起点。

　　由上节的研究可知，商丘在周代以前，一直是商族的发源及生息之地，也是完整商文化的传承之地。西周封微子启于宋。周人尚不能完全宰制殷遗，乃封其王族之贤者于自汤以来之故土，乃表示周人之无意于灭殷族也。这自汤以来的故土，就是商丘。从上述封国分布的情况来看，此地在整个周代的国家形势中并非一个理想之地。这就是其先天所在的政治地理缺陷。明白这一点，会对整个周代宋国的发展有更深刻的认识。但是在历史上，商丘有着独特的地理优势以及源远流长的历史。在商丘连续不断的文化传承中，商文化是其核心的发展动力（图 2-2-1）。

　　（一）上古时期因观星而聚族而居

　　由上节可知，作为帝喾族的子孙，阏伯和契都封于商丘。阏伯是帝尧时的火正，契为帝舜时代的司徒，还辅助禹治水。契的孙子相土还继承阏伯的祀火星工作。先有阏伯封商丘，在此地形成观测中心。现在在阏伯台旁边，还有一个火星台村，此村名古今未变。地理考据也证明该地区地面环境的宜居性。因此，此时期是商族聚族而居的开始。

　　（二）先商时期的祖居地

　　商先祖在夏代历任职位，以商丘为根据地活跃于今豫东、鲁西南和豫北地区，并在此区域发展壮大后灭夏建立商朝。先商时代为商丘文化重要的奠基期，体现在三个方面：

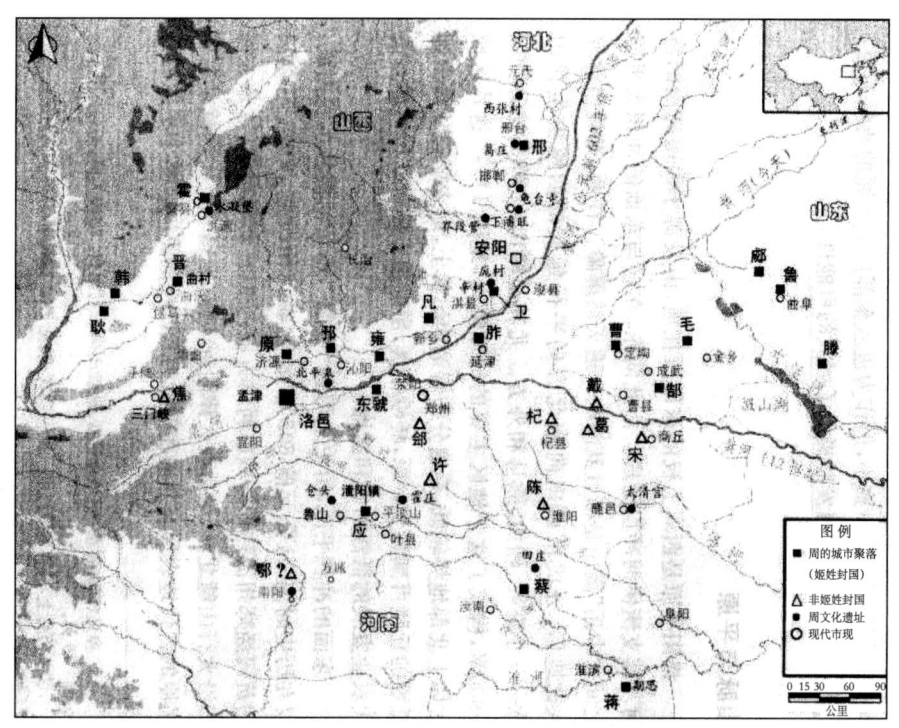

图2-2-1　西周时期中原地区的政治地图

（资料来源：引自李峰. 西周的灭亡——中国早期国家的地理和政治危机 [M].

上海：上海古籍出版社，2007：70 页地图 6）

1. 商族定居地

至少远在舜时代，来自东夷的商族定居在商丘。关于商代的唯一重要历史文献是司马迁所著的《史记·殷本纪》，曰："殷契，母曰简狄，有娀氏之女，为帝喾次妃。三人行浴，见玄鸟坠其卵，简狄取吞之，因孕生契。契长而佐禹治水有功。帝舜……封于商，赐姓子氏。"由此可知，契与阏伯一样，均为高辛氏之族裔；商族是以玄鸟为图腾，其祖先为东夷人；商族在契以前还未脱离母系氏族的历史进程，从契开始，商族才有了以父子相承为主的世系，契是商族自母系氏族过渡到父系氏族所祭祀的最早的男性直系祖先；帝舜与契同为高辛子，封契于商丘，赐商族子姓，这是较近的血亲族裔。商族的祖先在舜时代为较有影响力的氏族部落领袖。

2. 商王室的重要祭祀"祀大火"的地点

每年在大火星出现时都要举行隆重的祭祀典礼。商先公中有文献记载接替阏伯之职的就是相土。相土时的历法依旧实行的是"大火历"。他既是族长即最高酋长，也掌管着对大火星的祭祀，由于这是与商族一年家事的开始有关的祭祀，也是观测祸福吉祥的，所以是当时商族最重要的祭祀之一。"祀大火"也成为商代贯穿始终的重要祭祀。

3.商先公契至汤八迁地望

在有夏一代，作为与夏同存在的商族，商先公一直活跃在今豫东、鲁西南平原及豫北地带。这是龙山文化青堌堆类型及岳石文化的产生地，有自己稳定发展的先商文化。

（三）商时期的族邑

商代时期的商丘作为商族的祖先故地存在，处于商王所处豫北政治经济中心边缘。从西周分封的文献来看，宋为地名在商代就有[1]。由此可以这样设想，商丘作为商代一个封邑是确定的。封邑的营建因循武丁时期的商代背景。武丁时期作为商代后期一个繁荣扩张期，封邑的规划应体现其统治的核心要素，诸如祭祀与军事等。宋地作为商王朝向东南扩张的重要门户，其边防、征伐和服役的义务应是其封邑经营的重点。

从营建角度来设想，观察阏伯台周边，具有营城的极大资源。首先，商人祭祀大火星是重要的国事，阏伯台本身就是最佳的理事场所。阏伯台南边就是睢水，是天然的护城河。当然从阏伯时期，此地就应该是部落族人的聚集中心，已经有基本的聚落规模的规划。设想子宋封于此地，会有长远经营的规划策略。从武丁至商灭亡，一百多年间宋邑始终存在就是很好的证明。

总之，对于周代宋国城的历史，一个更为清晰的表述为：以阏伯台为地标聚族而居，商代宋邑出现，西周初宋国城的建设及此后春秋战国时代的不断发展。

二、周代宋国城的营建背景

首先，有必要对周代做一简要了解。如何来定义历史上的周代？从其作为中国五千年历史分界线的意义角度来看，有多种视角。从中国文明史来论，周初定型的文明模式影响了尔后三千年的文明发展[2]；而政治制度在中国历史上的分期划分，则以秦为分水岭。秦以前为封建政治，而秦以

---

[1] 宋字最早见于甲骨文，甲骨卜辞一期有"子宋"，四期有"宋伯盉"（商承祚《殷契佚存》106），此指人名而言；卜辞中还有"于宋无戋"和"己卯卜，……于宋"，此指地名而言。据胡厚宣对甲骨卜辞的研究，认为"殷代自武丁以降，确已有封建之制"。分封对象很多，包括诸妇、诸子、功臣和方国的侯伯田男，其对商王的主要义务就是：边防、征伐、进贡、纳税和服役。例如，诸子之封，武丁之子，子画，封地在画，在近山东临淄西北三十里；子宋被封在宋地，今商丘一带。子宋称"宋伯"。这与周人在武丁时接受了商王的封号称"周侯"（董作宾《殷墟文字甲编》436）一样，说明宋在武丁时已为地名，且为武丁之子宋的封地。其所以名宋，是因"子宋"名宋，抑或因地名为宋而"子宋"由此得名，皆难下定断。不过按照惯例，称"宋伯"当与称"周侯"一样，周人既以周原得名，宋亦当以宋地得名。这个宋地当在商丘附近，或即商丘。至微子启受封时，因不得再名商，故名宋。是微子启封宋亦因地名。转引自苗永立.周代宋国史研究[D].长春:吉林大学，2008:38。

[2] 启良.中国文明史[M].北京:国际文化出版社，2010:3.

后则是郡县政治[1]。

　　周代是什么样的社会性质？其分封制、宗法制、国野制、井田制所体现的是一种什么样的社会构成？周人拥有一套明确的政治理论，西周国家正是建立在此基础上。国家的根本正统性是由上天特别授权文王作为它的接受者。在位的周王委派地方诸侯进行管理，王室宗族的血缘结构成为政治权力从周王到地方代理人被委托出去的主要途径（它当然也到达属于王室婚姻对象的一些宗族）。宗族的社会组织俨然被转变成了西周国家的政治组织。西周国家的最根本使命就是通过宗族的血缘结构对这些成千上万的邑进行控制，为他们建立统一的政治秩序，并且提供用以维持这个秩序的手段（强制性权力）。西周国家可以被视为成千的邑的联合体，而这些邑正是通过宗族的血缘结构由国家政治权力组织在一起的[2]。这就是以亲族为秩序的"邑制国家"[3]。

　　由此可见，西周作为一个全新建国局面的开创者，其在制度的制定上有着许多创新。而作为诸侯国的初始营建，其思路必定贯穿其中。这是西周地方封国都城营建有其鲜明时代特色的重要原因。营建思路与西周王朝的政治统治思想是高度一致的。因此，对周代各诸侯国都城的研究，一定要建立在对周制的深刻理解之上。作为整个周代，诸侯国基本稳定存在，今天考古发现的各都城的形态其实是整个周代不断发展变化的结果呈现。周代历经八百多年，期间有至少三个大的历史变迁存在，无论是哪种情况，城市的物质形式都处于不断的变化之中，对城市形态的了解不能与这一历史事实相脱离，因此对周代地方封国都城的研究必须建立在对不同发展时期时代状况的充分了解之上。只有从这个角度，才能真正理解其营城的特色。

45

[1]　中国历史自有其与其他国家民族的历史不同之特殊性，而最显见者却在政治上。中国
　　在西周初年，周公创出了一套封建制度。其实这一套制度，本身连接着周公以前夏、
　　商两代的历史传统而来。只是经周公一番创作，而更臻于完美。此一套制度，其实即
　　是把全国政制纳归于统一的制度。自天子分封诸侯，再由诸侯各自分封其国内之卿大
　　夫，而共戴一天子，这已是自上而下一个大一统的局面。我们称该此时期为封建之统一。
　　钱穆．中国历史研究法 [M]．北京：生活·读书·新知三联书店，2001：17-18。
[2]　李峰．西周的政体——中国早期的官僚制度和国家 [M]．北京：生活·读书·新知三联书店，
　　2010：296-300．
[3]　在西周国家的地缘政治中，"邑制国家"有两方面的含义：①邑的这种聚落，既是基
　　本的社会实体，也是国家控制力所能达到的基本地理单元，因而西周国家并非一个
　　由边界线所界定的地理整体，而是由成千它所控制的邑的位置所确定的，国家即为
　　这些土地的集结体，而这些土地正是借助国家政治控制力聚集在一起；②国家以"邑"
　　的形式存在，在国家设想的"疆域"内就存在着真空地带；同时作为西周国家组成元
　　素的诸侯国所属的所谓"领土"之间也会出现重叠现象，即属于一个诸侯国的邑很
　　可能坐落在更靠近另一个诸侯国中心的地方。值得注意的是，这种状况一旦当西周
　　国家的政治控制力量最终衰退时，就会为一系列重要的社会变革提供重要的出发点。
　　了解这个出发点对于理解中国历史后来向"领土国家"的转变以及进一步走向帝国
　　至关重要。此观点引自李峰．西周的政体——中国早期的官僚制度和国家 [M]．北京：
　　生活·读书·新知三联书店，2010：296-300。

（一）西周对其政治空间的建构

周民族立国的基本国情是怎样的呢？公元前 11 世纪下半叶，周民族取代殷人为天下共主，随而周公东征，二度克殷，并征服商奄淮夷，便在全国要冲建立武装殖民地。姬周本西方民族，今洛阳以西至泾渭一带是周人的大本营。周初的殖民地带主要在东方，其土本非周人所有，其民亦与周人不类，有武装统治的必要。周民族及其同盟在被征服部族的领地建立新政权，没有武力做后盾也是支持不住的 [1]。因此，"西周的封建实质上就是一种侵略性的武装移民与军事占领 [2]"。其武装殖民的特点在以下两个方面体现无疑：封国之间的地理拱卫关系及营国之中野的关系。

1. 周初营建的殖民据点分布

周初营建的殖民据点可以遍布当时中国的要津 [3]。据考古资料，我们将封国以不同分类来做进一步的分析。

首先，西周早期建立的姬姓封国（表 2-2-1）。由周王室两代成员建立的诸侯国一共有 26 个。其中，位于东部大平原及其周边地区的就有 16 个，蔡、郕、鲁、卫、郜、雍、曹、滕、邘、应、凡、蒋、邢、茅、胙、祭（不包括周公东征灭掉的管），他们的地理位置见图 2-2-1。在太行—黄河狭带的前商都地区，除了武王少弟所封的卫国外，还有他的侄儿，即周公的两个儿子建立在今辉县和延津县的凡国和胙国。事实上，凡和胙可能充当了卫的卫星国，三者构成了一个颇为有趣的三角。在太行—黄河狭带的最南部，曾经也是商的据点，武王的一个儿子被封在了前商的属国——邘国（今河南沁阳），而邘的两侧，武王的两个弟弟分别建立了原和雍，或许是为了协助他们的侄儿。这三个诸侯国不但拱卫着洛邑和成周的北大门，同时还扼守着进入汾河流域的交通要道。再看东部平原上的三个姬姓诸侯国，曹和郜被封给武王的两位弟弟，而茅则被封给了周公的一个儿子，也就是他们的侄儿。他们三国的位置恰好都处在去山东地区的路途之中，很可能为当时那些频繁奔波于洛邑与周的"远东"驻地之间的军队与官员们提供了中途歇息之地。文献记载显示，这条通道也是东周时期往返于周王室与东方列国之间的使节们惯常行走的路线 [4]。沿着这条道路东行直至山东西部的山麓地带，到达另外两个姬姓封国。一为鲁国，周公长子伯禽封地，一为其叔父封地滕国。位于鲁国北面，则有其另一位叔父统治的郕国，又是一个三国区域。在中原地区的南部，是位于平顶山的应国，还有蔡国和

[1] 杜正胜.周代城邦 [M].台北：联经出版事业公司，1979：22-23.
[2] 钱穆.国史大纲 [M].北京：商务印书馆，2010：42.
[3] 杜正胜.周代城邦 [M].台北：联经出版事业公司，1979：22.
[4] 史念海.河山集·一集 [M].北京：生活·读书·新知三联书店，1963：73.

蒋国，将他们三个排成一条直线安置在淮河上游地区，必定是针对淮河下游的敌人。

西周早期建立的姬姓封国（据《左传》僖公二十四年） 表2-2-1

何人之子	地方封国
文王	管、蔡、郕、霍、鲁、卫、毛、聃、郜、雍、曹、滕、毕、原、酆
武王	邘、晋、应、韩
周公	凡、蒋、邢、茅、胙、祭

资料来源：李峰. 西周的灭亡——中国早期国家的地理和政治危机 [M]. 上海：上海古籍出版社，2007：84 页表一。

仅直观地从地图中分析这种聚落分布的形态，这种封国的政治身份等级非常明显。重要封国（姬姓封国）所在的地理位置优越，多处在冲积平原边缘地带，农田富饶；三位一体的组合关系也暗示了封国之间拱卫关系的微妙。

其次，看看非姬姓诸侯国的分布情况。在豫东平原的中心地区，古代地理文献记录了集中分布的一批非姬姓诸侯国，如宋（今商丘）、杞（今杞县）、葛（在宋杞之间）和戴（今民权）；在它的西南部则有陈（今淮阳）、许（今许昌）以及郐（今密县）。这些诸侯国的由来，比如《史记》在追溯他们祖先时常将其归诸前代乃至神话传说中的人物，但实际上除了少数几个，比如宋，大多无从稽考。他们的身份也许就是一直生活在当地的土著，后来融入到西周的地方系统中；或者他们作为地方诸侯国的权利得到了周王室的承认。如果不是周朝建立者的刻意安排，他们在冲积平原中心的位置至少反映了他们在西周国家中的政治劣势。还有一些特殊分封，比如齐国。齐为周之外戚，太公之子丁公封地。因太公战功卓著而享有较高待遇。鲁、齐诸国皆伸展东移[1]。镐京与鲁曲阜，譬如一椭圆之两极端，洛邑与宋则是其两中心。周人从东北、东南张其两长臂，抱殷宋于掖间，这是西周的一个立国形势，而封建大业即于此完成[2]。

2. 殖民营国之内涵

殖民营国之要务是建立军事据点，以统治土著民族，古书名之曰"城"。因为四下统治的都是怀抱敌意的异民族，周人统治者属少数民族，不得不以坚固的城垒自保，以强悍的武力镇压[3]。"筑城以卫君，造郭以守民"就

[1] 李峰. 西周的灭亡——中国早期国家的地理和政治危机 [M]. 上海：上海古籍出版社，2007：83-90.
[2] 钱穆. 国史大纲 [M]. 北京：商务印书馆，2010：42.
[3] 杜正胜. 周代城邦 [M]. 台北：联经出版事业公司，1979：24.

是周代筑城主要宗旨的真实反映[1]。

（二）周代宋国的历史身份探讨

西周国家新地缘政治构架的形成和一个真正稳定性力量的出现全赖以周地方封国的建立。地方封国是如何构成的？一个地方封国首先以它所占有的土地和人口为标志。在空间上，地方封国由一群散布的邑所界定，每一座邑都被一定数量的耕地围绕，与诸侯居地及宗庙、公墓所在的中心城邑存在一定的距离。地方封国的人口富有多样性，而且存在典型的分层分级。由周贵族、不同的周移民或非周移民以及那些处于底层且更多人口的土著族群构成。族群区分和社会差别是彼此相交的两条线。地方政府为了维护这个结构而设立，通过这个结构地方封国得以自我实现。其次，是地方封国要行使的权力和承担的义务。"诸侯"作为周王权力的代理人，被授予的不仅是掌管政府的权力，而且还包括组织军事力量及其领土内获取经济资源的权力，即拥有对所属领土区域内多样化分层人口实施民政、司法、财政以及军事权威的综合权力。地方封国的义务从基本层面上，要负责其封国领土内的秩序，保障本国居民安居乐业，保护其领土不受外敌入侵。而且必须接受西周国家战略，在行动上与西周国家保持一致，向周王提供军事协助，不仅在其临近区配合协助王师作战，还要到远离本国的地区听候王师调遣，还有义务到陕西宗周进行极具象征意义的亲身觐见。除了对周王履行臣民的义务，还要履行对周王作为所有诸侯共有族长的宗法制度中的服从王室大宗的义务[2]。

宋国作为诸侯国中的一员，有其特殊的身份。作为殷商遗民的宋国有何不同？

1. 西周对待殷遗民的政策：分解、利用、以藩屏周

殷商遗民究竟指什么样的群体？殷商遗民主要指商灭亡后，臣服于周人统治的殷商贵族及其族人。他们在殷商是享有较高权力和地位的贵族阶层，在商王朝灭亡后仍拥有较强的家族势力，具有较强的社会影响力和号

[1] 周代所筑之城，其政治性更加明显。西周之建国，是以"小邦周"征服了"大邦殷"。除了被征服的殷商，各地还散布着许许多多小而不统一的土著部落。周人因为自己人数过少，无法以高压手段来统治为数众多的殷人及土著部落，只能以怀柔及绥靖的方式来推行武装殖民，以保持其政权。于是周室将与其有关系的周人民族、功臣子弟，甚至已然臣服而且表现忠诚的殷民各族，分封各地，以藩屏周室。受封各集团来到周室指定的辖区内，分别进行武装殖民。诸侯乃择定一个条件优良的据点，为其族人的聚居点，而让当地土著及被征之人民散居于中心点之外圈，后来，诸侯又在其聚居点四周筑了城墙，于是征服者与被征服者进一步有了明确的形式上的区分，以城郭为界，国人居于城内，野人居于城外。城内称国，城外称郊，这就是周朝有名的国郊之分，或称国野之分。这样建立的城郊，其政治性与军事性自然十分昭显。赵冈. 从宏观角度看中国的城市史 [J]. 历史研究. 1993(1): 9.

[2] 李峰. 西周的政体——中国早期的官僚制度和国家 [M]. 北京：生活·读书·新知三联书店，2010: 232-246.

48

召力。为防其叛乱，周初统治者营建成周，迁其大族于洛邑以严加监管。入周的殷商遗民，还包括为数众多的手工业者。这些殷商遗民成为周王朝经济建设、科技进步和文化发展的主要支柱和推动力量。

周初统治者对殷商遗民采取的统治策略是什么呢？首先，周初的统治者对殷商遗民采取的是分而治之的分化削弱政策。其次，对于入周的殷商遗民，周初统治者还采取"启以商政"的政策，学习殷商的先进文化为周人的统治服务。为了更好地巩固其统治，汇聚人心，西周对前代各个王族的后代以授予封国的形式以续其祀，宋国就是在这样的背景下诞生的。宋国作为以殷商遗民为主而建立的诸侯国，"微子故能仁贤，乃代武庚，故殷之余民甚戴爱之。""周人尚不能完全宰制殷遗，乃封其王族之贤者于自汤以来之故土，仍表示周人之无意于灭殷族也。"[1] 但为防止宋国重蹈武庚叛乱之覆辙，周初统治者在对宋国采取"于周为客"抚慰措施的同时，仍继续采取类似于"三监"层层监管的弱宋策略，这种立国形式在后来宋国的发展中屡屡阻碍其发展。

2. 宋国的政治地位

武王克商后，为了稳固周政权和加强周人的统治，周初统治者实行分封同姓、异姓和先王之后为诸侯，达到"以藩屏周"的目的。与分封制同时推行的便是"公、侯、伯、子、男"五等爵制。五等爵制是周代主要实行于诸侯当中的一种区分诸侯贵贱尊卑的等级制度，还制定了与之相对应的班贡制度。宋国为公爵，由于宋国"先王之后"的特殊身份，决定了其与周王朝之间特殊的主客关系，也决定了宋国在诸侯当中所具有的特殊地位，甚至可以不按照周制实行班贡制度和承担责任。由此可见，宋国的政治地位高于其他诸侯[2]。

礼制规格高、行殷政、身份同等的独立小国、以藩屏周，也决定了宋国立足本地、与世无争的基本文化风格。身为商的遗民，宋人骨子里以商人自居，宋国所在为商族的祖居地，殷商文化的影响贯穿宋国文化、政治制度及生活方式等整个社会生活中。这些致使宋人在行事时经常会表现出

---

[1] 三监策略主要表现为"分封许多诸侯对宋形成内外两个包围圈，从它的西、北、南三面加以监督"。内层包围圈主要是异姓诸侯，宋之西北有姒姓诸侯杞、嬴姓诸侯葛，西南有妘姓诸侯邬、姜姓诸侯许和传为神农之后的焦；外层包围圈主要是姬姓诸侯，北方有曹、郜、茅，西南有蔡、陈等诸侯国。钱穆.国史大纲[M].北京：商务印书馆，2010：41。

[2] 考之《春秋》所记，凡是大的盟会或征伐，除霸国、强国外，宋国一般都列在其他诸侯的前位和上位。周代还根据爵秩的高低，实行了与爵制高低，即"天子班贡，轻重以列。列尊贡重，周之制也"。列就是诸侯的爵位序列，爵位越尊贵，向周天子缴纳的贡赋越重，对周天子所承担的责任也就越大。苗永立.周代宋国史研究[D].长春：吉林大学，2008：34-40。

对内对外截然不同的两种心态[1]，很明显这种双重心态直接影响了宋国在诸侯中的处事方式与规则。

3. 宋国文化的独特性

周取代商的统治后，在文化上对殷商文化进行了"损益"。宋国在诸侯中虽为中等国家，地域不广，国势不强，但是作为殷商后裔，在文化上承继了殷商文化的深厚底蕴，历史渊源极深。在文化上充分反映了殷商文化的特征，从而使宋国成为殷商文化在周代的典型代表。宋国文化作为一种独特的区域文化，由于直接继承了殷商文化的主要内容及特征，同时又间接地汲取了周文化的某些内涵，使其在文化构成上表现出较强的多样性、复杂性和特殊性等特点。同时宋国还涌现了诸如孔子、墨子、庄子、惠施等一大批与之相关的文化名人，这些人对殷商文化的保存、传播和发扬，以及对周代的文化繁荣和诸子百家学派的形成，都产生了较深远的影响。这些都使宋国在文化上显现出其独有的特性，在众多区域性文化中居有一定的地位和影响力。

宋因于殷礼，在文化上直接承继殷人的传统，表现出殷商文化的特征。主要有三点：第一，"仁"的思想。第二，敬天尊神的宗教文化。第三，崇尚阴柔的思想。本着这种认知，宋人在生存方式上表现出极强的以退为进、以柔克刚的谦谦君子性格。但这种懦弱的表现从另一个角度来看不失为面对强敌的一种自保手段[2]。

三、宋城布局之探讨

周代宋国城，在商丘的历史发展中占有很重要的地位。宋国代表的传承殷商且与周文化相融合的独特文化对其营建的影响，也是比其他城市更为复杂。其城市角色定位在殷文化的首都功能和周文化氛围中的对外关系。与中央政府保持相对独立主权，但又处于其他诸侯封国的敌对与监视之中。这是其先天的生存条件，因而研究周代宋国城，必须将这些因素包括进去。单从城市的物质角度来看，是一座城市，其实在周代，宋国城就是一个国家的象征。因此，其城市营建是以体现国家功能为主，特别是在西周初年不仅仅承担了首都的功能。

---

[1] 即"自天下言之，则侯服于周；自其国人，则以商之臣事商之君，无变于其初也。"阎若璩. 皇清经解·潜邱札记第一册，第25—26卷，四库本（卷五）。

[2] 宋国还有"愚人"文化的渊源。宋国作为殷商后裔，在文化上继承了商代文化中"柔"、"弱"的成分，主要表现为宋国人"重厚多君子"，行事比较老成持重，并且多虑迟钝，缺乏灵活与变通，但所展示的愚人并不是坏人，往往都很单纯，给人一种淳朴善良的印象，成语中"郑昭宋聋"一词，充分说明了宋人的这一行事特点。苗永立. 周代宋国史研究 [D]. 长春：吉林大学，2008：101-107。

（一）来自《河南商丘县东周城址勘查简报》的考古启发

周代的宋国都城究竟在哪里？

对商丘的考古调查从 20 世纪 30 年代就已开始，很重要的一个原因是探索先商和早商文化，特别是商史研究专家张光直对商丘的认可。1996 年，商丘考古工作取得重大突破。其中一项重大发现即是周代宋国都城的发现。这是迄今为止关于周代宋国都城最为确凿和权威的考察结论。其基本结论如下：

1. 论证了城墙平面特征

通过对钻探结果推测的城墙平面尺寸如下：东墙 2900 米、西墙 3010 米、北墙 3252 米、南墙 3550 米，周长 12985 米，面积 10.2 平方公里。从图 2-2-2 可以看出，城墙的定位方式很独特[1]。城墙的形状类似平行四边形，四面城墙都很直，东南角、西南角和西北角均为弧形。城池南墙外，有城壕存在。

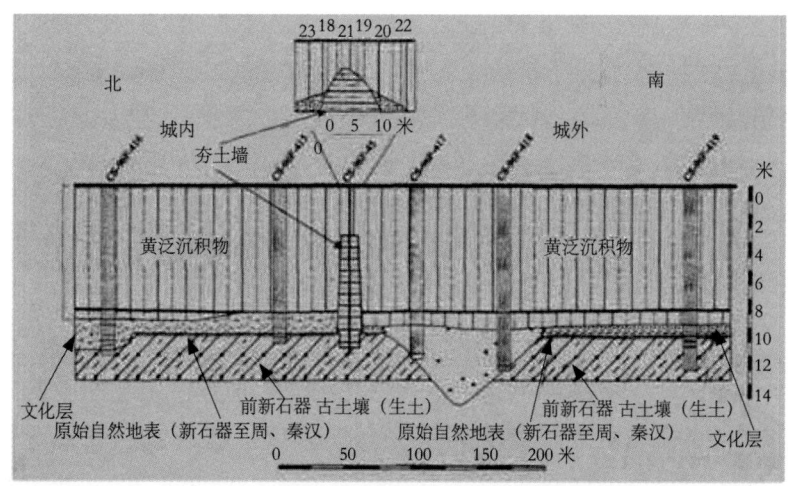

图2-2-2 宋城南墙西段钻探横剖面图

（资料来源：图 2-2-2 至图 2-2-4 均引自中国社会科学院考古研究所，美国哈佛大学皮德保博物馆中美联合考古队. 河南商丘县东周城址勘查简报 [J]. 考古，1998（12））

2. 针对城墙的剖面特征进行了详细考察并初步估算了城址年代

该城的古地面当在地下 10 米左右。城墙的夯土层由三部分不同层次

---

[1] 由于钻探条件限制，东北角的位置是根据东墙和北墙可能的延伸线来确定的，我们推测它也应该为弧形。城墙走向不是正南正北，城不是正方形亦非长方形。东墙和西墙走向偏东北和西南，而南墙和北墙则偏东南和西北。东南角和西北角为钝角，而西南角和东北角则为锐角。这种城墙的定位方式值得研究和探讨。中国社会科学院考古研究所，美国哈佛大学皮德保博物馆中美联合考古队. 河南商丘县东周城址勘查简报 [J]. 考古，1998（12）：18-27。

的夯土组成，通过对夯土层内出土的文物及杂质碎片、土质的成分及颜色、夯土层修筑技术细节等要素分析，可知是三个不同时期不断修筑的结果。初步推算，该城上限有可能至商末周初。

3. 探明五处城墙缺口为城门并在宋城内部探出唐宋元时期的睢阳城

在保存较好的宋城西墙、南墙和北墙的西段，探明五处缺口（图2-2-3），由缺口的位置、形状及地层堆积特征确定当是城门。在勘探宋城过程中，又探出唐宋元时期的睢阳城址。通过对钻探结果的分析，发现宋城、睢阳城和现存明清商丘古城三者之间存在着城摞城的地层关系（图2-2-4），还存在城套城的地面关系（参见图1-1-2）。

4. 在宋城外部也有新的发现

首先，南墙的确定对探明宋城选址有重要意义。阏伯台紧临宋城南墙外（南墙的中门和西段城门中间），与火星台村分置南墙内外。老南关也紧临宋城南墙外（接近南墙东端城门）。阏伯台作为古代商族的族属地标志，它与南墙的位置关系进一步验证了对历史文献的考证。

其次，通过对地质钻孔的分析发现，南墙一线以南至戴张庄与刘官庄这一线的地层堆积有明显差别。配合磁力仪测试的结论可以推断，东南关之南的戴张庄和刘官庄一线历史早期存在大的古河道，这与文献记载中的古睢水有一定相关性。

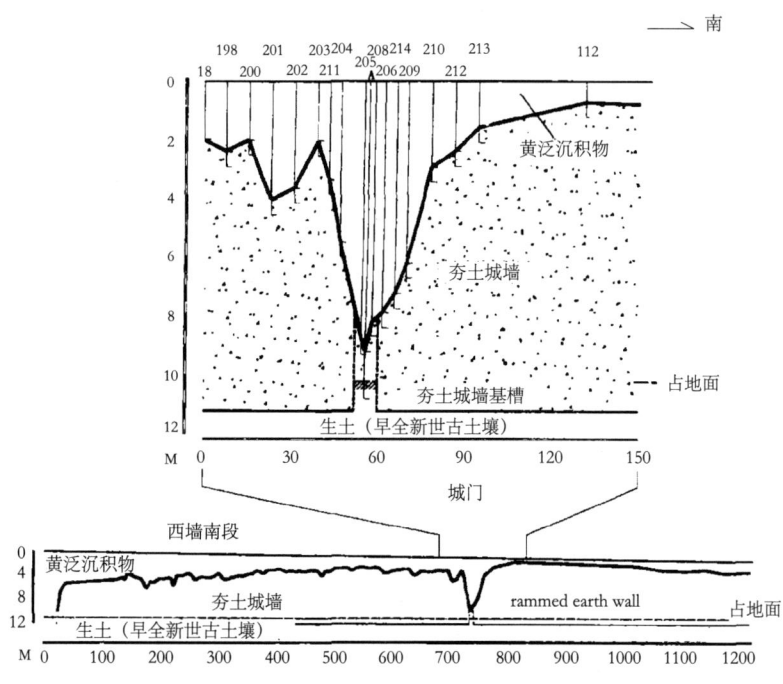

图2-2-3 宋城西墙南缺口钻探剖面

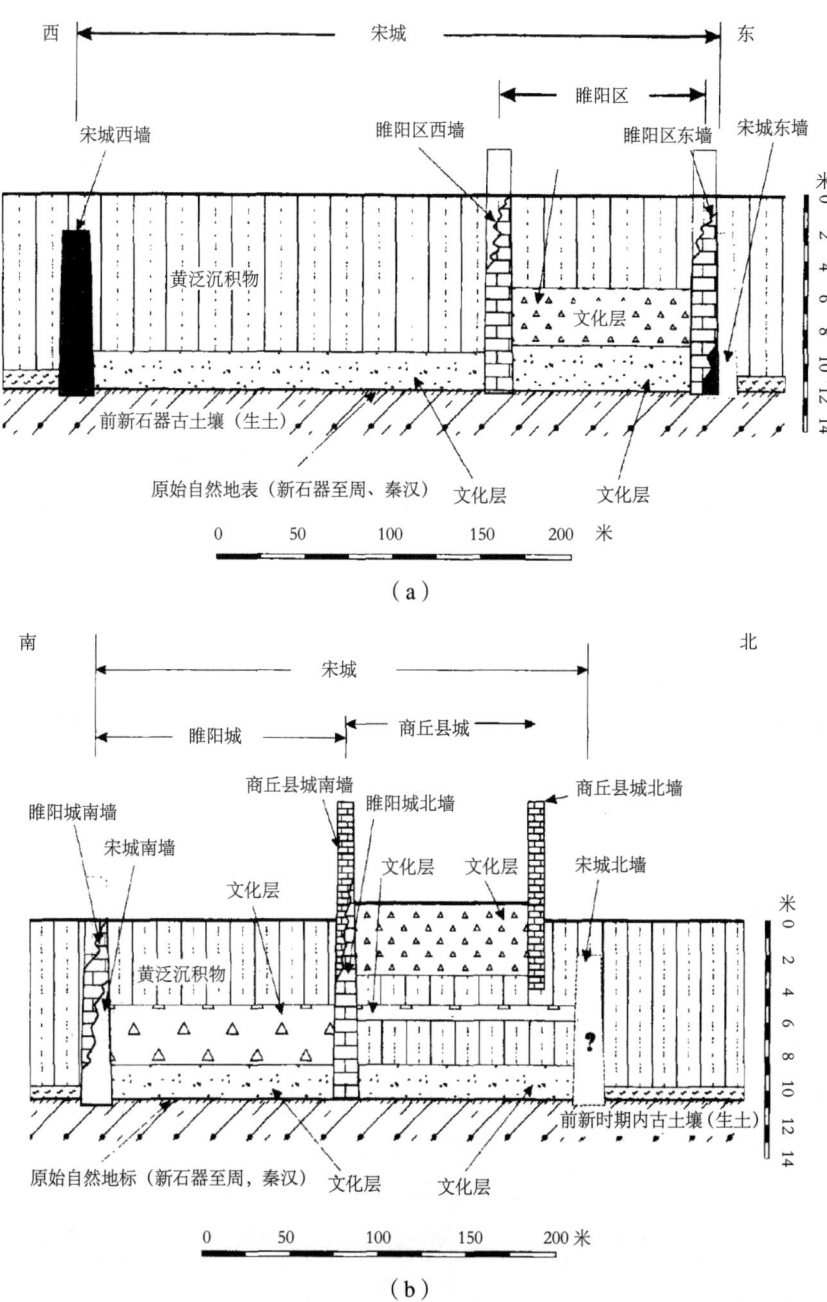

图2-2-4　宋城、睢阳和商丘县城地层关系
（a）东西向剖面；（b）南北向剖面

　　纵观以上考古结论，有许多细节性的问题值得进一步展开研究。①城墙的尺寸与定位方式，是否有礼制尺度的限制。平面形制为什么是平行四边形（接近方形）？城墙的转角为什么全部做成弧形？为什么城池的坐向为西北—东南？②城墙的剖面所揭示的问题：三层夯土反映了城墙增补的事实，其中包含的筑城的施工方法与技术是什么？③城墙的城

门：通过探测出的 5 个城门如何去复原整个宋城的城门？城内道路如何规划？④城墙与城濠的防御作用？⑤通过宋城内部的城擞城如何来推测其内部规划？宫城在哪里？⑥南墙内的阏伯台也许是揭开城市内部规划的关键；⑦古睢水对城市选址的影响如何？而这些细节的进一步探究将会启发宋国城营建思想的真实展示。

（二）对宋城城市营建的一些看法

通过以上对周代宋国立国背景的细致梳理，可以明确得知其营国的基本理念。有三点需要再次重申。第一，作为周的诸侯国之一，对外听从周王朝的统一管理，在礼仪规范上按周制。但根据其特殊的地位，"与周为客"的先公身份，在礼制上有优越于其他诸侯国的特殊待遇。第二，在诸侯国的对内管理上，虽然周王不干涉诸侯国的国事，但诸侯国的政治事务还要遵循周王的统一规范，如各种礼制约束，而宋明确被周王许可因循商代营国制度。第三，伴随这些优越之外，也带来其孤立无援的政治特性。宋国实质上是被周王安排在孤立无援的小地域空间，并且受周边诸侯国"共同监督"的一个国家。在这个基础上来看宋国城的营建，其营建所体现的思想就会非常清晰。如何将合理的"礼"贯彻下去，以期国家的长久发展。这个"礼"一是体现殷商文化精髓的传承，二是体现对适应生存发展的周文化的遵循。

1. 来自已有研究的启发

有学者研究过建筑方位问题[1]，但上古时期的方位确定却有不同。通过对新石器晚期（表 2-2-2）及夏商时期城市遗址（表 2-2-3）的分析，仅从城池的形状及方位确定上可以看出一种演变的过程。城池的形状由不规则方形（含平行四边形）到规则方形的变化，包括城墙从圆角到方角的过渡；至少到了商代，城池主要轴线的定位以北偏东若干度为主流。结合周代其他都城形状，可以推知宋国城的营建是有其用意的。

新石器晚期山东、河南部分遗址状况一览表　　表2-2-2

序号	古城名称所在地点	平面形状	方位	各面城垣长度（米）				城垣周长（米）	城市面积（万平方米）	营造时间
				东	南	西	北			
1	城子崖古城山东章丘	大体呈方形台城	北偏东	南北 540，东西 455				1680	约 20	龙山文化早期（公元前2600 年）

[1] 王贵祥.中国古代建筑方位问题探讨[A].//第四届中国建筑史学国际研讨会论文集（《营造》第四辑）[C]，2007：232-243.

续表

序号	古城名称所在地点	平面形状	方位	各面城垣长度（米）				城垣周长（米）	城市面积（万平方米）	营造时间
				东	南	西	北			
2	景阳冈古城 山东阳谷	扁椭圆形	北偏东	东南 1170	西南 330	西北 1170	东北 230	约 2900	约 35	大汶口文化晚期
3	王庄古城 山东阳谷	圆角扁长方形	北偏东	360	120				约 4	大汶口文化晚期
4	皇姑冢古城 山东阳谷	圆角扁长方形	北偏东	东南 495	西南 150	西北 495	东北 150	1100	7.4	大汶口文化晚期
5	校场铺古城 山东茌平	圆角横长方形		360	1100	360	1100	2920	40	大汶口文化晚期
6	大尉古城 山东茌平	竖长方形							约 3	大汶口文化晚期
7	乐平铺古城 山东茌平	横长方形		170	200	170	200	740	3.4	大汶口文化晚期
8	尚庄古城 山东茌平	圆角方形							约 4	大汶口文化晚期
9	王集古城 山东东阿	圆角长方形	北偏东	东南 320	西南 120	西北 320	东北 120	880	3.8	大汶口文化晚期
10	丁公古城 山东邹平	圆角方形台城							11	龙山早期建，用于龙山全期
11	田旺古城 山东临淄	圆角竖长方形台城							11	海岱龙山中、晚期
12	西康留古城 山东藤县	方形，圆角		南北 195，东西 185					3.5	大汶口文化晚期（公元前 3000 年）
13	王城岗古城 河南登封	并联二方形	北偏东	92	92+92	92	92+92	552	1.7	龙山文化晚期（公元前 2400 年—公元前 2200 年）
14	平粮台古城 河南淮阳	方形圆角	北偏东	185	185	185	185	740	3.5	龙山文化晚期（公元前 2400 年—公元前 2200 年）

资料来源：节选自刘叙杰. 中国古代建筑史第一卷 [M]. 北京：中国建筑工业出版社，2009：41-42 "中国原始社会城市状况一览表"（表中空白说明此遗址具体挖掘尚未展开或数据无法确定）。

商代古城遗址状况一览表　　　　　表2-2-3

序号	古城名称所在地点	平面形状及方位	各面城垣长度（米）				城垣周长（米）	城市面积（万平方米）	护濠状况
			东	南	西	北			
1	偃师商城河南偃师	南北长缺东南隅之矩形北偏东7°	1640		1710	1240		约190	濠宽20米，深6米
2	郑州商城河南郑州	南北长折东北角之矩形北偏东	1700	1700	1870	1690	6960	约300	濠宽20米
3	洹北商城河南安阳	近正方形北偏东13°	2200	2200	2200	2200	8800	约479	
4	安阳殷墟河南安阳	无城垣，宫殿区建筑方位北偏东						约2400	
5	垣曲商城山西垣曲	平面近方形	南北约400，东西约350					约13	濠总长446米，宽8—9米
6	府城商城河南焦作	平面近方形	300	300	300	300	1200	9	
7	盘龙城遗址湖北黄陂	平面近方形北偏东20°	南北约290，东西约260				1100	6.54	濠宽14米，深4米

资料来源：此表内容根据刘庆柱. 中国考古发现与研究（1949—2009）[M]. 北京：人民出版社，2010：218-246及刘叙杰. 中国古代建筑史第一卷[M]. 北京：中国建筑工业出版社，2009：143-147等研究成果基础上编制（表中空白说明此遗址具体挖掘尚未展开或数据无法确定）。

　　城墙的定位方式，类似平行四边形，有一种可能性存在，即宋国城是在前商邑的基础上建造的，在局部会受到当时布局的影响，更从侧面证实这块地方作为聚落中心的长久性。但从整体来看，尽量遵循规范的方城模式。因此，宋国城的平面形状是商代城市方位的具体表现。而其圆角是对早期族裔传统的一种继承。也可以从一个侧面反映，宋国城的规划是有其想法在其中的。至少在强调，商族出于山东，必须继承商族传统，体现了"以续殷祀"的使命。

　　再从另一个角度来看，建筑技术在原始社会中已为人们所注意，而在商代又得到进一步的发挥。同时，也说明商人测定方位的技术已经相当成熟[1]。笔者的观点，其北偏东的角度不同于南北磁力线方向，而是太阳直

---

[1]　根据夏、商之城址、宫室、王陵、民居等许多遗址的实测，其主要轴线均为北偏东约8°，这绝不是一种巧合，而是对于建筑中的普遍性规律所做的精确安排。这种朝向可使建筑在冬季能获得充分的阳光。刘叙杰. 中国古代建筑史第一卷[M]. 北京：中国建筑工业出版社，2009：199。

射的南北方向。这种方位选择至少继承到商代，与东夷族有关，也与古代观测天文有关。

另外关于城墙圆角的问题，有学者认为是军事防卫的作用[1]。笔者也有以下几种设想：①圆角的原因是否与夯筑的建筑技术有关系，因为圆角是夯土墙接口的最初技术形态；②因为环境因素，长期风吹日晒雨淋，夯土的方转角会被侵蚀成圆角的最终形态；③有意做成圆角，是为防御雨水或洪水冲击，圆角适应性更强，特别在城内角处。

2. 宋城的选址

对于重现周代宋国城的规划与布局，针对非常少的实证资料的状况，从整个地区历史发展的序列来看，四千多年来至今，在这片区域上都发生了哪些遗留下来的物质存在？比如，村庄的分布、河流的变迁及道路的沿用。还有从人类居住变迁的思路来看，当一个地方趋于饱和状况时，人类扩展居住的思路是什么？运用这些想法，可以对周代宋国城有一个新的认识。殷来到商丘之时，商丘当地是什么状况？基于"以续殷祀"的族属使命，如何来建国立业？城市规划的设定原则是什么？秩序设定的原则与体现是什么？在充分考虑上述几个历史背景认识的前提下，其建城的思想就很清楚展现出来。

宋城的选址有自身独特的地方。从上节对宋城前身的探讨可知，其所在地从上古陶唐氏起到商代，一直是商族的居住地。从最初的聚落，到商代的城邑，由于它不是一个新建的城池，其选址的依据更多是源于历史的原因。从图 1-1-2 可以看出，其选址要素是阏伯台和城南的睢水。

关于阏伯台的选址，前节已做详细分析。从中国古代天文学的角度，商丘位于古代观测天文最佳的天齐线上，陶唐氏命阏伯在此地观测大火星，因此确立了最佳的观测地点，就是阏伯台所在地。这是独一无二的观测位置，因为必须符合很多因素才能成立。夏商时期，此地作为一个重要场所，应该是一个以观测者为地方首领的城邑所在地。阏伯台所代表的意义，绝不是今天所理解的观测天象的意义。从阏伯台观测的商星与商族的关系来看，这还包含祖先崇拜及祭祀的圣地的含义。毕竟在商代以前，祭祀是非常重要的文化现象。

因此，阏伯台与睢水体现了最初的选址思想。上古时期阏伯台的选址，从思想上，充分体现了上古文化精髓的天文学与族属首领的权威性；从环

57

---

[1] 称此为圆角墙或弧角墙。凡是设圆角墙的城池，便没有角楼。这样，从东城墙顶走到北城墙顶，中间为圆角墙，没有角楼，就没有什么阻隔，可以自由往来。做圆角墙没有角楼阻挡，也便于攻击前来侵犯的敌人，士兵在城的圆角处，可以看到两个方向的城墙，对防守更有利。张驭寰. 中国城池史 [M]. 天津：百花文艺出版社，2003：557。

境角度，体现了河流之南岸，河床稳定。

周代宋国城的选址，阏伯台在城内，作为南城墙的边界，城南外有睢水。这首先体现了阏伯台对当地文化的决定性影响。阏伯台附近，一直有聚落及城邑存在，而且一定是较有规模或居住密集。对于一个新建国都，如果不是特殊的原因，一定会避开而在附近重新规划新城，特别是避开阏伯台附近。但很明显，阏伯台甚至被圈进城墙内，其对于商移民的"以续殷祀"的使命当有密切关系。因此，阏伯台在宋城的规划中，占有地标一样的位置。随后直到现代，历经四千多年的岁月洗礼，阏伯台依然作为地面遗存而存在，这种选址包含一种文化的承载。

3. 商丘宋国都城的建设

目前看到的宋国城，至少是战国之后的面貌，虽然宋国都城的形制在整个周代期间没有变化。一直是规范的外城，内有宫城的格局。但是从考古挖掘的城墙增筑情况来看，说明了其城市功能的转移。这里可以反映出几个信息：

就其城墙建设来看，至少经历了三次增建[1]，且每次加固的力度很明显。将城墙夯土剖面进一步画出图形，初步推算，第一次初建期为商末，即作为商城邑至西周初宋国始建，从城墙形状及初始尺寸可知，是在原有基础上规划修建的。且从顶宽2米、底宽12米、高6米来看，当时城墙的围护作用为首要，是作为封国都城中心形象的树立为出发点，有国家形象的含义，有外城郭之意。宋国在营国规划上，应是注重都城内部的建设，特别是维护国家统一安定的祭祀与宫殿等的建设。第二次增建是到了西周末年至春秋初，随着西周王室权力的衰微，各个诸侯国之间开始联系频繁，作为军事防御需要的需求成为主要，城墙进行第二次加固，基本达到城墙军事防御的技术要求。至少至春秋末年，此城的使用功能渐渐变至宫城，宋国公族政治及族内婚，使贵族人数膨胀，整个城池宫城之外的功能渐次移出城。其城池的军事防御及身份分级功能为主要意图。第三次是最终的城墙完善，如果不是战国时期，就是汉代梁孝王时期的建设。其城池的威武状况，更有炫耀的嫌疑，防御有余。

---

[1] 保存较为完整的南墙西段和西墙南段均是由三部分（或称三块）不同颜色的夯土组成的。第一部分浅褐灰花色夯土是在第二、第三部分夯土基础上，加宽增高修筑利用的。第二部分夯土的土色呈黄褐花，含料礓石略少。其南侧呈斜直边，第一部分夯土附在其外侧；北侧呈曲尺状，附着于第三部分夯土之外侧。第三部分夯土土色呈深褐花色，质黏，含料礓石极少。第三部分夯土当为初始建筑的主体城墙。第一部分夯土要早于隋、唐。第二部分夯土中出土的多数陶片不晚于春秋时期；还有少数早于春秋时期。第三部分夯土的年代下限似不应晚于春秋时期，而其上限或有可能推至商末周初。中国社会科学院考古研究所，美国哈佛大学皮德保博物馆中美联合考古队. 河南商丘县东周城址勘查简报[J]. 考古，1998（12）：18-27.

从以上的分析，再来看宋国城。整个发展时期，其城市的布局形制没有发生改变，但并不等于这个城市的建设处于停滞状态，更让我们从另外的角度来分析这种现象。究竟从西周到春秋到战国，宋国城发生了哪些变化。宋国城一定也经历了如此的政治历程，只是其国家的政治特色决定了其城池表现形式的不同（图2-2-5至图2-2-8）。比如存在公族内部的权争，面临邻国的入侵与亡国的可能和对礼制的遵循与反抗。

从宋国城的城市功能来看，西周初建时期的宋国城为国家职能的具体体现。作为周代的诸侯国之一，从上节立国背景的分析可知，宋国其实是作为一个独立主权国家与西周共存，且与其他诸侯国无往来，诸侯国均服务于西周中央政权。宋国城城垣的实际含义，是国家边界的象征。由于礼制的制衡效应，每个诸侯国都是独立存在，无利害冲突，城垣仅是起到名义上的国家身份存在。但是作为国家，其城市规划的礼制要求也要严格执行。宋国代表的殷商遗民，已续殷祀，其对于礼制建筑要求一定很高。宋国城的初期建设，规范程度及技术水平不会低。从殷商继承而来的各项技术及高度发达的文化，有几个方面是可以设想出来的，祭祀、宫殿、用于生产的各类作坊、道路修建等（与商末的都城比较可知）。服务于国家的所有宗族均生活在城里，也包括普通公民。

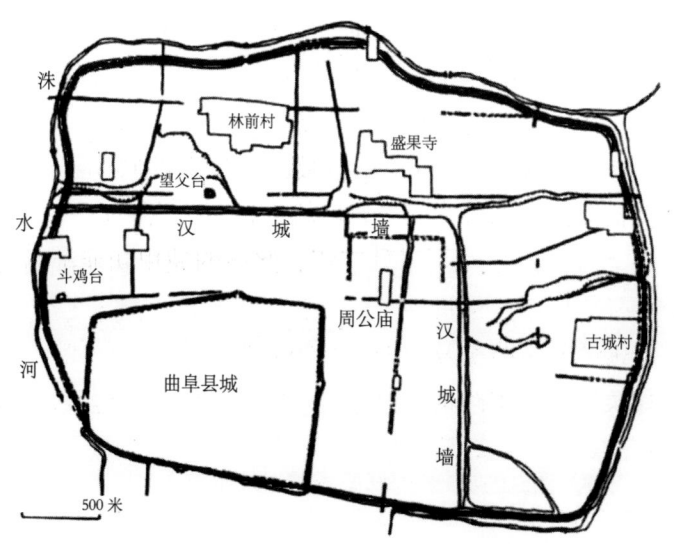

图2-2-5　鲁都曲阜古城遗址示意图[1]

（资料来源：山东省文物管理处．山东临淄齐故城试掘简报[J]．考古，1961）

---

[1]　城池形状与初建规模大体一致．中国科学院考古研究所山东工作队等．山东曲阜考古调查试掘简报[J]．考古，1965（12）：599-613．采自许宏．先秦城市考古学研究[M]．北京：燕山出版社，2000(87)山东省文物管理处．山东临淄齐故城试掘简报[J]．考古，1961(6)：289-297．

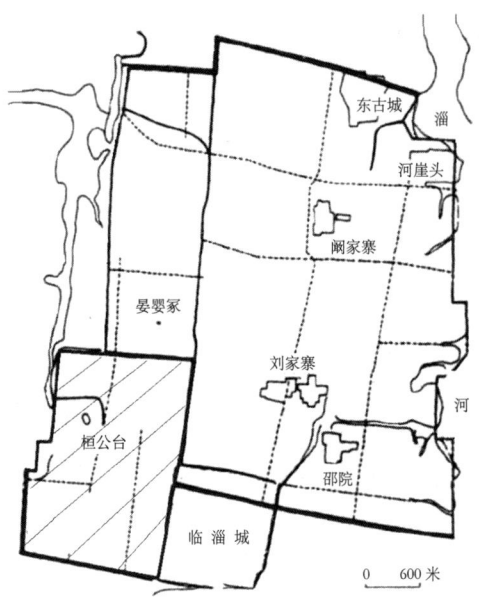

图2-2-6 齐都临淄古城遗址示意图[1]

（资料来源：许宏. 先秦城市考古学研究 [M]. 北京：燕山出版社，2000）

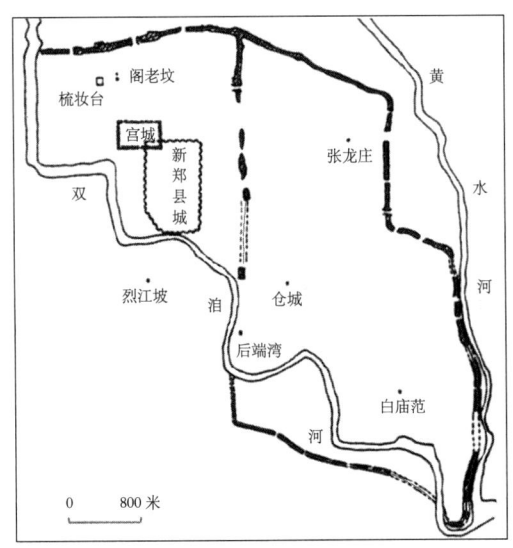

图2-2-7 新郑郑韩古城遗址示意图[2]

（资料来源：许宏. 先秦城市考古学研究 [M]. 北京：燕山出版社，2000）

[1] 西南角的小城为战国时期后建。群力.临淄齐国故城勘探纪要 [J].文物，1972 (5)：
45-54；齐文涛.概述近年来山东出土的商周青铜器 [J].文物，1972 (5)：3-18；山东省
文物考古研究所.齐故城五号东周墓及大型殉马坑的发掘 [J].文物，1984 (9)：14-19；
曲英杰.先秦都城复原研究 [M].哈尔滨：黑龙江人民出版社，1991；许宏.先秦城市考
古学研究 [M].北京：燕山出版社，2000。

[2] 右边大城区域为战国时期韩国灭郑定都后建设。河南省博物馆新郑工作站等.河南新
郑郑韩故城的钻探和试掘 [J].文物资料丛刊，1980 (3)：56-66；许宏.先秦城市考古学
研究 [M].北京：燕山出版社，2000。

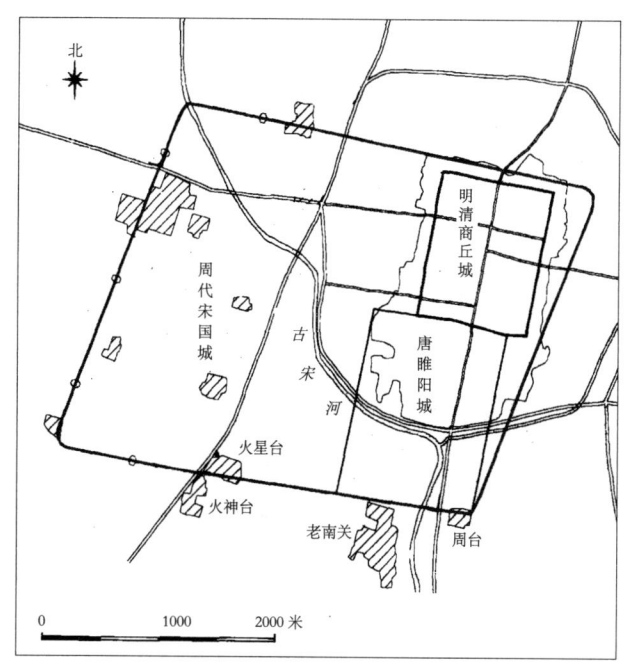

图2-2-8　商丘宋国都城遗址示意图

（资料来源：据中国社会科学院考古研究所，美国哈佛大学皮德保博物馆中美联合考古队.
河南商丘县东周城址勘查简报[J]. 考古，1998（12）：18-27 图改绘）

　　进入春秋时代，各诸侯国之间往来，国与国之间开始意识到自我生存的危机。防守的思想出现，表现在加固城池，加强军事防御，国都意识出现。加上人口的膨胀，城垣的概念内涵有所改变。王室和公族分开，宫殿区加强，公族及各类生产作坊在城内固定位置，城内的普通公民迁出城。原来作为国家边界的城垣，成了真正的城市边界，城垣内的居住者，与整个国家机器的运转息息相关。

　　从"礼制营国"层面来分析促成以上各诸侯国城市变化的原因，鲁国、宋国作为周代礼制贯彻最为彻底的国家，其国家发展始终能控制在礼制制约中；新郑的变化，由于郑国的灭亡，而新的国家在此建立，权力完全覆盖，因而城市布局为旧与新的结合，且为补充完善；而齐国发生了政权在国内公族间的更迭，是内部权力的重新分配，因而在城市布局上，显示出特殊区域的特殊地位，表现出内部防御与反抗的张力。这些都是城市发展中的本国特色。也由此可以看出，周代城池营建的内在营力，是成就政治权力实现的军事防御及战斗能力。宋国城的营建就是基于这样的时代背景之中，它的营建深刻体现了周代的营国思想。

第三节　北宋陪都之南京应天府

宋代[1]是商丘历史上一个发展的转折期。商丘是北宋时的陪都之一，即南京应天府，而南宋时却成为金的领地。北宋王朝对南京的精心经营，决定了南京在今后其历史发展中的大方向和文化走向。对陪都时期的深入研究，对于商丘具有重要意义。

一、北宋南京陪都地位之确立

（一）北宋营国理念的先天局限性

宋朝的开创者是宋太祖赵匡胤。他与商丘有着深厚的渊源[2]。从其治国之初，就有明确的战略观：攘外必先安内。当时北有辽国的威胁，南有诸侯的割据，他采用了先内后外、先南后北的战略，其实质就是对于权力的争夺。在宋太祖及宋太宗的努力下，终于于 979 年结束了五代十国的割据局面。为了避免重蹈唐及五代十国的覆辙，赵氏家族从立国之日起，就树立了王权第一的立国理念。整个国策的制定围绕以下三个方面：首先，禁止女人、宦官涉政，以杜绝外戚与宦官擅权；其次，削减州郡一级地方长官的权力，以避免造成军阀割据的局面；最后，限制兵权集中，以防止出现禁军废立皇帝的现象。但是皇权加强的背后，也带来了基本国策先天的局限性，并一直影响了有宋一代。

在全国的军事布局方面，其"守内虚外"的政策导致虽然内乱很少发生但却造成外患不断的局面。"兵无常帅、帅无常师"限制了兵权的集中，由于军队的设置和军权的归属问题，极大地影响了军队的战斗力，从宋军在辽兵和金兵面前的不堪一击可见一斑。朝廷为了削减地方权力，授官数量惊人，以职能相互制约，致使官僚机构日益庞大。朝廷对开国功臣及官僚士大夫阶层的优厚待遇，虽有利于防止人才流失，但却极大增加了政府财政。积贫现象，本来属于经济领域的事情，但宋王朝"积贫积弱"的根源却不在经济，而在政治[3]。

（二）北宋的多京制布局

中国古代王朝除建立首（国）都作为政治中心之外，某些朝代还因特殊需要设立陪都。陪都是在首都之外另设辅助性都城以加强中央集权统治的一种政治性制度[1]，也是我国历史上在政治制度上的重大创举。陪都的设置，不仅只有一个、两个，甚至有三个、四个，因此，形成一种多京制度，最多的是金朝有六京的设置。这种多京制的现象成为中国古代都城发展史的特点。从多京制的角度看，陪都是都城的一部分，是首都之外的都城[2]。北宋以开封为首都，称为东京，朝廷为了进一步加强中央集权的统治，设立了三个陪都：洛阳为西京河南府，应天府为南京，大名府为北京。三京作为陪都的建置特点、形成背景及对北宋王朝的意义又是怎样呢？

北宋的多京制是其自身在生存发展的需要基础上逐步形成与完善的。西京的设立，作为前朝首都及北宋王陵所在地，其政治文化意义相对重要，在北宋建国初期起到了稳定朝纲的重要作用；其次是南京的设立，除了加强"奉天承运"的龙兴之地的礼仪性，更主要是其优越的交通枢纽地位对于京城的经济援助，以及作为北宋东南门户的守护者的军事屏蔽作用；随着与北方外族辽、金的紧张对峙，北京作为赵宋王朝北大门的重要军事防御作用势在必行。总之，针对北宋首都而设置的三京制度，有效维护了北宋王朝的国家运转。

这三个城址无论在地理位置方面，还是在城址的形制和遗存内涵方面均表现出浓厚的军事色彩，它们虽代表不同的陪都，但除具有的一定政治中心功能外，还有一个相同的重要职能，即军事功能，只是各京在军事上承担的任务各不相同而已。从设置陪都的历史背景看，虽然三者各自有其具体的缘由，但都包含着出于安全防御考虑的这一重要因素。经济功能表现在三京既是宋朝境内最大的消费城市，又是所在地区商业贸易、手工业生产的中心和支持宋朝国家财政运作的基础。三京城市既是文化得以存在的有效载体，又为文化进步繁荣提供了不可或缺的物质基础，主要通过学校教育、皇室的祖先祭祀和佛、道等宗教传播方式表现出来。

（三）北宋对水陆交通的经营

从区域历史地理的角度来看，北宋时期的都城汴梁和陪都南京都位

---

[1]　陈桥驿.中国都城辞典 [M].南昌：江西教育出版社，1999：7.

[2]　陪都有时又称行都、留都、别都。行都含有必要时朝廷前往暂驻之意，留都一般是在迁都之后对旧都的称呼，别都则是首都之外的另一城市。陪都一般不设中央政府机构，并非全国政治中心。根据传世文献的记载，最早设立陪都的是西周，战国时期的燕，东汉、三国的魏、吴，北魏、隋、唐，五代的梁、唐、晋、汉、宋、辽、金、元、清及民国时期均有陪都的设置。吴松弟.中国古代都城 [M].北京：商务印书馆，1998：81-92。

于黄淮海大平原上，属于豫东平原区。"中国王朝的都城位于长安、洛阳时，黄淮海平原的水陆交通线受西去干道的吸引，以孟津为顶点呈扇形发散，城市的分布也随之发散，以太行山东麓、济水沿岸、汴水沿岸为密集带。在北宋开封成为国都的一百多年间，开始形成向开封城汇聚的交通网络。[1]"

1. 黄淮海平原的路驿

对黄淮海平原交通制约最大的因素是都城的东移以及南北分裂。宋辽分治，导致传统交通线路部分关闭、调整和新线路的开辟。特别是平原中部出现了一条南北向"宋辽驿路"，沟通辽南京和北宋汴京，其使用的频繁程度胜过太行山东麓大道。当元、明、清国都移到北京时，北宋形成的交通与城市分布格局没有大变，只有局部调整。根据元《析津志》所附"天下站名"，复原由大都南下的驿道如下：

西线：大都—保定—真定—顺德—彰德—卫辉—怀庆，即传统太行山东麓南北大道。

中线：保定—蠡州—安平—旧州—南桥—冀州—宁化—清河—曹仁—馆陶—南馆陶—大名—澶州—长垣—开封。这条道路有两个关节点：第一个在雄州，此地北临宋辽边界，南门置瓦桥关；第二个是道路南段在澶州德胜津（今河南濮阳市南）渡黄河，因此设置了"河北三关"：雄州瓦桥关、霸州益津关和信安军淤口关，加强防御。此路就是"宋辽驿道"。

东线：涿州—新城—雄州—任丘—河间—献州—阜城—景州—陵州（今山东德州），至此分三路：一路经东昌、阳谷、曹州至南京（今河南商丘）；一路正南经平原、高唐、东阿、东平至徐州；一路东南经陵州、济南而去胶东半岛。

以上为京城向北的三条驿路[2]。由于淮河流域多数河流可以通航，因此东南及江南地区依赖水路的交通比例较大。

2. 北宋的运河系统

北宋的运河系统发达，东西水运线路的经济价值和南北水运线路的军事守备价值使其在营建之初就有周密的规划，反映在选线、布局以及水运工程的技术水平上。北宋的水运系统以京师开封为中心向四周辐射。其中，以京师为中心的"漕运四渠"最为重要，黄河以北还有御河，这是隋唐时

---

[1] 李孝聪. 中国区域历史地理 [M]. 北京：北京大学出版社，2009：215.

[2] 另外，从京城开封向西，经洛阳以通关中，进而可达秦州（甘肃天水）和四川。从开封向东分为两路，一条经漕、济（山东巨野）、兖（兖州）、齐（济南）以达山东半岛；一条经南京（商丘）、徐州，可达海州（连云港）。向南经陈州可通淮河中游诸地。向西南经许（许昌）、唐（唐河）、邓（邓州）、襄（襄阳）可达汉中、江陵等地。李孝聪. 中国区域历史地理 [M]. 北京：北京大学出版社，2009：216。

期永济渠故道。它的主要任务是负担宋朝河北边防的军粮运送，乃备边之命脉[1]。

（四）南京陪都的战略价值

1. 政治之龙潜之地

商丘是宋太祖赵匡胤兴兵起家的地方。他曾为归德节度使，治所宋州（现商丘）。据商丘县志记载，赵匡胤因宋地曾为周代宋国都城，故改国号为大宋（意思是光大宋地）。宋真宗景德三年（1006 年）二月，因宋州"乃帝业肇基之地"且"用彰神武之功，且表兴王之盛"，宜升为应天府。

南京还是南宋高宗称帝的登基地。靖康二年（1127 年），赵构在南京应天府（今河南商丘县）正式即皇帝位，是为宋高宗，年号建炎，史称"南宋"。宋高宗在商丘登基称帝，一是因为商丘是北宋陪都之一，更重要的是商丘是赵宋王朝的起兴之地。可见，商丘的政治地位对于宋王朝来说始终极为重要。

2. 军事之江南屏障

自古商丘的军事地位一直很重要，这是由其地理形势所决定的。作为战略要地，它"南控江淮，北临河济，彭城居其左，汴京连于右，形胜联络，足以保障东南，襟喉关陕，为大河南北之要道焉"[2]。五代后梁太祖开平三年（909 年）升为宣武军，五代唐庄宗同光元年（923 年）改为归德军，五代后周时仍为宣武军，一直为军事要地。北宋定都开封，商丘即成为东南之门户，近可屏蔽淮徐，远可南通吴越。

3. 经济之水陆交通枢纽

商丘的水运发达，较早受惠于隋唐大运河的开凿[3]。北宋时，汴河作为北宋连接南北的交通大动脉，从商丘穿越而过。商丘实际上是国家级别的水利交通枢纽，在"国家根本，仰给东南"的形势下，具有沟通江淮之利[4]。更因西临京都，成为京都物资的集散地及东南地区入京的门户与屏障。

---

[1] 汴河：即通济渠，"漕运四河"之一，线路承隋唐，基本未变。北宋漕引江、湖，利尽南海，半天下之财赋，并山泽之百货，悉由汴路而进，故汴河乃建国之本。但汴河因与黄河相接，受其涨落不定和泥沙的影响，需不时维修。北宋 170 余年间始终维持汴河的建设。惠民河：北宋开封西南闵水、蔡河诸运河的统称，"漕运四河"之一。将许、汝州的物资输往京师。广济河：一名五丈河，"漕运四河"之一。五代时，为加强京师开封与山东北部滨海地区的物资运输。北宋立国之初，广济河漕运曾发挥重要作用。金水河：北宋开封城西人工引水渠。此渠水清，一则入宫苑，济京师饮水；二则补五丈河水量，漕运意义不大。周宝珠. 宋代东京研究 [M]. 开封：河南大学出版社，1999：159-179。

[2] 商丘县志编纂委员会.（清康熙四十四年）商丘县志 [M]. 北京：生活·读书·新知三联书店，1991：53。

[3] 又因商丘紧临汴梁，为"舟车之所会，自古争在中原，未有不以睢阳为腰膂之地者"。商丘县志编纂委员会.（清康熙四十四年）商丘县志 [M]. 北京：生活·读书·新知三联书店，1991：53。

[4] 李可亭等. 商丘通史（上编）[M]. 开封：河南大学出版社，2008：118-121.

二、北宋对南京陪都之经营

（一）北宋南京的政治架构

对北宋南京的政治架构的梳理，旨在了解陪都角色的制度设置内容以及如何有效实施其行政管理。北宋南京的政治架构主要由留守司和应天府构成。

1. 留守司的社会政治功能

南京留守司的设立是陪都南京的重要标志[1]。作为政务机构，它的主要职能就是监督管理南京分司各机构，守卫宫钥及京城，修葺城建，维护社会治安，管理畿县、钱谷等事务。最值得注意的是，南京留守司长官不专设，而由应天府长官兼任。这种行政制度既强化了应天府的职能，也体现了以应天府为主体，兼顾陪都职能的政治格局。

另外，南京作为北宋之陪都，还设立了一定规模的中央官署机构的分司机构[2]。北宋在南京设立留守司、留司御史台、留司礼院、南京国子监、南京鸿庆宫、南京分司官等中央分司机构及职官制度，体现了其作为陪都的政治特征。

总之，这一制度的实施，大量分司官员留守在南京，也成为其政治生活的一个重要组成部分。虽然在某种程度上起到了加重宋代冗官的负面作用，但其浓厚的文化氛围的形成，也无不与这种制度有关。

据《归德府志》[3]记载，在南京留守司及分司机构任职的历任官员有见表 2-3-1。

2. 应天府的职能

南京不仅是北宋的陪都，还是京东西路的路治及应天府的府治所在

[1] 留守司设有留守、留守通判、留守判官、留守推官等职位。而设置的分司机构，名义上具有"中分邦政"的作用，实际上陪都职官系统的完备程度和职事的重要程度都无法与首都相比。只是位高职闲，事务较少，成为宋廷优贤储才，安置老病、责降或政治异议人员的地方。

[2] 分司对不同官员的意义差别很大，这和他们分司的方式、原因关系密切。分司机构官员的任用，既可以是分司官，也可以是属于朝廷正官的闲散官，但有一定的资历和办事能力要求，而分司官以何种官衔分司南京，才是认定在分司机构任职的官员是否为分司官的一个标志。这深刻体现了宋代差遣制度的特点。分司官是宋代官僚队伍中一支十分特殊的官僚群体，他们名列官簿，享受一定的俸禄和政治待遇，但不是一般的正任官员，政治前途基本丧失。如北宋南京御史台、国子监等虽然是分司机构，但任职于此的未必就是分司官。如孙思恭曾任南京留司御史台，蔡挺以疾罢为资政殿学士，判南京留司御史台，但他们并非分司官，而是被闲置安排的朝廷正官、闲散官。相反，宋代的分司官基本上都以卿监官衔分司。所谓"其正名于中秘，以分务于陪京"即是。南京分司官职能只限于参加拜表、行香等事务，在形式、名义上起到陪衬南京陪都的作用。

[3] 河南省商丘地区地方志编纂委员会.（清乾隆十九年）归德府志 [M].郑州：中州古籍出版社，1994：77, 620-631.

北宋任职南京的留守及分司官员简表 表2-3-1

姓　名	籍　贯	任　职　简　况
欧阳修	庐陵人	擢进士第一，留守南京
王胜之		字子发，留守南京
王曾		南京留守
钱明逸		留守南京
薛昂		南京留守
张知白	沧州人	字用晦，南京留守
窦称	蓟州渔阳人	开宝中为归德节度使判官，迁秩宋州
刘敞	吉州临江人	集贤院学士，判南京
苏辙	眉山人	神宗朝签书南京判官
韩绩		举进士，为南京判官
苏颂	全州南安人	字子容，调南京留守推官，留守欧阳修委以政。时杜衍老居睢阳，见颂，深器之。神宗时，知应天府
刘挚		字莘老，神宗时签南京判官
陈良器		司农卿，分司南京
王钦若		分司南京
范纯仁	苏州吴县人	字尧夫，治平中，擢江东转运判官。后复以光禄卿分司南京
戚纶		字仲言，进秩右司谏，累官太常少卿，分司南京

资料来源：本表格依据河南省商丘地区地方志编纂委员会．（清乾隆十九年）归德府志 [M]．郑州：中州古籍出版社，1994：78-79，630 等内容编制。

地[1]。北宋的路与府州县之间的行政关系如何呢？宋代实行朝廷、府州、县三级政制，在朝廷与府、州间设"路"（类似后代的"省"），作为行政监察区及军区。路分中的诸司长官，原则上各司其职，没有主从之分，这些长官原则上都是权力、政策和不同政治派系的具体体现者和实施者，他们无一例外地由中央委派。在宋代，府、州、军、监是直属朝廷的一级地方机构。

在继承前代京府建制的基础上，根据宋朝的政治需要，应天府形成了如下主要行政组织机构：应天知府（尹）、应天府通判（少尹）、幕职官、诸曹官、县镇官和监当官、陵台官等。作为陪都的南京应天府，其长官皆

---

[1] 宋代地方行政区划分为三级，最高一级叫做路，中级为府、州、军、监，下级为县（包括一些县级的军、监）。作为行政监察区及军区，一个路由四个长官来管。他们各司其职，没有集权于一人一司，管的区域也不完全一样，有交叉。府州有事仍可直达中央。因而与魏晋的州和元以后的行省不同，不构成地方上一级行政机构，仍实行州（府）县二级制。但路的设置却起到了制衡地方行政权力的作用。

设而不任，而由朝廷临时委派的京朝官知应天府事，长官知应天府事等，简称知府，皆兼留守。据《归德府志》载，北宋任职应天府的府尹有：王曾、李防、张知白、晏殊、宋升、冯元方、晁尧民、李及、张观、贾昌衡、孔道辅、苏颂、杨绘、胡直孺、张元、徐处仁等知应天府；张方平、刘沆等出尹应天；贾昌朝累官知应天；曾肇以待制尹应天府；凌唐佐为建炎初知南京[1]。

县是宋代地方行政单位之一，应天府为京邑大府，属县政治地位较高。"次赤"、"次畿"是指陪都、辅京所在的城池或郊区。宋城为次赤县，而其余诸县如宁陵、楚丘、柘城、下邑、谷熟、虞城并为次畿县。

从以上设置可以看出，宋南京应天府作为陪都，其所属畿县也享有较高的政治地位，其官员选任、所负职责及所受待遇等较其他一般诸县有优异之处。其重要性在很大程度上也体现在其属县的工作中。从宋代的职官设置，可以看出其对文人及文化的重视。特别是多京制的实行，使得人才储备及流动更加方便。作为陪都之一的南京，其人文及政治环境几乎与都城相近。官员的相互流动任职，更加促进了其政治中心的地位及文化的先进性。

3. 地方治安的实现

南京应天府作为北宋陪都之一，也是全国政治、经济、文化中心之一，人口众多。搞好社会治安，维护社会稳定，以达到长治久安的目的是政府关心的头等大事。保持陪都南京的社会稳定，注重发挥其政治表率作用，也是宋政府的重要施政内容。通过强化监司机构的治安监管作用，注重发挥南京各级治安责任部门的治安职能，积极推行民户治安联防制度，成为宋政府努力搞好陪都南京社会治安的重要举措。这些治安措施的有效实施，基本实现了南京应天府的社会稳定。

宋代地方治安责任部门可以分为行政管理系统和军事系统，前者由各级政府主管官员负责当地治安，后者由所在地厢、禁军参与，这是宋代治安体制上的"重大更新"[2]，深刻体现了军事镇压和司法镇压相结合的特点。这一共性化的治安管理体制同样适用于南京应天府地区。

（二）商业经济中心的城市特色

商丘位于开封的东南，自古交通畅达，北宋的汴河水运更使其成为了全国物资运输的交通枢纽，作为重要的物资集散地，其农业、手工业、商业之发达仅次于京城。

---

[1]　河南省商丘地区地方志编纂委员会. (清乾隆十九年) 归德府志 [M]. 郑州：中州古籍出版社，1994：78-79，630。

[2]　一是行政管理系统，即各级政府主管官员对当地治安负责，并配备县尉专门分管治安工作；二是军事系统，由所在地厢、禁军参与，巡检司、巡检负专责的治安系统。两者共同负责大都会、关津要塞、河道、海防、边防及广大乡村的社会治安。陈鸿彝. 中国治安史 [M]. 北京：中国人民公安大学出版社，2002：173。

1. 农业经济

商丘的农业经济在北宋时期大为发展，得益于宋初制定的一系列重农政策的实施：召集流亡以安置流离失所的农民；奖励垦殖以开发荒芜的大片土地；采取官员考核以监督执行力度。这些措施，及时必要地促进了农业经济的恢复与发展[1]。

2. 交通与手工业

农业经济的发展带动了农民扩大经营农副业的范围，由于与京都的水运便利条件，京城的巨大消费潜力也促进了专职个体手工业者的出现，比如宋州地区成为麻织品的重要产地，纺织染色业也十分发达。其制笔工艺十分高超，其他发展还体现在矿冶、金属制造业和酿酒业方面。

3. 商业发展

商业的发展体现在大量交换市场的出现，如农村的"草市"，还有定期集市和乡镇市场。特别重要的集市主要集中在汴河水陆码头，从而形成了热闹的河市，南京应天府的商业繁盛可见一斑[2]。总之，商丘在宋时经济发达，还承担着陪都的交流、集散、管理等职能，成为仅次于国都的经济重心[3]。

（三）北宋人眼中的南京城市的社会生活

1. 城市印象

北宋时的南京城，给人以什么样的印象呢？"去都而东，顺流千里，皆桑麻平野，无山林登览之胜。然放舟通津门，不再宿至于宋。其城郭阛阓，人民之庶，百货旁午，以视他州，则浩穰亦都也。[4]"由清初朱彝尊的描述也略可见当时之繁荣景象[5]。

---

[1] 针对商丘地区地势平坦、久雨极易积涝成灾的现状，实施开渠排涝工程，并利用黄河丰富的水源，进行盐碱地的放淤改造。当时，中牟、开封、陈留、咸平、宁陵、应天府等地是沿着汴河淤田的一个中心区。淤灌后，原来不可种植的盐碱地变为肥沃田地，土质极为细润。农作物生长良好，原来亩产五七斗，淤后亩收两三石。经过农民的辛勤劳动，耕地面积逐步扩大。当时的农作物有稻、麦、粟、豆、芝麻及萝卜等，桑、麻也是普遍种植，而且，农民在桑园里实行桑麻间作。在果品种植上，应天府通过嫁接技术培育出来的金桃，常销往京师，是朝廷的贡品。此外，应天府樱桃的种植，也非常普遍。转引自：郭文佳.试论商丘在宋代的历史地位 [J].商丘师范学院学报，2010（10）：15-19.

[2] 如宋城、宋集、坞墙等处是重要码头。城市贸易也相当活跃，以丝绸经营为其大宗。东京开封是全国的政治经济中心，也是当时世界上无与伦比的最大城市。画家张择端曾通过《清明上河图》来表现当时开封的繁华，而作为陪都的南京应天府，紧邻东京，其商业繁盛状况，可见一斑，大街小巷，店铺林立，热闹异常。

[3] 郭文佳.试论商丘在宋代的历史地位 [J].商丘师范学院学报，2010（10）：15-19.

[4] 商丘县志编纂委员会.（清康熙四十四年）商丘县志[M].北京：生活·读书·新知三联书店，1991：464.

[5] "商丘，宋之南京也。东都盛时，由汴水浮舟达通津门，三百里而近，车徒之縠五，冠盖之络绎，妖童光妓自露台瓦市而至，乐府之流传，朝倚声而夕勾队于照碧堂上……"。李可亭等.商丘通史（上编）[M].开封：河南大学出版社，2008：121.

2. 登台观景抒怀

北宋南京城，位于汴河南岸，其城市的水景风光宜人。晁补之《照碧堂记》[1]记载了南京留守曾肇修建留守廨照碧堂的情况。登照碧堂观景也是其修建的重要原因之一。"宋为本朝始基之地，自景德三年，诏即府为南都，而双门立别宫。故经衢之左为留守廨，面城背市，前无所达，而后与民宇接。城南有湖五里，前此作堂城上以临之，岁久且圮。而今龙图阁学士、南丰曾公以待制留守也，始新而大之。盖成于元祐六年九月癸卯，横七楹，深五丈，高可建旐，自东诸侯之宅，无若此者。……屹然而跳出堞上，而民不知。可以放怀高蹈，寓目而皆适也。"

作为在闹市中别具一格的修身养性的场所。"而到都来者，则固已旷然，见其为宽闲之士而乐之，岂特人情倦觊于其所已餍，而欣得于其所未足？将朝夕从事于尘埃车马之间，日昃而食，夜分而息，而若有驱之急不得，纵而与之偕老，故虽平时意有所乐，而不暇思。其脱然去之也，亦不必山林远绝之地，要小依而暂适，则人意物境，本暇而不遽。盖向之所乐而不去暇思者，不与之期，一朝而自复，其理固然，此照碧堂之所以为胜也。"上述记载再现了昔日南都的富庶繁盛及独特的南湖景观。

其登堂远眺的心情，也流露无余。"初，补之以校理佐淮南，从公宴湖上。后谪官于宋，登堂必慨然怀公。拊楹极目，天垂野尽，意若遏鸷太空者。花明草薰，百物媚妩，湖光弥漫，飞射堂栋。长夏畏日，坐见风雨，自堤而来。水波纷纭，柳摇而荷靡。鸥鸟尽舞，客顾而嬉，修然不能去，盖不独道都来者以为胜，虽厌足于吴楚登览之乐者，渡淮而北，则不复有，至此亦跨踏徜徉而喜矣。"处于陪都南京的文人将这番登台抒怀的心意，随着时间沉淀为地域文化的精魂。

3. 晚景安度之地

北宋时期，南京应天府一直是一些硕学名儒、名仕官员告老退职乐于定居、停留的地方，而且一些硕学名儒也乐意到此定居、停留[2]。原因有几点：政治上陪都的身份、优越的地理位置、发达的教育。

---

[1] 商丘县志编纂委员会.（清康熙四十四年）商丘县志 [M]. 北京：生活·读书·新知三联书店，1991：464-466.

[2] 如著名诗人石延年，祖籍幽州，契丹占领幽州后，其祖石自成率族人南下归宋，便选应天府宋城定居。北宋名臣王尧臣，祖籍山西太原，唐末其祖避乱东迁，遂迁到宋州虞城。赵概，祖籍河朔，唐末为避乱，其祖也迁到宋州虞城。此外，一些名士也乐意在应天府定居。如北宋名相杜衍，在宋仁宗庆历七年（1047年）告老退职后，就定居南京，他和先后退休居此地的礼部侍郎王涣、司农卿毕世长、兵部郎中朱贯等赋诗酬唱，研习书法，安度晚年。这些名儒俊士的到来，促进了南京应天府文化教育事业的发展，对当地文化教育事业的繁荣作出了贡献。郭文佳.应天书院与北宋文化的发展 [J]. 商丘师范学院学报，2009（2）：24-28。

4. 闹市中的静修之所

与热闹的南京城形成鲜明对比的，是位于闹市中的应天书院。北宋初年，人民刚刚脱离战争的厄难，"海内向平，文风日起，儒老往往依山讲授"，独戚同文授徒于交通便利、经济繁荣的闹市之中。

5.《南都赋》[1] 对南京的描述

这篇赋借华阳先生与涣上公子的对话，说古道今，列举了昔日陈梁孝王的盛况，然后在详细描述南都的繁华昌盛、祥和宜人的细节之中，更突出了今胜于昔的现状。它从天子盛德、名臣垂范、商业繁盛、军旅严整、田野丰饶、风光宜人六个方面再现了南京当时的景况。

其中令人印象深刻的是对其城市景观的描述，"其亭馆，内之则有流觞绿波，桧阴四合，照碧妙峰，武备道接。外之则有朝雨暮云，暖风残月；又有玉烛金缕，光华燕喜，嘶马落帆，芳草柳枝之列。自流觞至柳枝十二亭名联观光与望云，观光望云而亭名指中天之魏阙。其沼泽，则东西二湖，……，水澄似镜，波泛如潮，窥驯鹭于别渚（晏元献放驯鹭于南湖作赋以纪），识海雁于旧桥（夏文襄自青社携二雁置湖中，名其桥曰海雁）。尔乃金鱼分钥？玉鳞剖符，或辅弼耆德，侍以鸿儒，镇抚东土，保厘此都，视先生之遗民，爱风俗之安舒，乘剸繁之多俗，觉坐啸而有余。陟等台而环望，悟神意之自如，临绿水而暂止，疑放旷于江湖。若予之所举，仅知其仿佛，十分未得其一隅。"

三、南京的城市建设

商丘作为大宋朝的发祥地，意义非同寻常。其城市建设也随着其政治及经济地位的不断提升而不断完善。城市建设的特色也深刻体现了南京的发展与历史人文因素的密切关联，历史时期的政治形势、决策集团的心理及政策对南京的城市建设影响巨大。

关于南京城的城建资料很少，对它的了解多来自零星的史料记载。今拟从其作为陪都身份的城市特色的三个主要方面入手来进行探讨。

（一）陪京的规划与营建

1. 城池布局规划

南京应天府城池的前身是隋唐五代归德节度使宋州所在地，到了宋初仍为宋州。对于那时的城池，史书记载就是唐张巡、许远睢阳保卫战所在的城池。城池有三，南一城，北二城，睢阳保卫战守卫的就是北二城。"睢阳故县：即隋宋城县。《括地志》曰：'在州治南二里外城中'。秦、汉、晋

---

[1]　商丘县志编纂委员会.（清康熙四十四年）商丘县志 [M]. 北京：生活·读书·新知三联书店，1991：574-581.

因之。隋改县曰'宋城'，亦治南城中。宋建南京，宋城始移入郭内，今旧城南即故地也。[1]"

入宋，其城建有记载始于宋真宗时期。大中祥符七年（1014年）正月，真宗将应天府升格为陪都南京，同时下旨先修建一座归德殿作为新南京的主殿，随后开始京城和宫城的规划。

据《归德府志》记载：

宋时南京城，城周十五里四十步，东二门，南曰延和，北曰昭仁；西二门，南曰顺城，北曰回銮；南一门，曰崇礼；北一门，曰静安。内为宫城，周二里三百一十六步，门曰重熙、颁庆。京城中有隔城，门二，东曰承庆，西曰祥辉。东有关城，周二十五里八十三步，东、南、北各有一门。

据此可知，宋时南京城是一座规模很大的城池。

又据《续资治通鉴》卷三十一记载：

大中祥符七年（1014年）正月，宋真宗亲谒亳州太清宫。这次谒观，声势很大，从上年的八月就已开始准备。正月二十七日从亳州回，二十八日驾次应天府，一时府民感奋，热闹非常。第二天，真宗即升应天府为南京，将正殿榜以归德，改圣祖殿为鸿庆殿，并大赦境内，又亲御重熙颁庆楼，赐酺三日，直到二月初一日才离开这里。

京都四门："若乃昭仁崇礼，回銮祥辉，（京都四门）连阛带阓，列隧通畿。"

从以上史料中可以得知南京城的大致布局。南京城首先分东西二城，东为关城，犹如开封府下属开封县所在区域；在西边的京城，又分隔成南北两个区域。由于南邻汴河，为商业云集之地，且此种状况自隋代大运河始已经形成商业区。因此，隔墙以区分商业与行政。南为商业集市集中之地，北为府治及宫城所在区域。宫城作为皇帝专属之地，其中归德殿为皇帝南都行宫的正殿；而鸿庆宫三圣殿只用来供奉圣祖、太祖、太宗皇帝的"御容"。宫城位于城北部。

2. 城市主要建筑及景观群[2]

应天府衙："宋为本朝始基之地，自景德三年，诏即府为南都，而双门立别宫。故经衢之左为留守廨，面城背市，前无所达，而后与民宇接。"

宋应天书院：在旧城州治东。宋大中祥符三年，邑士曹诚建学舍百五十楹，聚书千五百卷，招明经艺者讲习其中。有司以闻，赐额"应天书院"。

---

[1] 商丘县志编纂委员会.（清康熙四十四年）商丘县志 [M].北京：生活·读书·新知三联书店，1991：124.
[2] 商丘县志编纂委员会.（清康熙四十四年）商丘县志 [M].北京：生活·读书·新知三联书店，1991：127-137，465.

照碧堂：晁补之《照碧堂记》记载了南京留守曾肇节约所积，修建留守廨照碧堂的情况。城南有湖五里，前此作堂城上以临之，岁久且圮。而今龙图阁学士、南丰曾公以待制留守也，始新而大之。盖成于元祐六年九月癸卯，横七楹，深五丈，高可建旄，自东诸侯之宅，无若此者。屹然而跳出堞上，而民不知。可以放怀高蹈，寓目而皆适也。……其南汴渠，起魏迄楚，长堤迤逦，帆樯隐现，……其西商丘，祠陶唐氏以为火正阏伯者之所以有功而食其墟也。其东双庙，唐张巡、许远捍城以死，而南霁云之所以急驰救于贺兰之途也。

帝喾庙：在城南四十五里，帝喾陵之阳。宋开宝六年（973年）建。

阏伯庙：在商丘之巅。按《宋史》，康定（元年为1040年）初，南京鸿庆宫灾，集贤校理胡宿请修大火之祀，而以阏伯配。岁以三月、九月择日，令南京长吏以下分三献，州、县摄太祝、奉礼。建中靖国元年（1101年），又设荧惑坛于南郊赤帝坛之外，岁令有司以时致祭，以阏伯配。后又议加阏伯上公衮冕、九章之服。又以商丘为太祖兴王之地，以宋建号，以火记德，推原发祥之所自加封王爵，锡谥宣明，并制乐章焉。

协忠庙：在县治北，府城隍庙之右。祀张巡、许远，以南霁云、雷万春、姚誾、贾贲配。六人同死于安禄山之难。唐至德中，惟专祀张、许，以南霁云配，世称双庙者是也。已而，增雷、贾为五王庙。宋大观中，增姚誾为六，表其庙曰"协忠"。

幸山：在城南三里。宋靖康元年，高宗自济州趋应天府，命筑台于府门之左，受命即皇帝位于此。

南湖：在城南五里，相传为梁孝王园池故址。宋晏元献（即晏殊）放驯鹭于湖中。苏辙有记。

白沙渠：在府东，又有石梁渠。宋张元知应天府，治此二渠，民无水患。

海雁桥：在城南五里，宋夏竦自青社携二雁置南湖中，因名。

妙峰亭：在旧城内，宋留守王胜之建，苏轼题榜。又有新亭十二，皆胜之建，又有观光亭、望云亭，亦俱在旧城内。

（二）特殊的礼制建筑：鸿庆宫

鸿庆宫为宋之原庙。鸿庆宫的建设，对于北宋王朝具有重要的政治意义。商丘由宋初的宋州，升至应天府，再由应天府升为南京，而商丘作为陪都的身份出现，就是"奉天承运"的具体产物，而鸿庆宫就是其举行仪式的场地。

《宋会要辑稿·礼五》祠宫观／鸿庆宫详细记载了这一过程：

大中祥符七年正月，诏曰："睢阳奥壤，艺祖旧邦。应命历以天飞，创基图而日新。……洪惟二圣，敷佑万方，故当陪仙御于福廷，俨宸仪于恭馆。南京新修圣祖殿，宜号曰鸿庆宫，仍奉安太祖、太宗像。"八月，遣都知阎承翰、内侍杨怀古奉像至归德殿后正位权安。天圣元年三月,修殿成,诏知制诰张师德奏告南京内城,迎圣像奉安。四年十月,又奉安真宗御容。康定元年六月,经火,别建齐殿供养。庆历六年十二月,又诏重修三圣御容殿。七年六月,命翰林学士张方平往奉安右奉太祖、太宗、真宗神御。

能够再现鸿庆宫当时盛况的史料中,最著名的要数北宋刘敞的《鸿庆宫三圣殿赋》,首先认为宋太祖以"火帝兴于火墟"而统一天下,是继承伯益之功。接着记述了建庙的缘由及经过,并描述了三圣殿的庄严华美及祭神敬祖的威严隆重礼仪 [1]。

1. 建设原庙的缘由

先给出"奉天承运"的理由。"惟商丘是为星火大辰之居,亦曰朝堂布政之由。初潜离隐,惑跃在渊,以有九有,百度正焉。……太宗承之,真宗成之,登封议禅,矢直砥平,巍巍乎邈三五而侔俪,彼汉魏之琐琐,曾何比京。夫伯益始掌火而底绩,而宋以火帝兴于火墟,天之报施,岂不昭昭可推而类也哉!"又言及"且夫积功以凝命,而创业因物以胙土,由土以建号,乐以反初,礼不忘其本。是故作于原庙,建之别都,三圣鼎列,大厦以居,以答景贶,以昭成功,俾子孙知厥所由,亿兆仰德而不穷也。"

2. 筹建过程

作为礼制性的建筑,鸿庆宫的规划及营建,特别显示了其庄严华美的风格:"亘长廊其如城兮,辟重门其似洞。栾拱粲其如星兮,侏儒屹其凝重。……闾阴房之密静兮,虽六月其必寒。辟阳荣之敞丽兮,盖中夜而已旦。……使夫设色之工,后素之巧,想像形容,图写必效。……旗常缤纷以妭翕兮,钟鼓轩轰,箫管发而喁啾。杂鱼龙之奇技兮,蜿蜒曼延于道周。百神分而并迎兮,亘千里而相通。"

再现了宋祭神敬祖的威严隆重的场面:"百工备官而夙设兮,棹夫欢呼而奏功。惟告行之五十兮,余日力而麾穷。……殚金玉以备用,磬飞潜以荐味。帏帐筵簟之安肆,几杖笔研之储(双人待),靡一物之盖阙兮,所

---

[1] 古代中国所有的王朝,都曾经借助一系列的仪式与象征,来确立自己的合法性,这叫"奉天承运",在国家典礼的隆重仪式中,拥有权力者以象征的方式与天沟通,向天告白,同时又以象征的方式,接受天的庇佑,通过仪式向治下的民众暗示自己的合法性,因此,国家典礼常常比今天想象的更重要,郊祀、封禅等在古代政治生活中占有醒目的位置。从宋太祖开始,北宋的皇帝一直在通过仪式确立与强化皇权的合法性。不过,真正的突破是乾德元年,由最崇义提出了宋代自己的"奉天承运"的理论,即"以火德上承正统,膺五行之王气,纂三元之命历",得到皇帝的认可,开宝元年(968年),太祖接受了这样的称号"应天广运圣文神武明道至德",表示自己确实是奉了天命,以内圣外王作为道德表率,来统领天下的。从此,赵宋王朝初步开始了确立"奉天承运"形象的仪式过程,而这种过程一直延续到宋真宗时达到了高潮。商丘县志编纂委员会.(清康熙四十四年)商丘县志 [M]. 北京:生活·读书·新知三联书店,1991: 581-585。

以广孝思而尽心志。守臣侍祠，罔不盼饰，既事而旋阕，而莫觊列仙之儒，倔佺之伦，迎神送祇守其侧。若夫祝融重黎，相土阏伯，固以喜动乎魄，情见乎色，护清跸而睎盛德也。"

鸿庆宫不仅在北宋有重要的地位，在南宋时期，也仍然被作为赵宋王朝龙潜之地的象征而被重视，专设望祭。

（三）文化教育中心的形成：应天书院

北宋政府对于南京的经营，通过行使其完善的陪京制度，强化了其政治地位的重要性；同时加大对南京的城市建设力度，也促进了其经济的空前繁荣；南京当地的文化教育也在优越的先进文化氛围下，率先在宋初的中原地区脱颖而出，并且经历北宋一代而长盛不衰。南京的应天书院作为当时全国的四大书院之一，其影响之大、坚持时间之长，都是当时其他地方书院所不及的。考察应天书院的发展历程，其兴盛与北宋政府的大力扶持有直接关系，加上来自历任地方官吏及民间的物质基础支撑，南京当地的教育经历了学校由私学到官学，从书院而升为府学，再由府学而升为国子监。从中可以看出，南京作为陪都的身份在其发展中起到了相当重要的作用。

本章小结

本章主要考察了明清商丘古城之前的城市历次变迁的历程，重点探明了两个问题：商丘城市选址的特色和不同时期商丘城市的营建思想及影响城市发展的内在因素。首先，在对上古时期阏伯台的梳理过程中发现，商丘在上古时期是联系中原与东夷地区的纽带，并且商丘与鲁西南平原由于地理关系形成了文化上的血缘关系。龙山文化时期，阏伯氏族作为帝喾族较早的一支分支，在帝喾时代的早期，整个氏族生活在商丘这个地方。阏伯的身份，不仅仅是中央政府的官员，并且为某一方的国族领袖，与尧的国族有亲缘关系。阏伯台是阏伯观测心宿两大火星的灵台。阏伯台的选址首先是出于观测天文而考虑在中央天齐线上，其次以观测大火星的最佳位置来定点，因此它的选址体现了独一无二的特性，商丘城市选址与古代的天文密切关系。也由此成为观测大火星的商族的族属地，也论证了商丘是商族的族属地及商文化为商丘的源文化。其次，针对周代宋国故城进行了田野考察加文献考证的梳理。得出商丘城市的起源初期是以阏伯台为地标聚族而居，商代时作为一个封邑存在，此后阏伯台作为周代宋国城的标志建筑出现在宋国城池之中，可见宋国城的选址遵循了商移民"以续殷祀"的殷礼的礼制思想。其营城规划与布局又体现了周礼的礼制营国思想，政治及军事武装为其营城的内在营力，城市发展完全是周代历史的缩影。最后，探究了睢阳城池在北宋时期的营城历史。其整个城市的营建与发展，

75

与其陪都的政治身份密切相关。政治经济文化的发达，造就了城市的繁荣，并为商丘城市后代的发展奠定了深厚的文化基础。通过这样的梳理，对理解明清商丘城市的独特性表现打下了基础，也看到了中国古代城市发展不同于国外的特色。

第三章　水上城之商丘古城防洪体系构建

商丘古城的"水上城"格局是它在与地理环境、自然灾害及战争持续不断的对抗与适应的过程中逐渐形成的。"水上城"格局的营建特色主要体现在它的防洪排涝体系与军事防御体系，本章考察商丘古城的防洪排涝体系。之所以将防洪作为单独的一个章节来探讨，因为黄河对商丘的影响是致命的。确切地说，从隋唐大运河时期开始，引黄助运，商丘的地貌就开始发生了根本性变化。到了南宋时期，黄河改道从此流经商丘，这种影响一直持续到 1855 年黄河重新北流，长达七百多年。本章拟谈三个问题：黄河对商丘地区古城的影响；商丘古城防洪体系的营建；古城防洪排涝体系的地方特色及经验。

第一节　黄河对商丘地区古城的影响

一、黄河对黄泛区诸古城的影响

历史时期黄河下游河道的变迁极为复杂，不仅涉及的范围从北到南，泛区在不同时代又有不同的空间范围。黄泛平原即是指黄河泛滥形成的冲积平原，由于黄淮海平原的大部分都是由黄河冲积所形成的，因而广义上均可称为黄泛平原[1]。而黄泛平原又是中国历史上水灾最为深重的地区[2]。本书所讨论的黄泛平原主要设定在：南宋建炎二年（1128 年）到清咸丰五年（1855 年）期间，黄河改道南流夺淮入海直到再次改道北流山东入海，

---

[1] 黄泛平原是指海河平原和淮河平原之间的黄河冲积平原，西临豫西山地，东至泰沂山区，地势低平，主要包括河南省的开封、商丘、濮阳、周口地区以及新乡地区东部，山东省菏泽、聊城地区，以及江苏、安徽两省西北部地区。俞孔坚，张蕾.黄泛平原古城镇洪涝经验及其适应性景观 [J]. 城市规划学刊，2007（5）：85-91。

[2] 据统计，1949 年以前的 3000 多年间，黄河下游发生的漫、溢、决口和改道约有 1500 余次，洪水波及的范围约 25 万平方公里，其间经历了 26 次大改道，在 16、17、19 世纪，平均四五年就要发生一次。受黄河泛滥的影响黄泛平原内水系紊乱，排水不畅，每至汛期便内涝成灾。又如菏泽地区在 1949 年以前的 3000 多年间，波及境内的黄河改道 12 次，决口 164 次，明代以来的 614 年间，发生内涝的年份有 224 年，城市都屡遭洪水围困，其中曹县、成武多次因水淹毁城而重建。俞孔坚，张蕾.黄泛平原古城镇洪涝经验及其适应性景观 [J]. 城市规划学刊，2007（5）：85-91。

黄河泛滥波及的区域在今河南东部、山东西部、江苏北部和安徽北部地区，而尤以河南东部的商丘诸古城为主要研究对象。

（一）黄泛洪涝沙灾与"城摞城"的形成

黄河频繁决溢、泛滥与改道，对古城的直接影响就是造成了洪灾、沙灾与涝灾，其中沙灾造成的最严重后果就是摧毁城市。如果护城堤或是城墙决口，洪水灌城的情况就会发生，其结果就是黄河携带的泥沙淤积在城内，一次大洪水后的泥沙淤积可达数米之深，城市被深埋在地下，从而形成了黄泛平原古城的这种地上地下"城摞城"的结构。这也可以说是黄河泛滥与泥沙沉积的自然过程中形成的独特地域景观，其中这种"城摞城"的景观尤以商丘古城和开封城为最。

开封是我国的七大古都之一。作为黄河沿岸的重要城市，黄河洪灾曾多次袭击开封城，也饱受洪水之灾[1]。包括决堤在内，开封历史上有八次洪水灌城[2]。洪水退却之后泥沙的淤积形成了开封的"城摞城"现象，开封古城的叠压层次之多、规模之大也是国内罕见的（图3-1-1至图3-1-3）。通过前章梳理了商丘三座古城的变迁历程，商丘"城摞城"的形成也是黄河沙灾造成的。但是从另一个角度来看，沙灾掩埋了古城，却完整保留下了珍贵的历史遗迹。但是与开封的"城摞城"有所不同，商丘在经历了"城摞城"的沙灾冲击之后，开始探索适应生存的防洪方式，"水上城"就是在此时应运而生的。

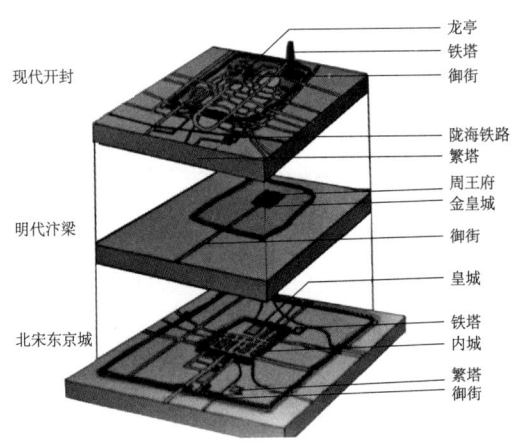

图3-1-1　开封历代地层剖面模型

（资料来源：开封市博物馆）

[1]　开封在公元1180—1944年的近800年间，境内黄河决口70余次，开封城曾遭水淹6次、洪水围城15次。李桂和，顾家磉.开封市城市防洪的历史、现状、问题及对策[J].水利规划与设计，1995（3）：44-47.
[2]　特别是1305年黄河决口，把开封城淹没迨尽。1642年为退李自成农民军，明军掘黄河堤，水灌开封城，高大的开封城墙几近淤平，只露出城垛及女儿墙。吴庆洲.中国古城防洪研究[M].北京：中国建筑工业出版社，2009：332.

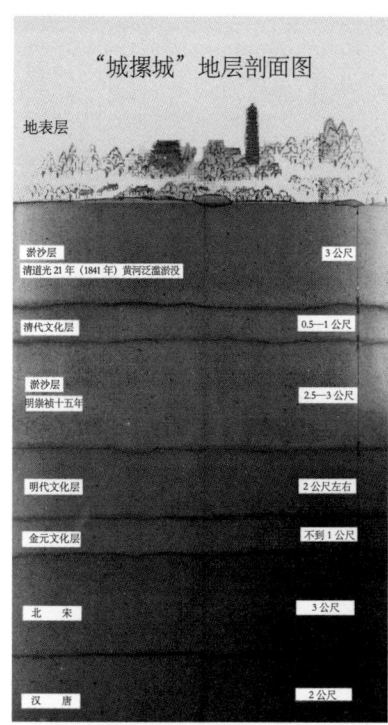

图3-1-2　开封"城摞城"地层
剖面图
（资料来源：开封市博物馆）

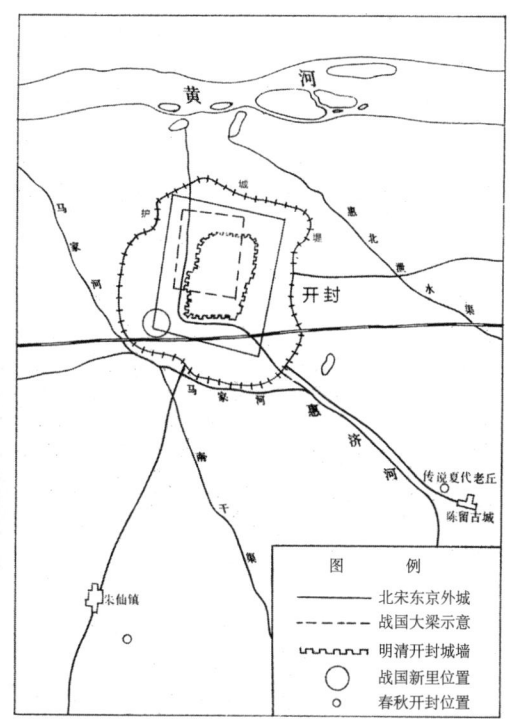

图3-1-3　开封历代城址变迁示意图
（资料来源：吴庆洲. 中国古城防洪研究 [M].
北京：中国建筑工业出版社，2009：332）

（二）防洪御灾体系与"水上城"的形成

面对黄河带来的灾害，古人在与其抗争与适应的过程中，形成了应对灾害的方法。黄泛区的古城普遍修筑具有防洪功能的城墙和护城堤以构成双层防护，也由此促成了"城市小盆地"的形成。为了避免由此造成的涝灾，又开始通过开挖蓄涝坑塘、取土垫城、提高城市地坪标高来整理地形，从而形成在城市内部与周边分布有面积较大的坑塘湿地。正是由于这一系列的防洪御灾经验以及应对这些灾害的治水实践，造就了黄泛平原众多的"水城"[1]（图 3-1-4），其中比较著名的有商丘（图 3-1-5）、睢县、聊城、菏

---

[1] 当城内隙地较多或城墙外没有护城堤的保护时，坑塘水面主要位于城内，形成"城包水"的水城景观；当城外有护城堤，城内建设用地又较为紧张时，坑塘水面主要位于城墙和护城堤之间，形成"水包城"的水城景观，其水面多是以护城河为基础，逐年扩大，最后在城与堤之间形成连绵一体的大湖；当"城市小盆地"的地形发展到较为严重的程度，一旦某次突发的洪水造成护城堤、城墙决口，城市就可能整体淹没于水中，成为大湖，新城往往在城外高地另建，便有"阴阳城"的水城景观。俞孔坚，张蕾. 黄泛平原适应性"水城"景观及其保护和建设途径 [J]. 水利学报，2008（6）：688-696。

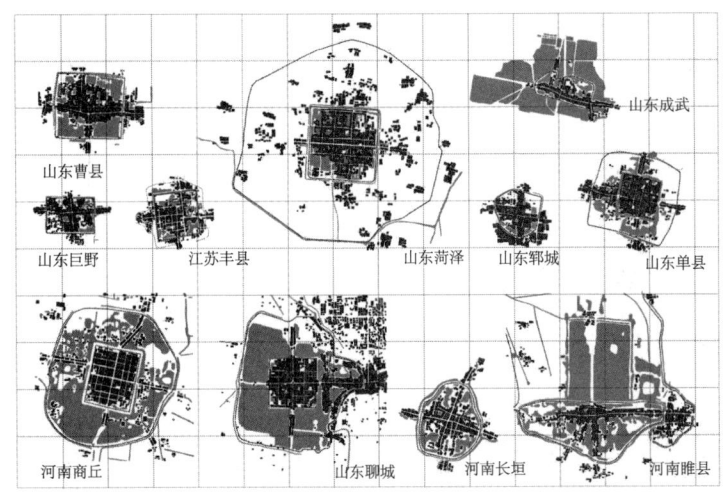

图3-1-4　黄泛平原古城的"水城"景观

（资料来源：引自：张蕾. 黄泛平原古城洪涝灾害经验与适应性景观——以明清归德府七城
为例 [D]. 北京：北京大学，2008：1）

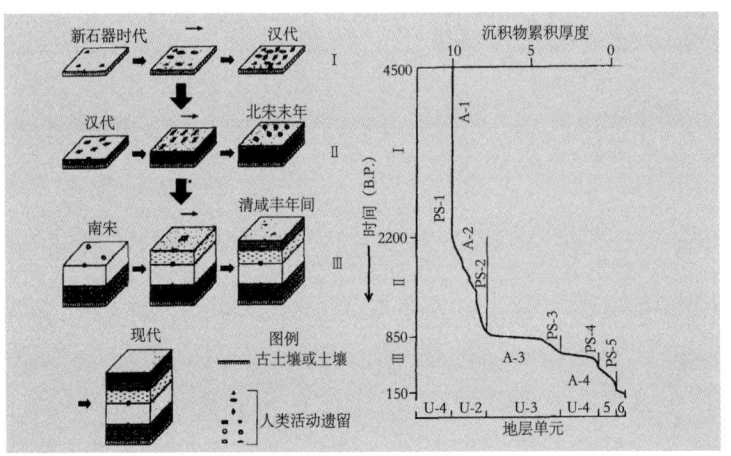

图3-1-5　商丘地区全新世地层发展及地貌演变的三阶段模式

（资料来源：荆志淳，George（Rip）Rapp, Jr，高天麟. 河南商丘全新世地貌演变及其对
史前和早期历史考古遗址的影响 [J]. 考古，1997（5）：78）

泽等[1]，也就是本章讨论的"水上城"。

二、洪灾对商丘地貌的影响

　　商丘地区古城自南宋以降始终处于黄泛影响的核心区（图 3-1-6）。商

---

[1]　如聊城市政府 2002 年提出打造"江北水城"品牌，2004 年获批的城市总体规划中将
城市性质定为"中国江北水城"，菏泽在城市总体规划中提出"花城水邑"为城市特色，
其他如开封提出的"北方水城"、睢县的"中原水城"，以及商丘、淮阳等也在城市
对外宣传中提出了类似的"水城"概念。俞孔坚，张蕾. 黄泛平原适应性"水城"景
观及其保护和建设途径 [J]. 水利学报，2008（6）：688-696。

丘地区古城较少受惠于历代王朝治河筑堤工程[1]。明嘉靖后期以后商丘地区黄河河患有所减轻，商丘、虞城、夏邑、睢县、宁陵受黄泛冲击比较严重，柘城、鹿邑、永城次之[2]。河道长期在商丘的迁徙，对商丘的自然地理面貌和社会经济生活产生了巨大的影响[3]。

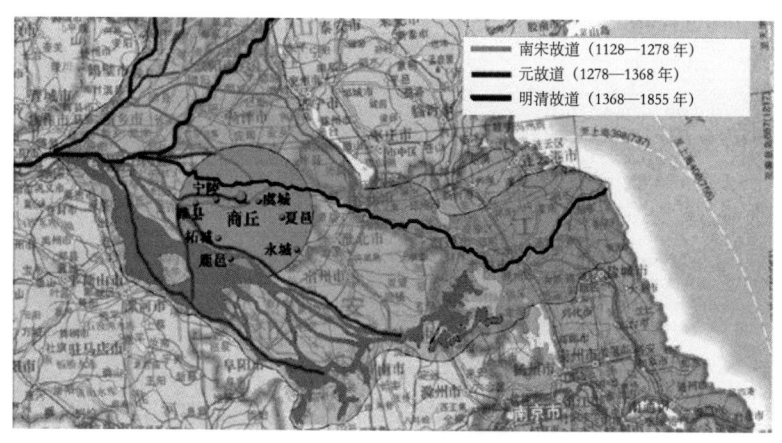

图3-1-6　黄河在商丘变迁图
（资料来源：据陈曦. 河南商丘地区古城洪涝适应性景观研究 [D].
北京：北京大学，2008：2 图改绘）

（一）隋唐大运河对商丘地貌的影响

由上章可知，阏伯台选址于古睢水之北岸，事实也屡次证明商丘历代先民均受益于此。商丘的稳定地貌状态在隋唐大运河的修筑之后，开始起变化。运河东西贯穿商丘整个地区，以古睢水的河道为主。隋唐至北宋，运河携带黄河的大量泥沙淤积，使河道日渐抬高[4]。事实上，大运河河道将商丘地

---

[1]　纵观明清两代的治黄政策，始终重北轻南。虽然明代后期治河活动大为增加，工役接连不断，出现了刘天和、万恭、潘季训等著名治河专家，但为保证黄河北岸大运河的畅通，治河始终以"保漕"为最高目标，实行北岸筑堤、南岸分疏的政策。弘治年间刘大夏治河，修了一道从武陟至虞城、沛县数百里长的太行堤，就是防止黄河北决影响漕运，南岸则不筑堤，也不堵口。而南宋以降的大部分时间里，商丘地区古城都处于黄河正道南岸，无法得到河堤庇护，深受黄泛之害。引自陈曦. 河南商丘地区古城洪涝适应性景观研究 [D]. 北京：北京大学，2008：11-12 观点。

[2]　陈曦. 河南商丘地区古城洪涝适应性景观研究 [D]. 北京：北京大学，2008：11-12.

[3]　不仅给商丘人民的生命财产带来沉重的灾难，而且加重了商丘人民的劳役负担，黄河成为商丘的大害；黄河的决溢、改道不仅给商丘人民带来严重的沙灾，而且留下了大片盐碱地；最后，黄河的决堤、改道还淤浅了天然河道，填平了原来的湖泊，湮没了丘冈，也抬高了平地，形成商丘现在的样子。李东坡，李可东. 黄河在商丘的迁徙及其影响 [J]. 商丘职业技术学院学报，2004（4）：69-71.

[4]　商丘地区隋唐大运河（汴渠）为通济渠段，建于隋大业元年（605年），南宋以后逐渐淤废，但遗址尚存，1950年代仍可见高于地表5米左右。根据商丘地区的考古挖掘成果，汴堤南北两侧黄泛淤积的泥沙厚度相差悬殊，汴堤北侧归德古城地区黄泛淤积深度达8—11米。而近期挖掘的商丘县位于汴堤南侧的一明代墓距地表仅1米，根据其他考古挖掘成果来看，柘城、鹿邑一带黄泛淤积深度只有1—3米左右。此证据转引自陈曦. 河南商丘地区古城洪涝适应性景观研究 [D]. 北京：北京大学，2008:13。

区分为南北两部分。当黄河在南宋之后持续流经商丘，这种分界造成的地貌特色开始真正表现出来。商丘地区大部分古城均位于运河北岸、黄河南岸，造成夹在两河道之间的被动局面（图3-1-7），均有频繁迁城的历史。

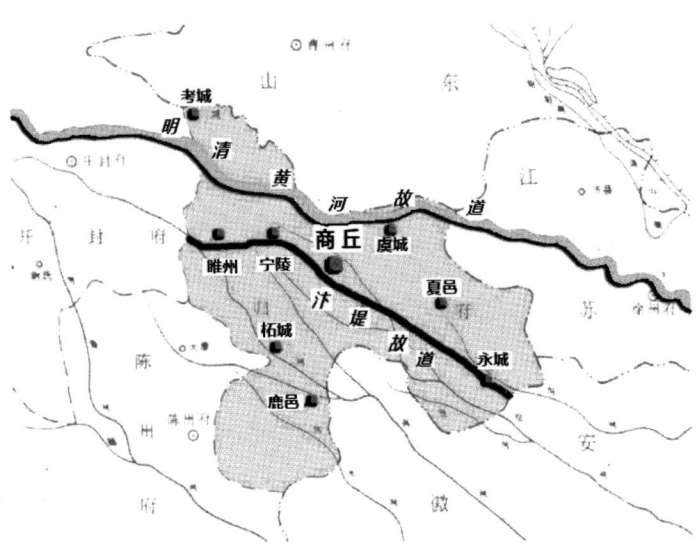

图3-1-7　隋唐运河故道与黄河故道河南商丘段位置走向图

（二）黄河的影响

黄河对商丘的影响，仔细探究会发现：最早应起源于隋唐大运河的修建。大运河修建之前，商丘境内的几条大河，如睢水、涣水、涡水均为穿越境内的季节性河流，向南汇入淮河。公元605年，隋唐大运河占用了境内睢水的大部分河道，引黄河水济运。其中黄河水量的1/3经运河而行，从实质上讲，可称其为黄河南流的分支。因此，黄河南流从隋代已经开始。如果从其泥沙淤积的角度来看，冲积的影响要比通常认为的提早500多年。作为运河的性质，河道维护管理工作精准严格，作为后期黄河泛滥决口之类的灾害发生甚少。但河道逐渐成为悬河确是不争的事实，北宋对此有此论述。在商丘考古勘查中，也看到了河道淤积及悬河的证据。在这个新的认识之下，再来看看商丘当时的状况。黄河自1195年改道南流之前，隋唐大运河形成的汴堤已经成为横跨商丘东西全境的一条悬河高堤，这是境内第一次地貌大变迁。位于汴堤北岸的睢州、宁陵、商丘、虞城、夏邑、永城与南岸的鹿邑、柘城形成两种不同区域空间。由于汴堤的存在，黄河后期南流分支流经商丘时，有不同的泛道，其中睢州、柘城、鹿邑一线，会汇涡水入淮，涡水位于汴堤南岸，而其他泛道的形成，均在汴堤北岸。1195年起，黄河主流经商丘、虞城、徐州一线汇泗入淮，此主流一直到1858年黄河北流都存在。由图3-1-7可知，商丘处于两条悬河形成的谷地中。由于明代一直的保漕主张，黄河主流一直是威胁商丘的大敌，随时会决口，会开挖分流。

此后700多年，黄河成为影响商丘地区最大的自然环境问题。在明代，黄河分流入淮经过商丘的几乎所有州县。由图3-1-8可知，由涡河入淮，流经睢州、柘城、鹿邑为一支，流经宁陵、商丘为一支；贾鲁故道则流经睢州、宁陵、商丘、虞城；还有经夏邑、永城沿睢河入宿迁小河口等。由于河道变换频繁，整个商丘地区的自然地貌产生巨大变化，同时也给治河带来很大的局限。这种弊端无法克服，但是也成为商丘人们面对自然灾害表现聪明才智的机遇。

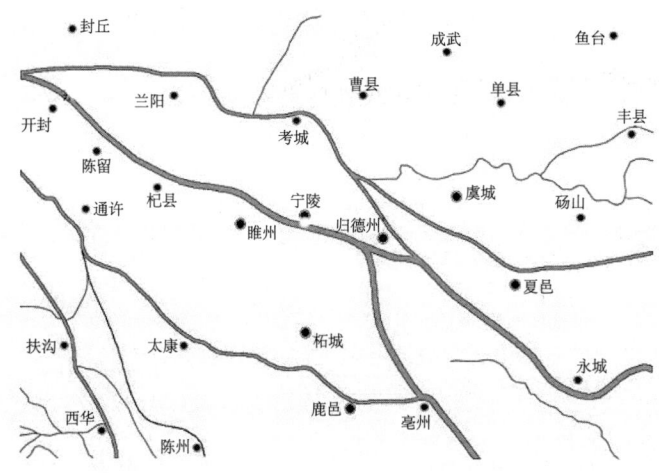

图3-1-8　明弘治年间黄河流路略图

（资料来源：张蕾.黄泛平原古城洪涝灾害经验与适应性景观——以明清归德府七城为例[D].北京：北京大学，2008：17）

三、诸古城对洪涝灾害问题的应对

（一）诸古城面临的洪涝灾害问题

1. 频繁迁城

自然地貌的改变对于商丘诸城市的影响是显著的。由于黄河洪水携带大量泥沙，700年间的黄河南泛普遍在归德府地区造成了以"北厚南薄"为特征的2—11米的黄泛堆积物，决定性地改变了区域地表的地貌特征。古城迭经黄水冲袭之后，"城市小盆地"地形[1]越加明显，抵御洪灾的能

---

[1]　在最初城址选择的过程中，新城地势往往相对高爽。而黄河泛滥所携带的泥沙在城市护城堤和城墙外淤积，堤外和城外的地坪不断提高，城区范围内的微地形发生改变，逐渐形成了外高内低的"城市小盆地"。对于这种外高内低的微地形，方志中多有记载。如康熙《睢州志》城池卷记载，"大抵州城卑下，堤外之地高于城内，不下数丈"；"县城外原有海濠，先年黄河淤塞势反，高于城中，以故濠水常涸，城势愈卑，险不足防，难以捍卫"；清光绪《虞城县志》记载，"自明嘉靖中迁新城以来，数警洪波，今护城堤外高淤内者倍三"；清康熙《夏邑县志》记载，"大河每河决则增淤久之，外愈高内愈下"。

力也越弱,最终在黄水冲决毁城之后,另择高址重建新城。商丘地区古城城址的迁移中,很多都印证了这种沧海桑田的演替过程(图3-1-9)。如,明弘治十五年(1502年),黄河决入归德城,旧城从此设;嘉靖九年(1530年)七月十二日,黄河在虞城贾家坝决口,虞城深淤地下;崇祯十五年(1642年)九月十五日,明河南巡抚高名衡决黄河于开封朱家寨、马家口,狂流直下东南,睢州新旧两城均被洪水淹没,而旧城遂废弃成湖。从图3-1-10可知,在明代嘉靖之前,黄河"北堵南分"时期,商丘地区经历了频繁的迁城运动。

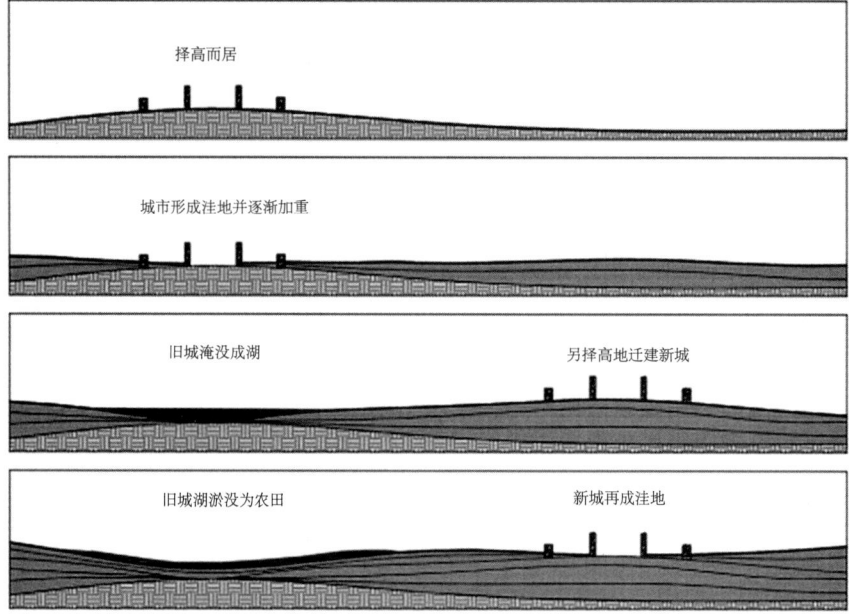

图3-1-9　微地形改变示意图

(资料来源:张蕾. 黄泛平原古城洪涝灾害经验与适应性景观——以明清归德府七城为例[D].
北京:北京大学,2008:18)

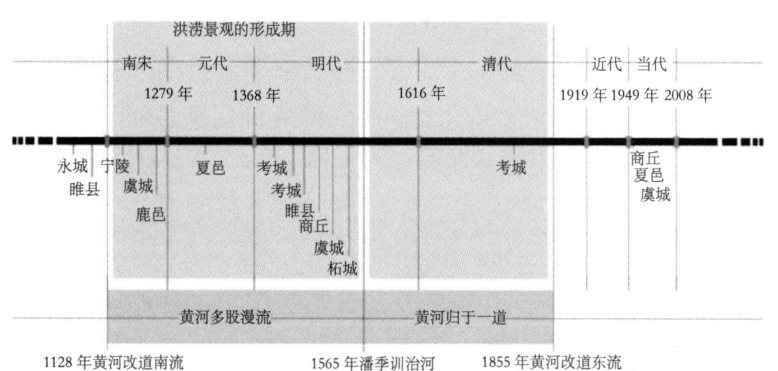

图3-1-10　商丘古城城址迁移年代示意图

(资料来源:陈曦. 河南商丘地区古城洪涝适应性景观研究[D].
北京:北京大学,2008:17)

2. 城市洼地形成

迁城的同时，修筑护城堤和城墙成为古城防洪的重要措施。但是护城堤和城墙虽然将洪水堵截在堤外和城外，同时也将淤积的泥沙也挡在城外，就这样堤外渐渐高于堤内，而堤内又高于城内，城市洼地就自然形成了。这种城市洼地成为黄泛区古城的基本模式。

3. 城市积水问题日渐严重

由于城内地势偏低，城内地表径流无法自流外排，地面积水就形成了。降雨和蒸发是积水主要的补给和排泄途径，在黄泛区古城，洪水也是积水的重要来源。由于缺少排水机械，最常用的疏沟排水，不仅工程量大，而且效果并不能持久，再加上黄泛区周边排涝水系本身的不健全，这些因素都限制了积水利用地表外排。由于区域蒸发量大于降雨量，古城内积水的水量、水位随气候和降雨变化也呈周期性变化，造成"潦则水，旱则涸"的局面。

4. 内涝对城市造成长期、持续性的恶性影响

城内长期滞留且缺乏流动的地表积水，直接造成地下水位升高、土壤盐碱化以及水质恶化等综合问题，同时也破坏了城市的建筑及构筑物，居住环境恶化更为严重。如果遇到连续降雨、特大暴雨，以及洪水灌城的不可抗拒外因，这种内涝灾害就会呈现长期、持续性的特征。

（二）地方性的古城蓄涝排涝基础设施体系

黄河泛滥形成的水灾和沙灾，除了使商丘地区古城城址发生迁移并改变了城区范围内的微地形外，伴随着城市洼地内地形的变化，地面积水的排蓄也逐渐形成比较有序的系统，包括以建成区地形、一系列排水设施构成的排水系统，以城濠等坑塘洼地构成的积水调蓄系统。这是古代先民们在漫长的治水实践中不断总结经验，建设的一套完整的防洪、蓄涝、排涝基础设施体系。

1. 防洪基础设施（障水系统）

河堤、护城堤（重堤、月堤）、城墙是商丘地区古城抵御洪水的三重基础设施。其中，河堤、城墙是中国古代滨河城市防洪的普遍性措施[1]，而护城堤以及重堤、月堤等护城堤的变体则是华北地区滨河城市独特的防洪基础设施[2]。

2. 积水调蓄系统

雨涝灾害是商丘地区自古至今影响最为深重的自然灾害之一。位于护城堤和城墙以内的洼地构成了古城的积水调蓄系统，由于有这些湿地水体

85

[1] 吴庆洲.中国古代城市防洪研究 [M].北京：中国建筑工业出版社，2009：485-531.
[2] 章生道.城治的形态与结构研究 [A].[美] 施坚雅主编，叶光庭等译，陈桥驿校.中华帝国晚期的城市 [C].北京：中华书局，2000：84-111.

容蓄洪涝，处于洼地内的城市建筑、道路、街区才得以免除水涝浸泡之灾。其中城濠以及一些最低洼的洼地是积水的主要蓄留地之一，其他是位于城内建成区边缘、城堤之间由于周边地面提升而形成的洼地，以及旧城废弃形成的旧城湖等。这些能够容纳积水的洼地面积通常较大，蓄涝能力大，因此很少再对其进行疏浚，积水蓄留其中，可通过蒸发和下渗逐渐消纳。

3. 排涝基础设施

古城内排水系统由地面坡度、路面和路边明沟、较大的排水沟渠以及向城外排水的水门构成。主要将城内积水排向护城堤外的自然河流的涵洞及引水沟、引河、支沟等沟渠；虽有沟渠，有时也要借助水车，通过人工汲水，将涝水压出地势卑下的城区。如《睢州志》中记载，"嘉靖三年署州印见城中积水，浸民庐舍，作水车二百余辆，身亲督工撤水。"需要说明的是，城市积水继续向外围的下游河道排泄在历史上并不是经常能够实现的，其大多只是作为一种应对严重洪涝灾害的临时性措施，在大多数时期，古城内的水体与外部水系并不相通，城内排水的最终归宿主要是各种洼地构成的积水调蓄系统。

这个过程，在清顺治《虞城县志》中记载最为详细。明嘉靖间虞城训导王尚贤在其《虞城河患述闻说》中提出了治理城市内涝的综合途径。建议"为今之计，盖欲于堤外堧余开地立隼，又阔开丈深，……则关外陂地足以容城内之水，而堤外濠足以消关内之水，……况堤外周围环以水，非惟可以弥水患，而适有他变亦以制兵患，一举两得"。系统地将垫高城内地面、组织排水、疏浚坑塘容蓄涝水以及军事防御整合在一起。"民居两旁，仍令开浚小沟以通暴水，……水门……使通诸水之会。更循沟洫故道，以通诸坑小水，总归水门。则关外陂地足以容城内之水，而堤外濠足以消关

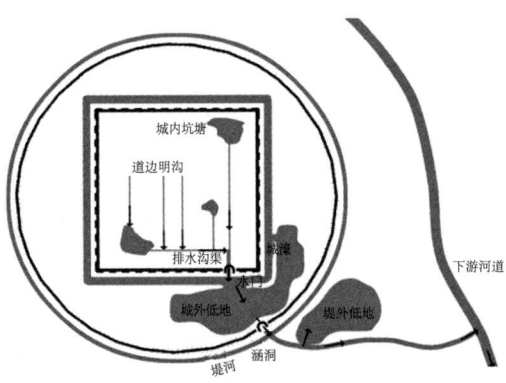

图3-1-11　明嘉靖时虞城县训导王尚贤设想的排水模式

（资料来源：张蕾. 黄泛平原古城洪涝灾害经验与适应性景观——以明清归德府七城为例 [D].

北京：北京大学，2008：115）

内之水，仍访旧河冲激故道，因而开导之，又足以散众水之奔流矣夫"。基本勾画了古城排水系统的各个组成部分，规划了一套由道路边沟、排水沟渠、城内坑塘、水门、城外坑塘、城濠、堤河以及下游河道构成的完整的排水体系(图3-1-11)。

商丘地区古城的防洪蓄涝排涝体系，是在不断面对并解决对外以御洪灾、对内以排潦涝的现实问题的过程中逐步形成的。

第二节　商丘古城防洪体系的营建特色

一、府城三位一体的外部空间结构的形成

从图3-2-1来看现代的商丘古城,砖城呈方形,护城湖和外城郭(护城堤)呈圆形,此即外圆内方。城墙、城湖、城堤三位一体,易守难攻,是一座完美体现古代城市防御功能的城池。但是,这样的城池形态不是初建时就规划好的,它是在不断与环境相适应的过程中逐步形成的。明弘治十五年(1502年),旧城被黄河淹没。弘治十六年(1503年),在原城北修筑新城(即现存归德府城)。新城由城池与城壕组成。直至嘉靖十九年(1540年),为防水患,筑环形城堤,方形城池、城湖、圆形护城堤三位一体格局最终形成。

(一)方形城池的逐渐完善

明弘治十五年(1502年),旧城被黄河淹没,新城池营建分为两个时期。

1.新城初建时期(1502—1513年)

主要工程是土城墙和四座瓮城及两座内门楼,正式迁入新城是正德六年(1511年)。正德八年(1513年),知州刘信建四门外楼(即瓮城)四座,及东、南门内楼两座,其在西、北者尚缺[1]。

分析以上这个信息。新城初建,两任知州主持修筑前后达八年时间,可见新城工程量之大及基础工程的扎实程度。从两个事件的背景也可以看出当时筑城时的实际状况。据康熙《商丘县志》记载,第一个背景,正德六年的盗寇袭城事件:"六年冬十月,文安盗刘六、刘七等寇归德。时郡城新造,尚未竣事。广(万广,卫指挥使)以调防协守,独当西南残缺处。已而,贼众

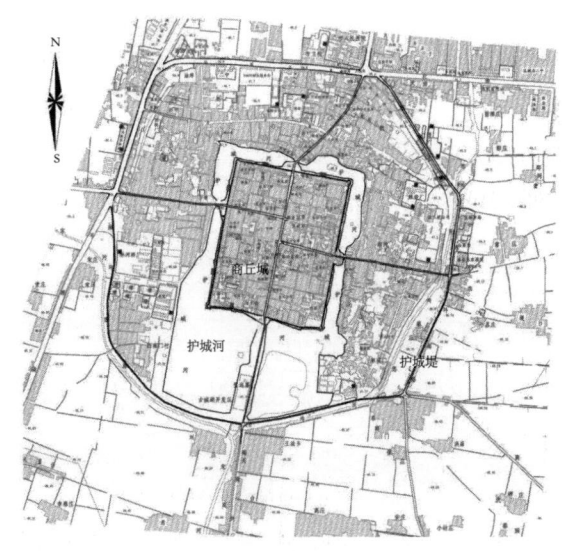

图3-2-1　当代商丘古城布局图
(资料来源:根据商丘市规划局底图绘制)

87

---

[1]　弘治十六年(1503年),知州杨泰主持在原城北修筑新城(即现存归德府城),周冕继之,历时八年土城墙修筑完成。城围七里二分五厘,共一千三百四丈二尺五寸,高二丈,顶阔二丈,址阔三丈。据康熙《商丘县志》卷1《城池》及乾隆《归德府志》卷11《建置略上》整理。

果由此攻，广屹然不少动。命子万三卒精骑驰击。斩首数十级，贼去。俄而，西北失守，贼已登陂（女墙）。广复力战拒之，城得以完。全活数万人"。当时商丘地区非涝即旱，天灾频繁，民众的生存成为严重的现实问题，这次事件也是农民斗争的开始。另一个事件，是讲到知州刘信："刘信，正德中任知州。时新城甫完，庶绩草创，信经划周详，尝建门楼六座，及庙宫、学宫百余间，称巨丽，而民不知费。事至剖决如流，暇则与诸生讲业。士民感之……"。由记载可知，刘信是个营城的好官吏，做事规划有度，分轻重缓急，还考虑到费用。修建四个瓮城是当时城建首要之事，有军事防御之意，也有防洪之意。而对于城门内门楼的修筑，显示出了不同程度的重要性，暗示了东门和南门在当时是入城的要道（图3-2-2）。

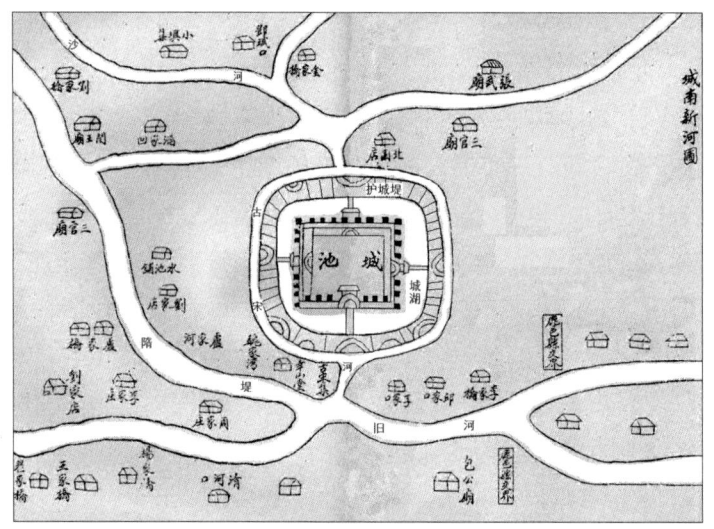

图3-2-2　明清归德府城外部布局示意图
（资料来源：康熙四十四年《商丘县志》卷首《新河图》）

2. 军事防御对城池的加固完善时期（1555—1558 年）

嘉靖三十二年（1553 年）七月二十六日，师尚诏发动了豫、皖、鲁"三省为之震动"的农民起义。起义第一步，就攻打了豫东重镇归德府并转战波及了三州十六县。虽然以失败告终，但其社会影响广泛。之后，各地对城池建设开始加强。归德府也是鉴于这样的背景，于嘉靖三十四年（1555 年）至嘉靖三十七年（1558 年）这四年间，增置了用于军事防御的城池设施，如角楼、敌台、警铺、城门包砖及水门等[1]。

---

[1] 嘉靖三十四年（1555 年），知府王有为修筑西门和北门内楼二座，同时又增置角楼 4 座、敌台 13 个、警铺 32 个。嘉靖三十七年（1558 年），知府陈学夔又在巡抚都御史章焕的要求下包砖城门 4 座：东宾阳、西垤泽、南拱阳、北拱辰。后知府王范和指挥梅旻分别在南门东西两侧各建一个水门。康熙商丘县志，卷1，城池。

（二）外部之圆形护城堤的修筑及城湖的形成

1. 护城堤的不断改进

护城堤又称外城。归德府城的圆形护城堤是怎样形成的？旧城有无护城堤？护城堤又是什么样的形状呢？

新城护城堤的建设经历了两次改进。嘉靖《归德志》[1]对旧城有这样的描述："旧城址围一十二里二百六十步，外统以堤。"说明初建时有城堤但并没有讲明堤的形状。"池距城丈余。取土筑城因而成池，阔九丈二尺，深一丈三尺。今阔五丈二尺，深二丈。潦则水，旱则涸。"城濠也是同时营建的。据嘉靖《归德志》记载，邑人李嵩《护城堤记》[2]描述，"城故有护堤，然庳薄，环隍而近，久之坏为田。"据这些记载对初期的城堤作出一些推测：商丘新城正德六年筑城时，仅于挖濠之时草筑濠堤一道作为护城堤，在嘉靖十五年至十九年的水患中，没有发挥多少防洪功效，以致洪水流绕城下，城内积水不能外出，"溺凡五年"，期间甚至再度议迁城。

第二次建设，源于一系列洪水[3]逼于古城下。鉴于此种局面，水退后的嘉靖十九年（1540年），有真正抵挡洪水入城的圆形护城堤建成[4]。城堤距城一里许，围一十六里，阔二丈，址阔六丈一尺。堤河距堤丈余，深阔不等，体现其强大的防洪功能。

2. 城湖的形成

城湖的最终形成经历了两个阶段：第一个阶段是新建城墙及城壕时同时开挖的护城河在旧城址淹没后部分沦陷为南湖；第二个阶段是由于频繁的水患和堤内取土建城的缘故而导致南湖逐年扩大。可见，商丘的城湖是黄泛平原这种特殊地理环境的产物。城湖的扩大同时也成为古城的天然屏障，更带来了城市军事防御的便利。

3. 三位一体的城池防御形态

归德府城城墙、城湖、城堤三位一体的完整格局于嘉靖十九年（1540年）最终形成。在圆形城堤和城湖之间，分布有普通百姓的居住区；面积巨大的城湖属于缓冲区，处于外城与内城之间；城墙属于内城，是行政、文化和经济的中心。由明清时期的城池外部布局图可以看到，归德府城外圆内

---

[1]　嘉靖归德志，卷2，建置志·城池.

[2]　商丘县志编纂委员会.（清康熙四十四年）商丘县志 [M]. 北京：生活·读书·新知三联书店，1991：503.

[3]　据(清康熙四十四年)商丘县志记载的三次重大水灾：嘉靖九年(1530年)，七月十二日，河水决（虞城）西北贾家坝大堤，城立陷。十年迁今城，在旧城东北三里。自后，虞城水害频仍，鲜有宁岁云。永城同时被淹，县城屋舍倒塌几尽。嘉靖十三年(1534年)，黄河决兰封（今河南兰考县）赵岩村，归德、睢州、夏邑、永城尽淹。嘉靖十六年(1537年)夏六月，河决，泛滥于城（宋城）下，至十九年冬地面始涸。

[4]　护城堤由巡抚都御史魏有本檄知州李应奎筑，邑人李嵩有详细的记载。商丘县志编纂委员会.（清康熙四十四年）商丘县志 [M]. 北京：生活·读书·新知三联书店，1991：503。

方三位一体的坐落布局，不仅与外部环境形成和谐一体，也构成了一个完整意义上的古城防御构架。

二、归德府城的防洪营建历史

明归德府城是伴随着黄河的变迁而成长、发展的，特别是近 700 年黄河流经商丘的这段时期。归德府城的营建历史，其实也是一部典型的古城防洪御灾的历史（表 3-2-1）。今拟从黄泛背景下古城防洪营建的角度来对归德府城的发展做一梳理。

商丘城古代城市水患一览表　　　　　　　表3-2-1

序号	朝代	年份	水患情况	资料来源
1	北宋	太平兴国四年（979 年）	八月，河决宋城县，以本州诸县人夫三千五百人塞之	宋史·河渠志
2		淳化二年（991 年）	六月，汴水决宋城县，发近县丁夫役二千人塞之	金史·河渠志
3	金	大定二十年（1180 年）	河决卫州及延津东埽，弥漫至于归德府，归德、宁陵等处	金史·河渠志
4	元	至元三年（1264 年）	春，黄河桃汛大溢，归德府境内田舍漂没无数。六月，归德府河水泛滥。次年霪雨百日，平地行舟	元史·五行志
5		皇庆元年（1312 年）	五月，归德睢阳县（今商丘）河溢	元史·五行志
6		延祐元年（1314 年）	八月，汴梁路睢州东诸处，决破河口数十，宁陵、归德居民被灾甚	元史·五行志
7		至正四年（1344 年）	五月，霪雨兼旬，黄河暴溢，北决荥泽白茅堤，归德受灾严重，平地水深二丈许。六月，金堤溃决，归德府、宁陵、睢州，归德府亳州之鹿邑皆受灾	元史·五行志
8	明	弘治十五年（1502 年）	六月，黄河决口，河水入城（宋城），公私廨舍，荡然无存。旧城从此没。	明史·地理志
9		嘉靖十六年（1537 年）	夏六月，河决，泛滥于城（宋城）下，至十九年冬地面始涸	康熙商丘县志卷之三，灾祥
10		嘉靖二十九年（1550 年）	（商丘县）河决，支流四出，平地皆水	康熙商丘县志卷之三，灾祥
11		嘉靖三十九年（1560 年）	（商丘县）黄河决口，大水，舟船划行于树梢之上，平野尽成泽国。是年，黄河北徙	康熙商丘县志卷之三，灾祥
12		万历三十二年（1604 年）	商丘县河溢	康熙商丘县志卷之三，灾祥
13		万历四十四年（1616 年）	夏，黄河决开封陶口，淹归德、睢州	明史·地理志

续表

序号	朝代	年份	水患情况	资料来源
14		康熙三十九年（1700 年）	归德大水。三十九年至四十三年间，除四十一年外，全境皆受大水灾。府城南一片汪洋，平地行舟	康熙商丘县志卷之三，灾祥
15		康熙四十年（1701 年）	归德复大水。城南一望汪洋，涡河百斛之舟，直达郡城	康熙商丘县志卷之三，灾祥
16	清	乾隆四年（1739 年）	大水。豫省于本年六月十二、十三、十六(7月17、18、21 日）等日大雨如注，昼夜不息，山水骤发，平地水深三四五尺不等，官署、城垣、仓库、监狱、墩台、营房、桥梁、堤岸、坛庙、驿号倒塌，而居民房屋倒塌益多，……被水处所共四十三州县，受灾既广……	清代黄河流域洪涝档案史料，北京：中华书局，1993：150

资料来源：据表中资料来源的史料整理自绘。

（一）迁城及选址

嘉靖《归德志》[1] 对旧城有这样的描述：

旧城址围一十二里二百六十步，外统以堤，唐贼将尹子奇围睢阳城，张巡许远以死守之，即是城也。宋元为都为府规制亮皆因之。国朝洪武初有司议以城阔民少裁其四分之一，指挥张晟等重筑周围九里三百一十步，高二丈五尺，广一丈五尺。弘治十五年（1502 年）壬戌圮于水，西南二面尚存其址，正德六年抚按会奏准迁徙城北高地，大率尚在古城之中也。州七分卫三分守之。

从明初到迁城的 143 年间，旧城究竟经历了怎样的变化，导致城最终淹没为城湖？商丘水淹的直接原因是什么？

弘治二年（1489 年）夏五月，河决开封、归德，大水东趋直下徐州，合泗水入淮。命户部侍郎白昂总理其事，朝廷命江南（今江苏）武进士白昂为户部尚书，修治河道。经实地考察，白昂于次年正月上书朝廷，主张在南岸"宜疏浚以杀河势"，而"于北流所经七县，筑为堤岸，以卫张秋"，得到批准。于是在娄性的协助下，"役夫二十五万，筑阳武长堤，以防张秋。引中牟决河出荥泽阳桥以达淮，浚宿州古汴河以入泗，又浚睢河自归德饮马池，经符离桥至宿迁以会漕河，上筑长堤，下修减水闸。又疏月河十余以泄水，塞决口三十六，使河流入汴，汴入睢，睢入泗，泗入淮，以达海。水患稍宁"。

这次治理及 1493 年刘大夏的进一步治理，原淤积的隋唐大运河及睢河的部分河段经过重新疏浚，再次成为黄河南岸的分流河道之一。流经归

---

[1]　嘉靖归德志，卷 2，建置志・城池.

德府城的南边，而黄河正流在府城的北边，使归德府城位于两分流之间。弘治十一年（1498年），河决归德州小坝子等处，又决夏邑县北，流经永城之大丘、茴村，迳萧县入徐州界。弘治十三年（1500年），河忽自夏邑大丘、回村等集冲数口，转向东北，流经萧县，下徐州小浮桥。弘治十五年（1502年）六月，黄河决口，河水入城（宋城），公私廨舍，荡然无存，旧城从此没。正德六年（1511年）重筑，乃徙而北之，今南门即北门故址也。知州杨泰修，周冕继之，始克竣事。

由上可知，商丘毁于弘治十五年（1502年）洪水，但是之前旧城址低洼积水内涝的情况已经非常严重，而洪水灌城则直接造成不可挽回的局面。据县志记载，商丘旧城淹没之后，官民暂时避于旧城的北关和南关地带，"正德六年抚按会奏准迁徙城北高地"，并经过9年的不断建设，使旧城终被废弃，迁于新城。从古城如今的实际地形来看，所迁的"城北高地"，只是城外被黄泛淤积而形成的相对高地。从必须迁城的前提下，不论什么类型的迁城，就近迁徙是重要的原则，商丘新城就是贴旧城而建。尽管如此，城址所依托的原始地形仍然对城市内部格局有重要影响。

（二）城内龟背地形的营建

商丘古城的龟背形地面，主要表现在整个地面北高南低、中心高于边隅。位于城市中心的大隅首最高，以大隅首为中心，其他街巷沿主街向四外缓坡逐渐降低。根据1990年代的高程数据，城内地面标高大隅首为52.3米，北门50.7米，东门50.6米，西门50.0米，南门47.8米[1]。新城自建城后，从有记载的水患看，未发生洪水入城的情况，城内地形的改变主要包括为应对内涝问题而有意地垫高地面，以及城市建设本身反复进行、毁旧立新的过程中造成的地面堆积。古城以大隅首为城市核心地带，重要公共建筑如县治、儒学、文庙等均分布在这一区域，并且以居于北部为多。在垫高建成区的同时，利用重力的地面排水的坡度组织也随之形成，同时古城内四角也出现洼地。这种洼地的形成，一是由于龟背地形的原始营建，二是由于城市建设取土等人为因素，更多的洼地是由于周边地面因文化堆积过程提升而相对降低而形成，城内以蓄积洪涝为目的浚深洼地的情况较少。这种浚深洼地的自然行为与垫高城市地面的行为整合在一起，是龟背地形营建的重要特色。

---

[1] 高程数据根据20世纪90年代商丘县城1/10000地形图。从嘉靖志中的县城图看，城内街道、街坊满布全城，并无空地，嘉靖三十年前后还有展城之议，城内用地应相当紧凑，对比康熙年间、乾隆年间以及目前的商丘县城图，这种街道格局在各个时期未发生大的变化，基本上商丘城内一直被建成区全部覆盖。几百年间的建设活动，无数的建筑建而复毁、毁而复建，其中的垫基建房、平治洼地以及建筑垃圾的累积等都将在地表造成一定厚度的堆积物，使城内地面逐渐提高。

（三）积水排蓄系统的逐渐完善

龟背形地形使城内地面出现高差，不仅营造出利于排水的地面坡度，而且形成容纳积水的洼地。城内排水的组织十分有利，常规情况下的雨水均可沿各街巷的排水沟汇于四边马道街，再由水门以及城门排入外城濠。由于城墙的封闭，城内的雨涝就在洼地积聚，逐年演变成常年积水的坑塘。这些坑塘是对排水体系的重要补充，它可容纳雨水、污水乃至渠道引水的多余部分。古城在四个城角均有坑塘存在，以西南和东南处最大，现在只剩下城东南角的坑塘依然存在。

第三节　防洪经验及管理特点

一、防洪特色分析

中国古代城市防洪的措施很多，有其自身的技术特色[1]。接下来进一步考察商丘古城在防洪方面的经验与特色。

（一）城市规划选址上的防洪背景

1. 早期古城选择在河床稳定处傍水而建

据考古勘探，在宋城南发现古睢水河道，古睢水是商丘一直存在的当地较大的河流。据分析，河流北部的土壤层发现古土壤发育成熟，以之为基本媒介的稳定地面一直维持到汉代[2]。说明古时商丘的地貌稳定、河床固定、很少泛滥，其选址以依水而居为原则。

2. 选择地势稍高之处建城

据嘉靖《归德志》记载："（旧址）弘治十五年（1502 年）壬戌圮于水，……正德六年抚按会奏准迁徙城北高地。"由此可知，关于商丘古城的选址，是选择在旧城以北的高地，所迁的"城北高地"是城外被黄泛淤积而形成的相对高地。

3. 迁城以避水患

一般情况下，造成迁城的原因一是躲避洪水冲袭，二是由于内涝问题严重。而商丘古城城市地形严重低洼并且发生洪水灌城的灾害，可见迁城是必需的策略。就近迁徙是迁城的重要原则，商丘新城就是贴旧城而建。

93

[1] 可以归结为如下 7 个方面：①国土整治与流域治理；②城市规划；③建筑设计；④城墙的工程技术；⑤城市防洪设施的管理；⑥非工程性的措施；⑦抢险救灾及善后。吴庆洲. 中国古城防洪研究 [M]. 北京：中国建筑工业出版社，2009：486。

[2] 荆志淳，George（Rip）Rapp，Jr，高天麟. 河南商丘全新世地貌演变及其对史前和早期历史考古遗址的影响 [J]. 考古，1997（5）：68-84。

4.城内龟背地形的营造

城内地形的营建是解决城市积水产生内涝问题的关键。首先是垫高人类活动的建成区地面，营造有利于地面排水的坡度组织，另一个重要方面就是浚深若干低洼地带以收容雨潦。因为作为平原城市，地面高差的一点微弱变化可能就决定着不同地点受洪涝灾害威胁的程度。商丘古城历经几百年的建设，形成了以大隅首为中心，其他街巷沿主街向四外缓坡，略呈"龟背状"的地形，对城内排水的组织十分有利，常规情况下的雨水均可沿各街巷汇于四边马道街，再由水门以及城门排入外城濠，并为城市整个排水系统的构筑奠定基础（图3-3-1）。

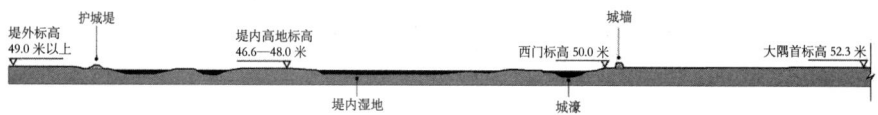

图3-3-1　商丘县城地形剖面示意图

（资料来源：张蕾. 黄泛平原古城洪涝灾害经验与适应性景观——以明清归德府七城为例 [D].
北京：北京大学，2008：39）

（二）古城防洪体系的逐步完善

1.障水系统 [1]

障水系统的完善主要表现在以下方面：

（1）土城墙包砖：城池初建时，历时八年完成土城墙的修筑；尔后在土城墙的两侧各筑一米宽砖将土墙包实，墙顶铺以青砖。

（2）基于防御功能的城门设置及城门洞的设计：商丘古城置东、西、南、北四座城门，并且，东、西两门被有意识错开，不在同一轴线上，西城门偏北，东城门偏南，两门相错一条街。城门门洞进口的设计，内大外小 [2]，当洪水来临，窄小的进口可以将大量的洪水堵在城外，另外门洞中设置有双层门。

（3）城门外加筑瓮城：城门作为防洪的薄弱环节，同时又是军事防御的重点。正德八年（1513年）知州刘信在城门门楼外加筑四门外楼（即瓮城门楼)四座。瓮城设计为扭头门 [3]，营造出城门与瓮城门之间的曲折迂回，使得城门处的军事防守和抵御洪水能力得到增强。

---

[1]　障水系统的主要功用是防御外部洪水侵入城内。它由城墙、护城的堤防、海塘、门闸等组成。吴庆洲 . 中国古城防洪研究 [M]. 北京：中国建筑工业出版社，2009：486。

[2]　面向城里的门洞修得高大、宽敞，而面向城外的门洞则低矮、窄小。以北城门为例：城门洞以装门处为界分内外两段，面向城里的门洞洞高 6.32 米，宽 5.37 米，进深 15.15 米；而面向城外的门洞一般只有 5.15 米高，4.5 米宽，进深 5.43 米。

[3]　瓮城在新中国成立初期被拆除，四座瓮城置有四个扭头门，东城门南扭，南城门东扭，西城门北扭，北城门西扭，形成南东、北西瓮城分别两门相间的八开之门。

（4）环状护城堤的修筑：商丘古城护城堤（图 3-3-2）的基本结构包括夯土堤身、堤顶道路、堤面植被、护岸工程以及堤口和涵洞等。护城堤上种植植被进行固堤护岸，包括植树和植草。护城堤的建设一共经历了两次改进，第二次在嘉靖二十年修筑了环状护城堤。虽然此堤筑成时城市水患已退，但在后来的历次洪水中发挥了重要作用，嘉靖二十年以后有记载的城市水患共有八次，洪水均未入城，其中五次明确记载洪水至堤而止。护城堤在这里发挥它的首要功能，有效地阻止了洪水进城，同时还为抗洪争取了时间，保护城墙、阻挡泥沙、保护关厢地区以及战争时期临时改筑为具有防御功能的外城墙等。

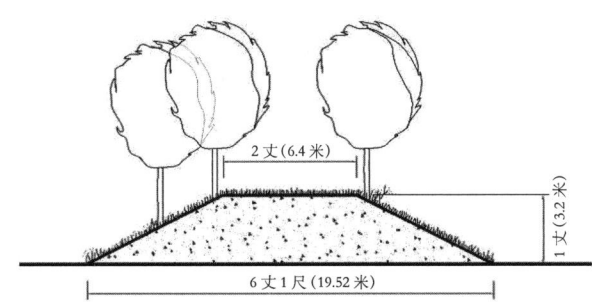

图3-3-2 防洪堤截面示意图

（资料来源：张蕾. 黄泛平原古城洪涝灾害经验与适应性景观——以明清归德府七城为例 [D].
北京：北京大学，2008：85）

（5）必要时增筑月堤：月堤是防洪紧急状况下采取的一种补救措施，是在护城堤薄弱的地方加固月牙形的堤坝，是一种局部加强措施。据明嘉靖《归德府志》[1]记载，成化十七年洪水侵城时，古城曾修筑月堤作为补救手段（图 3-3-3）。

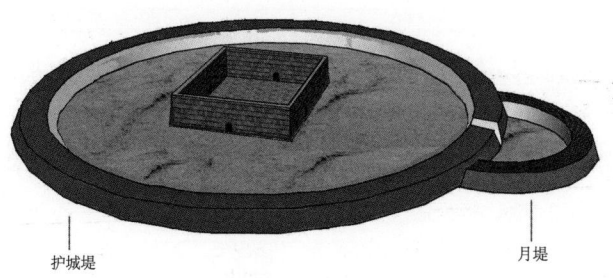

图3-3-3 月堤的加筑示意图

（资料来源：作者自绘）

95

---

[1] "成化十七年，……时黄河溃溢，坏堤薄城，居民仓皇走号，公抚慰之，筑月堤扞水，水不得入城。"

2. 排水系统[1]

排水系统的完善主要表现在以下方面：

(1) 修筑护城堤河：围绕圆形护城堤的河流，一般与城市外的自然河流相通。针对环城而形成的大面积城湖，起到双重快速排水的作用。

(2) 营造有利于地面排水的坡度组织。古城街道规划也具防洪特色，是依照地形坡度以及排水要求进行规划设计的，采用了重力排水的自然原则。城内地形中间高、四边低，地势向南稍倾。其他街巷沿主街向四外缓坡，略呈"龟背状"的地形，对城内排水的组织十分有利，常规情况下的雨水均可沿各街巷汇于四边马道街，再由水门以及城门排入外城濠（图3-3-4）。

(3) 为排积涝开凿水门：据嘉靖《归德府志》记载："水门：东南（即南门东）一所，知州王范置，西（南门西）一所指挥梅旻置。俱凿城为之，甃以砖石洩城中积霖"。高1.8米，宽2.3米[2]。从至今还在使用的角度来看，其设计是科学的（图3-3-5）。

图3-3-4　梅花形井盖　　　　图3-3-5　明归德府排水用水门
（资料来源：作者自摄）　　（资料来源：潘谷西. 中国建筑史第四卷（元明卷）[M]. 北京：中国建筑工业出版社，2001：44）

(4) 涵洞的设置：位于护城堤下。作为连通城内与堤外自然河流的通道，城内的涝水由引水沟经城墙的水门排入护城河，再经过涵洞排入堤河，引入引河，最后排入城市附近的自然河流古宋河，从而完成整个古城范围的排涝工作（图3-3-6、图3-3-7）。

---

[1] 排水系统的主要功用是把城内渍水排出城外。它由环城壕池、城内河渠、明渠暗沟、排水沟管所构成的排水管网、水门和涵洞等组成。吴庆洲. 中国古城防洪研究 [M]. 北京：中国建筑工业出版社，2009：501.

[2] 潘谷西. 我国明代地区中心城市的建设 [A]. 刘先觉主编. 建筑历史与理论研究文集 [C]. 北京：中国建筑工业出版社，1997：13-34.

图3-3-6　护城堤上的涵洞　　　　　图3-3-7　现存的护城堤
（资料来源：作者自摄）　　　　　　（资料来源：作者自摄）

3. 调蓄系统

调蓄系统由城市水系的河渠湖池组成。城内河渠、环城壕池既是排水系统的重要组成部分，又具有相当的调蓄能力。归德府城的城内坑塘与城外城湖是黄泛区冲积平原形成的一大特色。

（1）城内坑塘的形成：古城在营造龟背形地形的同时，由于城市建设取土等人为因素，更多是由于周边地面因文化堆积过程提升而相对降低，城墙四角开始出现洼地。由于城墙的封闭，城内的雨涝就在洼地积聚，逐年演变成常年积水的坑塘。它们容纳了城内的雨水、生活污水以及渠道引水的多余部分，是对排水体系的重要补充。古城在四个城角均有坑塘存在，以西南和东南处最大。

（2）城外城湖：城外护城湖的形成主要是在低洼地形基础上，由于地面排水不良导致积水长期滞留而形成。并且需要达到足够低洼的程度，才能导致大量的地面滞水，并使地下水接近地表。低洼地形是黄泛区平原古城的普遍地貌，而足够低洼则是人为因素所致。明清两代，城、堤之间的区域除了零星散布的祠庙、教场外，还包括东、西、南、北四关居民点，靠近护城堤西南堤口处也有少量居民，其余以农田和荒地为主，建成区覆盖的面积极少。没有大量城市建设造成的文化堆积，加之挖浚城濠、筑城以及城内建房取土等，这一区域逐渐成为整个护城堤围内的低洼区，其中城濠是最低洼的地带，据记载其"深二丈"，是古城内外积水的主要蓄留之地。城湖的水面在四面都很宽广，尤以南面最大，城湖最宽处可达500米，最窄的北面也有近百米，水深在1—5米不等。据1959年地形图所反映的情况，城堤之间52%的区域为城湖所占，其蓄涝能力可想而知。

4. 交通系统

交通系统的主要功用是保证汛期交通顺畅，使防洪抢险、人和物迁移顺利进行。它由城内外的河渠和桥、路组成（图3-3-8）。

（1）网格状的道路系统：城池方正、城内简洁的道路布局保证了交通

97

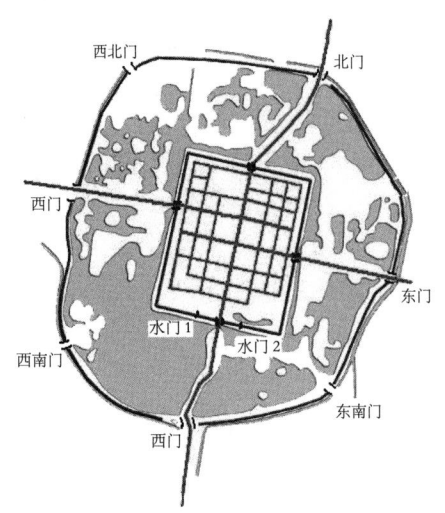

图3-3-8　古城道路分布示意图

（资料来源：陈曦. 河南商丘地区古城洪涝适应
性景观研究 [D]. 北京：北京大学，2008：52）

的顺畅；南北门大街和东西门大街相交形成的棋盘网格状道路系统，井然有序，利于防洪抢险、人和物的顺利迁移；古城沿城墙内一周为马道，还设有上城磴道，提供了城上紧急避险的便利。

（2）桥梁的设计：据嘉靖《归德府志》载："桥皆跨城濠。东曰先春、西曰溯洛、北曰拱极。"其中南门桥一孔，东门桥二孔，北门桥三孔，西门桥四孔。堪舆家认为，如此建桥可避免洪水入城。

（3）应急的避水安全通道：墙上宽约 3—5 米，护城堤上宽约 7 米，遇到洪水来临多次起到了避水安全通道作用。

（三）建筑设计上的防洪措施

建筑设计上的防洪措施也是中国古代城市防洪措施的一个组成部分。城市防洪的障水系统如管理不善或被洪水冲毁，洪水就将进入市区，城区建筑将受到冲击和泡浸[1]。如果在建筑设计上采取一定的防洪措施，就可以减少损失。古城在营建龟背地形时，其重要的建筑（图 3-3-9）均置于地势较高之处，并且建筑物采取高台基设计以避水患。据《商丘县志》提供的商丘县儒学建筑群图（图 3-3-10），包括城内的建筑，如穆氏四合院及侯氏故居的建筑群等重要建筑，均建在高台基之上。

（四）城墙防御的工程技术措施

城墙是我国古代城市防洪障水系统的重要组成部分，我国古代在城墙防洪抗冲方面积累了丰富的经验，采取了有效的工程技术措施[2]。以归德府城为例，分述如下。

1. 城墙基础的处理

城墙基础指的就是城墙的地基处理。现在归德府城的南城墙建在旧城的北城墙上（参见图 2-2-8），其余的城墙是新建。由于迁城所在的高地是淤积形成的地面，非常不稳固，因此建城时，城墙的地基经过了认真处理。

[1]　吴庆洲. 中国古城防洪研究 [M]. 北京：中国建筑工业出版社，2009：510.
[2]　吴庆洲. 中国古城防洪的技术措施 [J]. 古建园林技术，1993（2）：8-14.

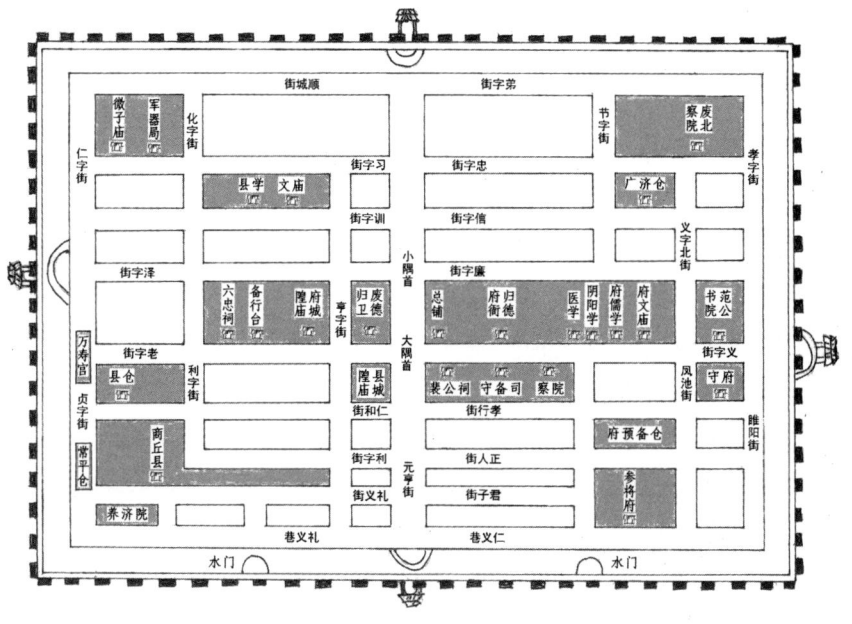

图3-3-9　古城主建筑群分布示意图
（资料来源：康熙四十四年《商丘县志》卷首《城图》及康熙四十四年《商丘县志》卷1《公廨》）

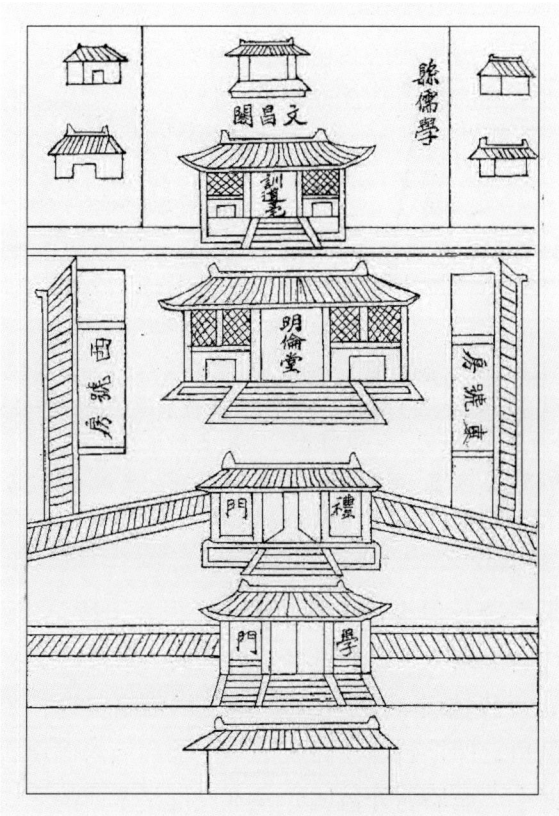

图3-3-10　商丘县儒学建筑的高台基示意图
（资料来源：康熙四十四年《商丘县志》卷首《学宫图》）

2. 城墙墙身的修筑

我国古代城墙的墙身,断面为梯形,上小下大。归德府城墙(图3-3-11)底宽9.6米,顶宽6.4米,高6.4米。基宽:高:顶宽=3:2:2,符合《营造法式》的筑城之制。砌筑城墙时先要夯实城基,基面砌筑大条石。自地面起至城顶,采用"缩蹬法"按一定坡度逐渐内收,使砖土相间,墙无直缝,虽有雨水,亦不能直渗城心,以保证城墙坚实牢固。城墙内心以素土分层夯实,内外壁都用城砖被覆,城墙顶用坚固的海墁砖铺砌,不使雨水渗漏至城心。城墙顶外壁上按设计尺寸砌筑有雉堞,内壁上砌筑有女墙,墙身还有钩抿。

3. 城墙墙体的保护措施

城墙作为古城防洪的重要设施,本身如不加保护,就容易毁坏坍塌,或造成许多裂罅渗水,影响防御的效果。

(1)城墙身采用防雨和排水处理:商丘古城利用城台上的青砖海墁保护墙身防雨,并且青砖海墁的排水坡度5%,水经石水槽等专业的排水设施(图3-3-12)排出。墙体素土夯实,外镶青砖,上砌雉堞,城墙内外自下而上各有收分,均利用于其排水。

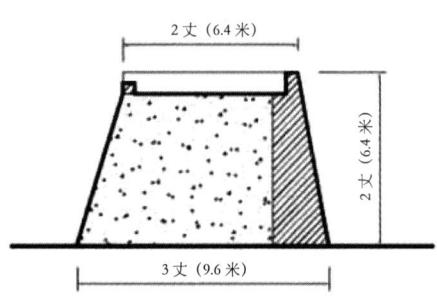

图3-3-11 城墙截面图

(资料来源:引自张蕾. 黄泛平原古城洪涝灾害经验与适应性景观——以明清归德府七城为例[D].北京:北京大学,2008:85)

图3-3-12 北城墙顶部出水口

(资料来源:图3-3-12、图3-3-13均引自阎根齐. 商丘城墙[A]. 赵所生,顾砚耕. 中国城墙[C].南京:江苏教育出版社,2000:216)

(2)墙身采用砖石包砌:商丘古城城墙为夯土所筑,而后由于需要,在城墙内外两边均加砌1米厚的城砖,成为砖石城墙。做砖砌城墙用石灰或白灰做灰浆,青砖城墙(图3-3-13)露出白色的灰缝,十分美观。砌砖之时,墙面有侧角,即是砖墙表面从下至上都向墙内倾斜,因此砖块层层砌出露凿于墙面中。城墙的外包城砖并不仅仅是薄薄的一层壳,而是由好几层砖构成的。在有些城墙外皮塌坏的地方,有时甚至可以看到多达七、八层的砖体,还有不同的墙基结构(图3-3-14)。

图3-3-13　北城墙东面墙体　　　　图3-3-14　西城墙墙基结构

（资料来源：引自阎根齐. 商丘城墙 [A]

. 赵所生，顾砚耕. 中国城墙 [C]. 南京：

江苏教育出版社，2000：210）

（3）采用坚固耐久的材料、性能良好的灰浆及先进工艺砌筑城墙。归德府城墙就是用糯米汁石灰浆作为砌砖的粘结材料的（图 3-3-15、图 3-3-16）。

图3-3-15　双心拱券结构　　　　　图3-3-16　南城门砖雕

（资料来源：作者自摄）　　　　（资料来源：引自阎根齐. 商丘城墙 [A]

. 赵所生，顾砚耕. 中国城墙 [C]. 南京：

江苏教育出版社，2000：208）

（五）城市防洪设施的管理措施

1. 设专职官吏

明代以前，商丘区域无专设水利机构。明嘉靖十六年（1537 年）睢州府内设水利判官，后因黄河北徙而裁减。清，归德府以下设管河通判二员，其一为河捕通判,乾隆四年（1739 年）改为仪考通判,另一为商虞河务通判。虞城县丞专司河务，自明嘉靖三十八年（1559 年）裁缺，至清康熙二十五年（1686 年）复设。嘉靖初年（1522 年）因黄河逼近考城邑，总理察院请于该县设专管河务，至清康熙二十五年（1686 年）复设县丞，专管河务[1]。

———————
[1]　河南省商丘地区地方志编纂委员会. 商丘地区志 [M]. 北京：生活·读书·新知三联书店，1996：715.

2.防洪设施的修缮

(1)城池的修缮：据《归德府志》记载，各州、府、县的城池，往往由该知州、知府、知县的地方官亲自主持修缮[1]。

(2)护城的堤、堰、坝、城湖等的修缮：归德府历代均有修筑、修缮的记载。如崇祯十二年（1639年）因战乱曾将此堤筑为外郭，"因堤筑城，以砖砌之"，但崇祯十五年农民军破城后，又"平其外郭之半，而复为堤"；康熙中期知县周宗羲曾"修缮城垣、增筑堤路"；嘉庆十九年（1814年）左右应进行了一次大修，此年洪水中记载"幸新修护城堤工，先期催办完竣，水至堤根，赖以抵护，不致漫入城内"。民国和新中国成立后，此堤在历次水灾中发挥了重要作用，并不断得到培修，至1990年代以前仍保留得相当完整。

(3)城内河道、沟渠等排水设施的管理：清初由于城南重要的排涝河道——古宋河河道严重淤积，城南逐渐出现积水问题，一遇霪雨，"城南一望汪洋"的情况屡次出现，顺治、康熙间多次疏浚古宋河成效不大。乾隆十六年（1751年），因护城堤内外积水常年不消，奏请开引河排水以护城池，乾隆十七年（1752年）动帑挑浚，于南堤口、西南堤口开引河南接古宋河，同时疏浚古宋河，以资宣泄。

（六）抢险救灾及善后措施

对城市水灾的抢险和善后，乃是城市防洪的重要问题之一。抢险救灾措施，可以最大程度减少百姓生命财产的损失；灾后的善后措施，可使灾民得到救济，房屋得以修缮，防洪设施得以修复，城市早日恢复生机。

明清时期的政府十分重视治理河流水患，积极采取各种赈恤灾荒的措施。商丘古城作为归德府治所在地，在灾荒救助方面发挥了主导作用。表现如下：

(1)针对灾民采取生抚恤、死安葬的政策。

(2)在古城设立仓储设施：府级的广盈仓、预备仓、常平仓，商丘县预备仓、预备新仓、常平新仓、义仓等，以备水旱灾害和歉收之年。

(3)采用免除税粮、招抚流民等措施以帮助灾后灾民重建家园。

(4)修建的恤赈场所有：养济院、漏泽园、惠民药局；旧义冢有三个：一在北堤，一在东堤，一在城西大路，新义冢在城北。

(5)社会各方力量对救灾的支援，民间救灾活动是救灾的辅助力量。

二、防洪排涝能力（洪灾、雨涝及旱灾）评估

商丘古城的防洪蓄涝排涝基础设施，还可以通过数据比较来说明其防洪的功效。

---

[1] 河南省商丘地区地方志编纂委员会.商丘地区志[M].北京：生活·读书·新知三联书店，1996：715.

（一）趋利避害的双重屏障

如果说护城堤、城湖和城墙形成了军事防御的三层屏障，而护城堤和城墙在防御洪灾上，又起到了双重的防洪障水功效。在洪水灌城的情况下，护城堤和城墙又是紧急避险的高地，在志书中经常提到。在这里，笔者通过量化的方式，来展示其可提供紧急避险的安全高地的面积。

1. 城墙上底面面积 S_1

由商丘古城实测图（图 3-2-1）可知：北城墙上底面边长 a=993 米

南城墙上底面边长 b=960 米

东墙上底面边长 c=1210 米

西城墙上底面边长 d=1201 米

上底面宽度 w=5 米

可得城墙上底面面积 S_1：

$$S_1 = (a+b+c+d) \times w - 4 \times w^2 = (993+960+1210+1201) \times 5 - 4 \times 5^2$$
$$= 21720 \text{ 平方米}$$

若按照每平方米可提供一个人避险，则在洪水灌城的情况下，城墙上可容纳 21702 人避险，相当于整个城内的总人口数。

2. 圆形护城堤上底面面积 S_2

由上底面宽度 w=7 米，圆堤上底面内环半径 r_1=1.03 千米 =1030 米

可得：圆堤上底面外环半径 r_2=1030+7=1037 米

圆堤上底面外环面积 $S_3 = \pi r_2^2 = 3.14 \times 1037^2 = 3376658.66$ 平方米

圆堤上底面内环面积 $S_4 = \pi r_1^2 = 3.14 \times 1030^2 = 3331226$ 平方米

圆堤上底面面积 $S_2 = S_3 - S_4 = 3376658.66 - 3331226 = 45432$ 平方米

若按照每平方米可提供一个人避险，则在洪水没堤的情况下，护城堤上可容纳 45432 人避险。对于抗洪抢险来说，这是非常可观的数据。

（二）因地制宜的排水渠道

明清商丘古城排水渠道的营建在选址与展线上充分体现了因地制宜、顺势利导的原则。这从城址地形的北高南低、城内龟背形网格街道的布局及护城河的蓄水容量中可见一斑。商丘古城的龟背形地面，形成了以大隅首为中心，其他街巷沿主街向四外缓坡，略呈"龟背状"的地形，对城内排水的组织十分有利，常规情况下的雨水均可沿各街巷汇于四边马道街的引水沟，再经由水门以及城门排入外城濠，这种使雨水形成径流利用地势重力的排水方式，究竟有多大的成效？

关于城市排水沟渠的行洪能力，即行洪河道密度，可以通过一个简单的计算来衡量。由于没有商丘古城引水沟渠的具体规划情况，笔者设想一个最简单的引水沟，城内只有围绕城池内的环城马道而修建的环城引水沟（图 3-3-17），以计算在最基础的条件下，古城沟渠的行洪能力。行洪河道

密度计算具体如下。

由上文计算可知，四周城墙的长度为4.364千米，城墙厚度和城内马道宽度为0.015千米，城内面积为1.13平方千米。

城内引水沟长度：$4.364 - 0.015 \times 6 = 4.274$ 千米。

城内行洪河道密度：$4.274 \div 1.13 = 3.78$ 千米／平方千米。

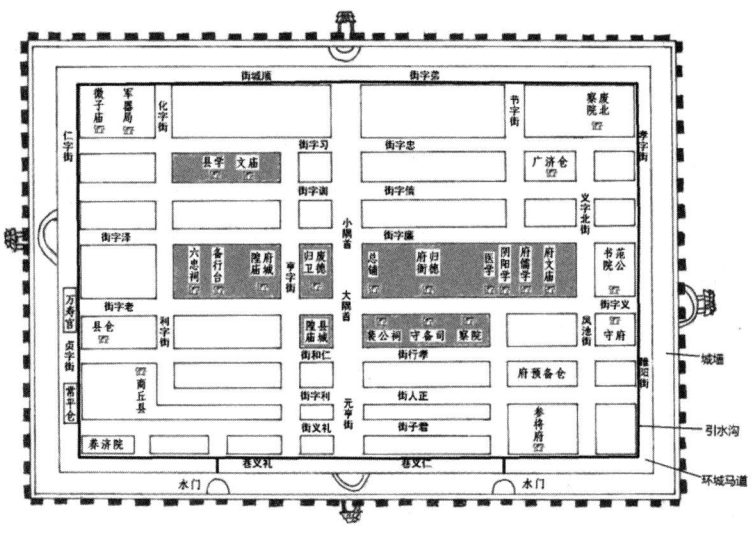

图3-3-17　城池内引水沟示意图

（资料来源：据康熙《商丘县志》卷首《城图》为底图，以康熙《商丘县志》卷1《公廨》等内容汇编）

以此数据来对比历代都城的排洪河道密度，见表3-3-1。可知，商丘古城在最基本的引水沟渠设计下，排洪能力远超过除明清紫禁城的其他都城。当然其城池面积较小也是主要原因，但是真正起到调蓄洪水作用的是城外的城湖。

历代部分都城行洪河道密度一览表　　　　　　表3-3-1

	唐长安城	北宋东京城	元大都城	明清北京城	明清紫禁城	明清商丘古城
城市排洪河道密度（千米／平方千米）	0.45	1.55	1	1.07	8.3	3.78

资料来源：古都数据引自：吴庆洲. 古代经验对城市防涝的启示[J]. 灾害学，2012（3）：111-115。

（三）巧妙设置的池沼坑塘

如遇到特大洪水的情况，城湖及城内坑塘的调蓄作用就非常重要了。归德府城的城湖以及城内四角的坑塘，除了在排水上体现得高效以外，在调蓄特大洪水方面也是效果显著的。城湖的调蓄能力究竟有多大？我们来做一个计算。

由表 3-3-2 给出的城湖的最小面积 82.87 公顷（1991 年）来计算。城湖深 1—5 米，取 2 米。则城湖的蓄水总容量为 165.74 万立方米。城内面积为 1.13 平方千米，则城内每平方米面积得到 1.467 立方米的容量，堪与明清紫禁城相比（表 3-3-3）。不同之处在于，明清紫禁城采取了高超的营建技术构建了整套的排涝体系，而商丘古城更多是利用自己面临的自然环境，甚至是恶劣的洪灾环境。城内的排水系统相当简单，只是利用重力的作用。

商丘县历年坑塘与建筑基底面积统计表 表3-3-2

	护城堤内水面面积（公顷）	水面面积比重（%）	建筑基底面积（平方米）	建筑密度
1958 年	290.70	45.26	947377.49	0.1475
1986 年	182.95	28.48	1474271.78	0.2295
1991 年	82.87	12.90	1985880.01	0.3092
2002 年	128.64	20.03	2320002.97	0.3612

资料来源：商丘县 1958 年测绘图、1986 年历史文化名城规划土地利用现状图、1991 年《商丘县志》。

历代古城水系的调蓄能力比较简表 表3-3-3

	城池面积（平方千米）	水系蓄水总容量（万立方米）	城内每平方面积容量（平方米）	与明清紫禁城的比值（倍）
唐长安城	83	592.74	0.0714	23
北宋东京城	50	1852.23	0.37	4.4
明清北京城	60.2	1935.29	0.32215	5.1
元大都城	50	1999.58	0.399	4.11
明清紫禁城	0.724	118.56	1.637	1
明清商丘古城	1.13	165.74	1.467	1.1

资料来源：古都数据引自：吴庆洲. 古代经验对城市防涝的启示 [J]. 灾害学，2012（3）：111-115。

其蓄水容量相当于一个小型水库。对于面积只有 1.13 平方千米的古城而言，城湖的蓄水容量起着重要的保证作用。我们来计算一下，商丘古城在遇到极端大暴雨情况下的调蓄能力：

古城面积为 1.13 平方千米，即 $1.13 \times 10^6 = 1130000$ 平方米。

商丘历年日最大降雨量[1]为 146 毫米，即 0.146 米。

径流系数[2]取 0.6。

城内可承受总雨量：$1.13 \times 10^6 \times 0.146 \times 0.6 = 98988$ 立方米。

城湖的面积取 82.87 公顷[3]，即 828700 平方米。

城内洪水全部排入城湖，城湖上升的高度：$98988 \div 828700 = 0.12$ 米。

就是说，当城外有洪水困城，城湖无法排水出城外，城内径流全部泄入城湖，也只是使城湖水位升高 0.12 米。总之，商丘古城的外城湖与城内坑塘，在面临城外洪水困城、城内积水无法及时外排时，其表现出来的蓄水能力对避免内涝之灾具有决定性作用。

可见，在小区域内，营建龟背地形，加上城湖的巨大蓄水容量，是自然状态下的适灾措施。与城市防洪体系的转型同时，城市排涝系统也发生了巨大变化。排水泵站取代了过去湿地的作用以应对内涝问题。由于动力排水系统的排涝能力有限，暴雨不及时宣泄、而又无处容蓄而造成市区地面积水的情况时有发生，目前暴雨导致的内涝已经取代了洪水成为城市防汛的重点。

当今城市不断出现暴雨后严重的内涝问题，商丘古城的面积为 1 平方千米左右，相当于明清北京城的五十分之一。作为小区域，其防洪经验值得现代建设部门思考。在城市中遇到局部区域无法开发地下排水管网，规划营建地上雨水调蓄池不失为一个出路。

三、归德府城所体现的古城防洪方略[4]

纵观明清归德府城的防洪营建历史，可以将其防洪的实践经验与教训作一科学的理论概括，如下：

（一）择"高"而居

高的含义有三个：建城选址需注意城址比周围地势高；建造房屋宫殿也应该选在较高之地，或于平地筑高台基，建房于高台基之上；或在平地建多层高楼。这样均可避免或减少水患，归德府城就是择高而居的典型范例。不仅选址在旧城北边高地，城市规划时，街道地势也营造为龟背形。据《商丘县志》提供的系列城图，可看到重要建筑不仅位于城市内高地，且均建在高台基之上。

---

[1] 数据来自商丘历年雨量统计。

[2] 商丘古城在中华人民共和国成立之前，城内为硬土路面。硬土路面径流系数为 0.7—0.8，特大暴雨适减 0.1—0.2。

[3] 此处所取城湖面积值为表 3-3-2 中最小量，1991 年数据。

[4] 中国古代城市防洪的方略，指的是古代用以指导城市防洪的规划、设计的方法和策略。古代城市防洪的方略，有"防、导、蓄、高、坚、护、管、迁"八条。吴庆洲. 中国古城防洪研究 [M]. 北京：中国建筑工业出版社，2009：476。

（二）避害思"迁[1]"

发生在归德府的黄河分流改道也很频繁。改道首先考虑沿途城市安全，以避开城市；如遇到不可控局面，城市由于黄河多段决堤被淹，迁城就是良策。采用哪一种，要依据实际情况而定。1502年，归德府旧城被洪水淹没，归德府城就是迁城以避水患而新建的。归德府城修建的高城墙和护城堤，在水患期间，均为百姓提供了迁移财物及栖身的场所。

（三）"坚"城以"防"

"防"是解决合理障水护城问题，而"坚"则是重在落实防的有效性。因此，二者不论在城市防洪还是江河防洪上，都是非常重要的。归德府城在长期与水患共存的环境中，创造了一套因地制宜的适应性障水措施。城墙、城湖与圆形护城堤三位一体的防洪障水系统，充分体现了合理防水的理念。其规划合理，城墙高大坚固，堤防设计为圆形；在建筑设计和工程技术上，又落实了坚固的原则。在护城堤上种植柳树以固堤护岸，明末城堤的基础部分也包为砖石；城墙内外均包有一米厚的城砖，以抵御洪水浸泡；城墙的地基深达丈余，以坚固城址。

（四）兼"导"并"蓄"（图3-3-18）

中国古城的环城壕池，乃是古城城市水系的重要组成部分[2]。对于城市防洪而言，"导"有两个方面的内容：一是疏导城外河渠，降低城外洪水水位，使城内免受城外洪水的威胁；二是建设城区排水排洪系统，迅速排除城内积水，使城区免致潦涝之灾。归德府城的城湖是其城市水系内外连接的重要部分，与城内坑塘构成古城排水系统中不可缺少的骨干渠道。利用重力将城内的积水，汇入城内引水沟，经由城墙的水门涵洞，排入城湖，再由城湖的泄水河渠排入城外的河道，使得城内水系成为天然水系的子水系。这样畅通的水道，可以防止或减轻城内雨潦之灾。如遇到特大洪水的情况，城湖及城内坑塘的调蓄作用就非常重要了。归德府城的城湖以及城内四角的坑塘，除了在排水上体现得高效以外，在调蓄特大洪水方面也是效果显著的。城湖的面积有相当规模，甚至在军事防御上也起到了护城作用。城内四角的坑塘，能及时收纳雨潦。总之，归德府城的外城湖与内坑塘，在面临城外洪水困城、城内积水无法及时外排时，其表现出来的蓄水能力对避免内涝之灾具有决定性作用。

107

---

[1]　"迁"包括三方面内容：一是让江河改道，远离城市，使城市免除江河洪水之患；二是迁城以避水患；三是在洪灾发生之前，暂把百姓和财物迁出城外，以免洪水灌城时生命财产遭受巨大损失。吴庆洲. 中国古城防洪研究 [M]. 北京：中国建筑工业出版社，2009：476。

[2]　吴庆洲. 中国古代的城市水系 [J]. 华中建筑，1991（2）：55-61.

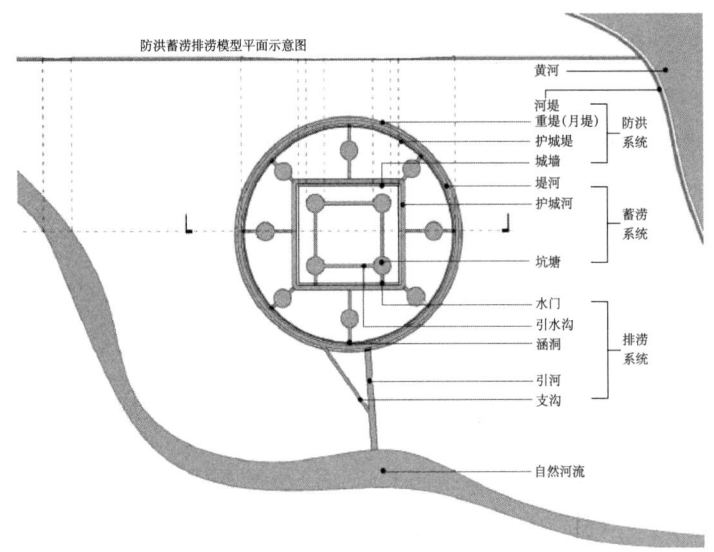

防洪蓄涝排涝模型平面示意图

图3-3-18　古城防洪蓄涝排涝基础设施示意图
（资料来源：引自陈曦. 河南商丘地区古城洪涝适应性景观研究 [D].
北京：北京大学，2008：30）

（五）"管"、"护"为本

城市防洪的各类基础设施建成之后，管理及经常的维修维护是保证城市防洪设施正常运转的首要任务。从《归德府志》[1]及《商丘县志》[2]中可看到，府城多次受黄河灌城之灾，除了必要的灾后重建工作，历代都重视维护、修葺城池，前后达 20 多次。500 年间，修城 11 次，平均 50 年修一次。城墙、堤防、门闸以及壕池、河道、沟渠等都有不同程度的修补重建。

本章小结

本章以探明"水上城"的由来为出发点，全面系统地考察了商丘古城的防洪御灾体系。首先梳理了黄河对商丘地区诸古城的影响。黄河引发的沙灾是形成黄泛区古城"城摞城"现象的重要原因，而在应对洪灾及沙灾的过程中，"水上城"的城市格局逐渐形成。洪灾对商丘地貌的影响最早肇因于隋唐大运河时期，至南宋黄河南流之际，商丘的地貌呈现黄河与隋唐大运河两条悬河夹在商丘之中的状况，这是造成黄河在商丘漫流的主要原因。商丘诸古城的频繁迁城是对付洪灾的无奈之举，此后在加固原有城墙的基础上，在城外修筑了圆形护城堤以抵御洪水入城，但同时沙灾造成

[1]　河南省商丘地区地方志编纂委员会.（清乾隆十九年）归德府志 [M]. 郑州：中州古籍出版社，1994：921-936.
[2]　商丘县志编纂委员会.（清康熙四十四年）商丘县志 [M]. 北京：生活·读书·新知三联书店，1991：105-115.

了城市洼地的形成，为解决城市积水造成的内涝，古城的防洪排涝基础设施体系逐渐发展完善。其措施包括精心的选址，营建城内的龟背地形以利用重力排水，以及城墙、城湖、圆形护城堤组成的三位一体（参见图 3-2-1）的防洪排涝体系，明清对防洪的行政管理等方面。尤其是三位一体的防洪排涝体系，在当时有效抵御了黄河洪灾，成为黄泛平原城市的模式。通过对其防洪排涝能力的数据对比评估，由于城池与城湖的依存关系，城湖的调蓄能力对避免城市内涝效果显著。当今城市不断出现暴雨后严重的内涝问题，商丘古城面积仅为 1 平方千米左右，作为小区域内涝问题，其防洪经验值得现代建设部门参考。纵观防洪营建历史，可以将其防洪的实践经验与教训作一科学的理论概括，择"高"而居、避害思"迁"、"坚"城以"防"、兼"导"并"蓄"是它所体现的古城防洪方略，体现了中国特色的营城思想，对于当代城市建设有借鉴意义。

第四章 水上城之商丘古城军事防御体系构筑

商丘古城的"水上城"含义，不仅是指其防洪排涝的御灾能力的体现，而且它在军事防御上的意义也非常强大。商丘地处平原，自古为军事要地。纵观商丘的军事防御史，从上古至今，均有可考的史料及历史遗存。但是其选址从军事防御角度来看，无险可守是致命的缺陷，因此商丘历代的城池营建均与军事防御紧密相关联，体现其"军事营城"的思想。而城池的军事营建特色更体现在明清"水上城"的形成时期。本章重点考察：①历史时期商丘城池防御的经验；②明清归德府城的军事作用；③府城的军事防御营建特色。

第一节 历史时期商丘城池的防御营建

一、东周宋国城的"围城战"

从现存的资料来看，筑城活动自新石器时代以来一直不断地发展。在秦统一六国以前，中国至少有三次筑城活动的高潮[1]。东周宋国城是西周时期分封的诸侯国宋国的都城，经历了西周和东周两次筑城的高潮。

（一）宋国城的初建

1. 西周筑城的等级化和制度化

周初制礼作乐，礼乐制度趋于完善[2]。因此，筑城也被纳入了礼制的范畴，这就从制度上规定了天子王城、诸侯都城和卿大夫封邑筑城的规模，

---

[1] 第一次在距今5000—4000年期间，时为新石器时代晚期，当中国第一王朝夏诞生的前夕。考古发现，其时黄河中下游和长江中下游地区城的数量骤增，现已发现的这个时期的城址有40余处；第二次在公元前11世纪后半叶至公元前10世纪，即西周前期，随周王之分封诸侯和经营东方，在广大的地域出现了又一次筑城高潮；第三次筑城高潮始于公元前8世纪后半叶，一直持续到公元前221年，即从春秋而至战国。钟少异. 中国古代军事工程技术史上古至五代 [M]. 太原：山西教育出版社，2008：273。

[2] 礼制的核心就是等级制，其本质是维护通过分封建立起来的天子—诸侯—卿大夫这个权力金字塔结构，确保周天子作为天下共主的地位。在私有制、阶级和国家诞生后，城几乎成为统治阶级的必然居所。在权力基于武力的社会，城是实力的物化，权力的象征，也是维护权力的必要工具。张光直. 关于中国初期"城市"这个概念 [J]. 文物，1985（2）。

乃至城垣的高度、道路和城门的数量及宽度等等，从而使诸侯和卿大夫的筑城活动有序化，以防失控，以致枝壮干弱，危及根本。这个制度被称为"营国"制度。

《考工记·匠人》说："匠人营国，方九里，旁三门。"[1] 唐孔颖达又结合"大都不过三国之一，中五之一，小九之一"的规制，推定了天子及公侯伯子男各级诸侯之宗室和卿大夫筑城的规模：

> 定以王城方九里，依次数计之，则王城长五百四十雉；其大都方三里，长一百八十雉；中都方一里又二百四十步，长一百八雉；小都方一里，长六十雉也。

> 公城方七里，长四百二十雉；其大都方二里又一百步，长一百四十雉也；中都方一里又一百二十步，长八十四雉也；小都方二百三十三步二尺，长四十六雉又二丈也。

> 侯伯城方五里，长三百雉；其大都方一里又二百步，长百雉也；中都比王之小都；其小都方一百六十六步四尺，长三十三雉又丈也。

> 子男城比王之大都；其大都比侯伯之中都；其中都方一百八十步，长三十六雉也；小都方百步，长二十雉也。[2]

这个推定有一定的道理，但西周制度的具体内容是否如此规范，以及这个制度在实际中贯彻到什么程度，都还有待于今后发现更多有力的材料来验证。

宋国城的尺寸究竟合不合乎礼制规范呢？

《周礼·春官·典命》载："上公九命为伯，其国家、宫室、车旗、衣服礼仪皆以九为节。"郑玄注："上公为王之三公，有德者加命为二伯。二王后亦为上公。国家，国之所居，谓城方也。公之城盖方九里，宫方九百步。""二王"，指夏、商二王，其后裔各受封于杞、宋。宋城周长三十六里余[3]，正与此"方九里"之制相当。微子代武庚以守商祀，位同三公，故可兴筑如此规模的大城。

2. 西周的道路建设

西周时期，为确保西部的镐京（今陕西西安）和东部的成周（今河南洛阳），以及东西两都与散布"四土"的诸侯国的联系，保障以战车为主

---

[1] 方即见方。汉代以来的经学家普遍认为："方九里"就是天子王城的规模。进而认为诸侯都城的规模为：公，方七里；侯伯，方五里；子男，方三里。

[2] 雉作为长度单位，一雉等于三丈。一丈合十尺，一步合六尺。周时一尺一般以约合23厘米计之。"城"指诸侯都城，"都"均指国中的大邑，属于宗室或卿大夫一级的筑城。《春秋左传正义》卷二（十三经注疏）第1716页。

[3] 东周宋国城周长据考古实测为12985米，以1周尺=0.23米计约得37里。金其鑫.中国古代建筑尺寸设计研究——论周易著尺制度[M].合肥:安徽科学技术出版社，1992:30。

体的军队的调动，便利信使的往来和军情的传递，以镐京和成周两座王城为中心，向四面八方修筑了许多条交通干道，时人称之为"周道"或"周行"[1]。平直的道路和沿路种植的整齐树木，在关中和中原的土地上纵横延伸，连接起了一座座城池，从而使道路建设达到了空前未有的水平。

（二）宋国城的城墙建造

中国古代城池一直以平原夯土城为主。东周时期，夯土城的建造技术已经成熟。我们可以根据宋国城的考古挖掘结果较为全面和具体地了解当时筑城的情况。

东周时期，夯土城大多采用版筑法[2]建造：先挖基槽，筑基起墙；或在经过平整的地面上直接起建。除了挖基槽筑基无须设模型板外，其时城墙几乎没有不采用版筑之处。通过考古挖掘资料提供的数据，可以得知宋国城的城墙夯筑手法（表4-1-1）。

宋国城的城墙夯土层示意图　　　　　　　　　　表4-1-1

	第一部分	第二部分		第三部分
颜色	浅褐色灰花色夯土	黄褐色		深褐色
现存尺寸	厚度9.6米 顶宽5—6米	上宽下窄		厚度5.9米，顶宽约2米
土质	料礓石多	料礓石少		极少，含红黄黏土、块状黑土
夯层	厚薄不一，18—20厘米、8—10厘米、12—15厘米	厚薄不一，10—14厘米		厚薄较一致，8厘米
夯窝	圆形平底	圆形弧底	圆形平底	成组夯窝，与木棍束集成捆做夯具有关
窝径	9厘米	4厘米	7厘米	4厘米

资料来源：据中国社会科学院考古研究所，美国哈佛大学皮德保博物馆中美联合考古队. 河南商丘县东周城址勘查简报[J]. 考古，1998（12）：18-27数据绘制。

---

[1] 《诗·桧风·匪风》、《诗·周南·卷耳》。《国语·周语》说："周制有之曰：列树以表道。"可见周道两侧种有树木。

[2] 所谓版筑，就是在木板框架内填土夯实。"版"和"筑"本意都是指夯筑土墙的工具。"版"是构成框架的木板，即模型板，或称夹板；"筑"是夯杵。版筑城墙的方法是，将一定长度和宽度的段落用一定高度的木板堵住两侧和一个横头（起始段落需堵两头），然后在版框内逐层填土夯实，筑满版框后，或升高、或侧移版框继续夯筑。高大、绵长的城墙就是这样一版一版累加成的。模型板的固定，普遍采用在两侧施夹棍式木柱并加绳索约束的方法。固定模板的木柱，称为桢、榦。当模板框架升得较高时，木柱难以着地，便在墙面上施横向插杆，用以承托模型板，并为纵向的夹棍式木柱提供支点。这样就形成了脚手架式结构。

（1）采用了分层版筑，原始城墙下部的夯层较薄，夯层越薄，夯筑就越坚实。

（2）所使用的夯筑工具（筑、夯杵）应该是直径数厘米的木棍，有圆形平底和圆形弧底两种，并且在原始城墙部分是成组的夯窝，这与木棍束集成捆做夯具有关[1]。

由此对宋国城的建造有初步的推测，目前看到的宋国城，至少是战国之后的面貌，与初始状况有很大不同。就城墙建设来看，城墙经过至少两次的增筑[2]。宋国城的南墙经发掘揭示其第一期城墙约建于西周初年；大约春秋中晚期，在其内侧进行了加筑；战国晚期，又在外侧进行了增筑。其增筑均在顶部加高，并且每次加固的力度很明显。根据城墙的建设情况进一步推想的话，有这样一种可能性：始建于西周初期的城墙，从顶宽2米、底宽12米、高6米的规模来看，是周初殖民营国的"国野[3]"的分界线。这种城墙的围护与分界作用，从国家间的关系来看，是国界线；从国民身份等级来看，是殖民者与被殖民者的区分。因此，周初营建的这个城墙应是宋国的外城。到了西周末年至春秋初，随着西周王室权力的衰微，各个诸侯国之间开始联系频繁，作为军事防御需要的需求成为主要，城墙进行第二次加固，基本达到城墙军事防御的技术要求。至少至春秋末年，此城的使用功能渐渐变至宫城，宋国公族政治及族内婚，使贵族人数膨胀，整个城池的宫城外功能渐次移出城，城池的军事防御及身份分级功能为主要意图。最终的城墙完善，如果不是在战国时期，就是在汉代梁孝王时期。其城池的威武状况、防御有余，更有炫耀的嫌疑。

（三）城池防御的组织

东周时期的争霸战和兼并战争主要是以围城战的形式展开。据左传记载，宋国城多次出现被大国围城，其中最著名的就是楚国围攻宋国的事

_____

[1] 商代流行尖底和圆底夯；西周晚期和春秋时期流行圆底夯；战国时期流行平底夯，其时夯窝直径较前略增大，当是采用了金属夯头或石夯头。商周城墙的夯层上都布满夯窝，互相错叠，可谓"密密麻麻"，可以推知是将若干夯棍绑成一束夯筑的。

[2] 增筑不是简单的修缮，而是加厚加高墙，同时起到更佳的修缮作用。注释：时人，据《吕氏春秋·孟冬纪》和《礼记·月令》，修缮和增筑城墙统称为"坿城郭"，这项工作通常在农闲而未大寒的初冬时节进行。东周时期，增筑城墙的盛行，主要还是因为防御的需要。

[3] 周室将与其有关系的周人氏族、功臣子弟，甚至已然臣服而且表现忠诚的殷民各族，分封各地，以藩屏周室。受封各集团来到周室指定的辖区内，分别进行武装殖民。诸侯乃择一个条件优良的据点，为其族人的聚居点，而让当地土著及被征服之人民散居于中心点之外围，后来，诸侯又在其聚居点四周筑了城墙，于是征服者与被征服者进一步有了明确的形式上的区分，以城郭为界，国人居于城内，野人居于城外。城内称国，城外称郊，这就是周朝有名的国郊之分，或称国野之分。这样建立的城郡，其政治性与军事性自然十分昭显。故《说文》解释说："城，以盛民也。"《吴越春秋》也说："乃筑城以卫君，造郭以守民。"就是直指周代筑城的主要宗旨。赵冈. 从宏观角度看中国的城市史 [J]. 历史研究. 1993 (1)：9.

件[1]。此次围宋战役从公元前 595 年 9 月一直进行到公元前 594 年 5 月，长达 9 个月，双方筋疲力尽，结果是楚军后退 30 里，双方结盟，楚国退兵。宋国的军事防御方面主要得益于它的城池坚固和对城守理论的应用。

城守理论[2]的应用得益于墨子的贡献。墨子为宋国人，在宋昭公时做宋大夫。在宋兴学，有禽滑釐等学生 300 余人。作为墨家学派的创始人，他对东周时期的争霸战争和兼并战争持否定态度，提出"兼爱"、"非攻"的主张。并针对大国的攻伐，提倡"救守"原则，即救助小国弱国，加强防守。据史书记载，墨子曾成功阻止了楚国攻宋的计划。公元前 432 年，公输班为楚造云梯等攻具，欲攻宋，墨子在楚王前与公输班试攻守之法。攻者技穷而守者存余，楚王遂罢攻宋之议[3]。

墨家对守城战的组织和实施有着系统的总结。包括修缮城池，准备守器和物资，储备粮食；坚壁清野，预设战场；将守备器械和物资在城墙上下和城内合理部署；对守备兵力进行严密组织、合理布置和严格巡查；对城内和往来人员进行严密控制，必要时实施戒严；以适当方式抵御敌人的进攻。由此可见，防御者不仅要有高峻的城墙、陡深的护城河、强壮的士兵、充足的谷物，还必须有智慧、深思熟虑以及完整而详尽的计划、战略和战术，以应付情况的一切变化。

值得一提的是，在《左传·襄公九年》曾记载了公元前 564 年宋国都城（即宋国城）发生火灾时的救灾部署细节：

九年春，宋灾。乐喜为司城以为政，使伯氏司里。火所未至，彻小屋，涂大屋，陈畚挶，具绠缶，备水器，量轻重，蓄水潦，巡丈城，缮守备，表火道。使华臣具正徒，令隧正纳郊保，使华阅讨右官，官庀其司。向戌讨左，亦如之。使乐遄庀刑器，亦如之。使皇郧命校正出马，工正出车，备甲兵，庀武守。使西鉏屋庀守，令司宫、巷伯儆宫。二师令四乡正敬享，祝宗用马于四墉，祀盘庚于西门之外。

这个救灾部署，接近于战时的城防部署，《墨子》城守诸篇所论城防部署的一些内容，在这里基本具备。由此可知，这些城池防御的方法和部署，都是在现实中逐步完善和制度化的，很多可能就来源于官府颁行的"守备程"和"城禁"。

---

[1] 公元前 595 年，周定王十二年九月，楚庄王派子反率兵攻宋，围宋都城八九个月，楚军粮草已尽，宋国城内易子而食。次年五月，宋派华元夜入楚军与楚帅子反盟，楚兵退。商丘县志：9 页，三联出版社。

[2] 《墨子》书中专门论述守城术的《备城门》以下诸篇（现存《备城门》、《备高临》、《备梯》、《备水》、《备突》、《备穴》、《备蛾傅》、《迎敌祠》、《旗帜》、《号令》、《杂守》等 11 篇），这些文字，既是墨家城守理论和学说的集成，也是对夏商以来特别是东周时期守城术发展的总结，也是现在能够见到的东周时期或先秦时代关于守城术的最详细的文献资料。

[3] "子墨子解带为城，以牒（木札）为械，公输班九设攻城之机变，子墨子九距（拒）之，公输班之攻械尽，子墨子之守圉（御）有余。"（《墨子·公输》）

114

二、唐睢阳城保卫战

睢阳保卫战是中国古代城邑保卫战中一个典型的以少"胜"多的战例。在唐朝平定安史之乱的战争中，面对强敌，唐将张巡、徐远率军民坚守睢阳（今河南商丘南）城池长达十月之久，以 6800 兵力抗击 13 万叛军，历大小 400 余战，歼灭叛军 12 万人，虽然最后因实力相差悬殊而失败，但张巡坚守睢阳，临敌应变，出奇制胜，有力地阻挡了叛军南进江淮的通道，为唐军组织反攻赢得了时间，从而保证了唐王朝钱粮重地免遭破坏，保卫了江淮的安全，创造了冷兵器时代据城防守战史上的杰出范例。

（一）张巡与《守睢阳作》[1]

《守睢阳作》一诗为张巡所作，再现了当时张巡、徐远在孤立无援的情况下，坚强不屈、浴血奋战而守城及战斗的情景：

> 接战春来苦，孤城日渐危。
>
> 合围侔月晕，分守若鱼丽。
>
> 屡厌黄尘起，时将白羽挥。
>
> 裹疮犹出阵，饮血更登陴。
>
> 忠信应难敌，坚贞谅不移。
>
> 无人报天子，心计欲何施。

"接战春来苦，孤城日渐危"道出了睢阳保卫战的旷日持久和面临的危机形势。睢阳所处的地理位置具有战略上的重要性。安史叛军也一开始就用 13 万重兵包围睢阳城，从春天开始，一直到这一年的七月，到了张巡写此诗时，睢阳城已经到了旦夕可破的危急时刻。有人建议张巡弃城东走，但张巡、许远继续坚守，知不可为而为之。"苦"字饱含了将士们的饥馁之苦，同时也饱含着他们终日连续作战、裹疮登城的疲劳之苦，客观地反映了睢阳守军所面对的种种苦难。"孤城"则道出了睢阳孤立无援的处境。当时睢阳四周郡县先后都由于守将们叛的叛，降的降，或者拥兵自重，坐视不救，只剩下一个孤零零的睢阳尚在艰难地维系着。"日渐"道出了睢阳危机的日日逼近；一个"危"字展示出孤城将陷的前景。

"合围侔月晕，分守若鱼丽"暗示了敌军重重围裹，仿佛"月晕"之箍月一般，严实得水泄不通，唐军面对强敌，尽管有城池可守，但仍不敢懈怠，于是采用有效阵法，进行警戒和战斗。"鱼丽"本是中国古代军事上的阵法名称，张巡意在效法它严整而机动灵活的阵法。

"屡厌黄尘起，时将白羽挥"，《唐诗纪事》记载张巡《谢金吾将军表》云"臣被围四十七日，凡一千八百余战"，47 日即有 1800 余战，那么睢阳

---

[1]　清康熙四十六年（1707 年）彭定求、杨中讷等人编辑的《全唐诗》卷 158。

保卫战中守军每天要抗击敌军近 40 次的进攻，可以说无时不在战斗。面对如此频繁的战斗，生出反感厌恶的情绪是在所难免的。但想到这是为国家效力，为君主尽命，想到守城的重要意义，仍然无比自豪，指挥作战仍然是从容镇定。"时将白羽挥"传神地描绘出张巡的儒将风范，也是其视死如归、大义凛然精神的外化。

"裹疮犹出阵，饮血更登陴"，由于战斗频繁、紧张激烈，守备条件又极差，部队的伤亡情况自不必说。这里的"疮"字表明战士们的伤口绝非新创，它暗示出军中缺医少药的情况已相当严重，战士们的战伤得不到及时有效的治疗，以致经久难愈。"裹"字是写将士们不顾伤痛仍旧带伤出战的情态，而"犹"字则是为了展示他们轻伤不下城池的主动性和坚强毅力。"饮血"者自然是重伤号，战斗的创伤痛得他们流下了眼泪，但当敌人攻城时，他们还照样拼尽全力爬上城头的矮墙，做一些力所能及的防守工作。总之，这两句是以形象的语言再现了当时战地的实况，表现了守城将士与孤城共存亡的悲壮气概和自我牺牲的无畏精神。

"忠信应难敌，坚贞谅不移"则是张巡赤诚胸襟的袒露。意思是说：自己忠于君王，又能取信于士卒，应该是不可战胜的。自己誓死报国的意志也是永远不会动摇的，也是所有守城将士赤诚肝胆的写照。

"无人报天子，心计欲何施"，张巡对天子要报的只是自己和将士们艰苦守城的经过，想要说明的是，日后城池陷落绝非自己主观努力不够，实在是客观条件使然，从而希望天子能够明察这里所发生的一切，请求天子在他的身后不必进行苛责。"心计欲何施"是说在孤城不日将破、人将殉国之际，诗人感到自己死而无怨，遗憾的只是自己振兴国家的许多想法、建议，将无由实现。我们看到的既是一个公而忘私、视死如归的民族英雄的形象，又是一个鞠躬尽瘁、死而后已的良臣贤辅的形象。

张巡领导的睢阳保卫战，对商丘本地造成的影响是深远的。纪念张巡而修建的"协忠庙"[1]，成为沉淀在睢阳日后历史中的那种顽强不屈、忠君报国的军事防御精神的象征。他的战斗业绩、高尚气节以及爱国主义情操，对中国历代知识分子的影响也是巨大的[2]。

---

[1] 唐肃宗在张巡死后不久，即下诏追赠张巡为扬州大都督，"睢阳、雍丘赐免徭税三年"，并下令"立庙睢阳，岁时致祭"。到唐僖宗时，更追赠张巡为一等功臣，将其画像陈列于褒扬显赫功臣的凌烟阁。以张巡生前的名爵地位，这是首开先例的。北宋真宗东巡时，路过双忠庙，特意留驾巡视，并"咨巡等雄挺，尽节异代，著金石刻，赞明厥忠"。宋高宗建都临安后，追赐张巡、许远、南霁云、雷万春、姚等五位死节将领为国公，建五国公庙以资褒扬。到清代，睢阳人仍"祠享号双庙云，则称巡远为双忠"。清代史学家赵翼还专门考证双忠庙内睢阳众烈士的祠享位置。

[2] 与张巡同时的名士李翰著文盛赞张巡，其后的高适、韦应物、韩愈、柳宗元、王安石、司马光、欧阳修、范成大、黄庭坚、文天祥等历代文人学士，都写下了大量的颂扬诗文。文天祥更以张巡为榜样来鼓舞自己的抗元斗争。

（二）从睢阳保卫战看唐代守城战

1. 从军事战争角度来看待睢阳保卫战

首先是指挥分工明确，张巡负责军事统驭，"战斗筹画一出于巡"，而许远担负调运军粮、修理战具等后勤保障工作，二者配合默契。叛军重兵包围睢阳，架云梯攻城，又以钩车破坏城上防御设施，又造木驴、磴道进攻。张巡在战争中将其卓越的指挥能力及临机应变能力发挥到了极致，相继导演出了火烧叛军、草人取箭、出城取木、诈降借马、鸣鼓扰敌、城壕设伏、削蒿为箭、火烧蹬道等一幕幕活剧，一一摧毁叛军攻城器械。叛军硬是无法越雷池半步，只好掘壕立栅，改用长围久困的战术，不敢再轻易攻城。从对睢阳保卫战的攻守城作战的较详细记载中，我们可以略窥攻城、守城器械较量之一斑。

2. 在攻守城的具体方法上

可以看到工程作业对抗和大型军事机械在战争中的运用状况，如表4-1-2所示。

张巡睢阳守城战之战术应用　　　　　　　　　　　表4-1-2

序号	战术应用	工程作业对抗和大型军事机械在战争中的运用状况
1	草人借箭	张巡在守城的同时，非常注意夺取敌军的粮草和物资装备以为己用，其"器械、甲仗皆夺之于敌，未尝自修"。守城，箭是一大利器。一次箭用完了，则仿孔明草船借箭之法，在城墙上夜缒草人着黑衣，以为袭营之士，叛军一齐放箭，皆中草人，一夜间得几十万支箭
2	对付带轮云梯	叛军修造带轮云梯，上有一大笼，装精兵200人于其上，推至城边，准备跃上城墙攻城。张巡急命人暗中将城墙凿穿三个洞，等敌人云梯推进，即出一带铁钩的大木，将云梯钩住其实不能退；再出一木顶住云梯，使其不能进。敌进退不得时，再出一木，木末端置一铁笼，内装燃烧的易燃之物，将敌云梯烧断，梯上之兵尽被烧死
3	设置敌楼	睢阳城上设有不少伸出城外数尺、专门用于观察和防御敌军进袭的哨所"敌楼"，敌每攻城，均吃"敌楼"大亏
4	对付钩车	尹子奇命人造"钩车"，顶设巨型铁钩，"敌楼"遭此车钩击，莫不立时摧毁。张巡命人在大木顶端扎上铁链、铁环，套住钩车车头，拉入城内，钩去铁钩
5	对付木驴	尹子奇再令人造"木驴"，内藏士兵，运至城下，企图挖掘城墙，而城上射下的箭矢、投下的滚木擂石均不起作用。张巡乃命人倾下沸腾的铁水，将"木驴"烧为灰烬

续表

序号	战术应用	工程作业对抗和大型军事机械在战争中的运用状况
6	火烧蹬道	尹子奇无奈，采用最简单的"蹬道"攻城法，即强命士兵将装满泥土的布袋和柴草混合堆成一条斜坡，不顾牺牲，直通城上。张巡假装无计可施，夜里却命士兵暗将松明等引火之物投下，混于"蹬道"之中。经二十余日后，"蹬道"筑成，尹子奇十分得意，准备次日攻城。张巡看准时机，突然率众出城大战，尹子奇慌忙迎战。张巡却暗中派人去"蹬道"放火，等叛军发觉，火势冲天，扑救不及。大火直烧了二十余日方熄，"蹬道"荡然无存

资料来源：陈建林. 略论张巡领导的雍睢保卫战 [J]. 北京大学学报（哲学社会科学版），2000（5）: 134-141。

3. 在守城战斗中重视构筑纵深工事

纵深工事可以加大防御纵深。凡进行坚守防御的城池，除加强城墙等主体工程外，一般还增筑了城内的重城和城外的羊马城以及壕、栅等附加工程。安史之乱时，张巡守睢阳，李光弼守太原和河阳，此三城均曾在城外增挖外壕、增建木栅或增筑并据守羊马城，以增大城池的防御纵深[1]。这种将野战工事与永备工事结合一体的做法，对提高守城战斗的稳定性和韧性，起了很好的作用。但是攻城的叛军，为防止城内守军出击，也采用构筑纵深工事的方式，沿城挖掘了三道又深又宽的壕沟，造成守城方的被动。

自《墨子》概括出攻城十二法之后，中国冷兵器时代的攻城方法以及对应的守城方法一直没有大的变化，秦、汉至隋、唐的城市及营垒的攻防作战，从总体看没有超出墨翟所及战国时城池攻防战术的范围。但从具体战法上看，也有了一定程度的发展。在火器出现前的5000年中，城池防御体系也在不断发展变化之中。吴庆洲先生将火器出现前城池防御体系发展归纳为12个方面[2]: ①城墙由一重演变为二重、三重；②城门外加筑瓮城；③城墙减少外侧面的倾斜度；④城墙上增建敌台；⑤城门前护城河上建造吊桥；⑥增设羊马城；⑦城墙上方增筑女墙；⑧城隅设置角楼；⑨城门设闸门或木栅；⑩建设具有排水和军事防御双重功用的排水道口；⑪城外建弩台；⑫以砖石包砌城墙。

第二节　明清归德府城的军事防御营建

历数明清商丘的历史，归德府城经历了真正的兵荒马乱，也经受住了

---

[1] 详见《旧唐书·徐远传》和《晋书·李光弼传》。
[2] 详见: 吴庆洲. 中国军事建筑艺术 [M]. 北京: 中国建筑工业出版社，2005.

历次战争动乱的洗礼。从军事战略意义上来看，其作为掌管豫东诸县的府城所起到的军事作用，远远超过防守一个城池的军事防御水平。考察其历史时期军事防御情况，应从多个视角出发。

一、归德府的军事防御体制 [1]

明代的地方防御分军事与民事两大体系，除了纯粹军事化的卫所，仍然设立归属于州县统率的巡检司，以便备御地方盗贼。

（一）归德府的城市防御体制

《明史兵制》载：初设河南都司，属卫十九。分归德、睢阳为二卫。归德卫于商丘，睢阳卫于睢州。其后归德卫属中军都督府在京，睢阳卫仍属河南都司。卫所之外，郡县有民壮 [2]。弘治七年立金民壮法，有司训练，遇警调发，给以行粮，而禁役占放买之弊。

明代府级的军事行政组织基本上由卫、千户所和百户所组成，各以其地理位置命名。每个卫受一名正三品指挥使、两名从三品指挥同知和四名正四品指挥佥事的节制。每卫还各设两名从五品的镇抚，并设一所武学。据嘉靖《归德志》[3] 载：

（卫）指挥使六人，正三品。同知八人，从三品。佥事十一人，正四品。每五年直隶抚按提。奏推选一掌印总卫事，一清戒管屯局，一管操巡捕巡盐俱称协理，一管漕运，二领春秋两班京操，余皆守城。（属）经历一人，从七品。卫镇抚一人，从五品。

而负责归德府城市防御的军事力量来自于军兵，具体如下配置：

归德卫城操，马步兵共一千五百四十三名，内有马四十二匹，巡捕军丁三十名，巡盐兵丁二十名，局匠七十三名，军需料丁七十三名，递解军丁四十八名，四门守卫军丁一百八十六名，看监军四十八名。

府城护城堤西南门内设有军校场以作训练。"凡守干城者，平居于《武经七书》、《百战奇法》、《古今名将传》，戚继光《练兵纪实》诸篇，日读月讲，皆有良法。而枪如何刺，刀如何抢，棍如何击，炮如何发，箭如何射，城如何守，壁如何攻，号令如何习熟，坐作如何齐一，饥渴如何预备，器械如何整修，如此之类，吕新吾于武职二篇论之特详，知方略者固宜究心也。即州县职司文事，弭盗有法，亦有裨于武备焉。"

---

[1]　明清的军事防御体制分为边地与腹里两大部分，而腹里防御主要分为城市防御和乡村防御两大部分。防御体制主要包括专职防御机构的设立、具有防御职能的行政管理体制、军事力量的来源及防御工事的构建等方面。

[2]　民壮即为雇用当地农民形成的业余军队的简称。设置民壮的本意，就是为了兵农合一，使百姓各护其家，担负起保卫家乡的职责；民壮实行的是有给制，壮丁得领授口粮、饷粮；另外，对于民壮，一旦国家有事，可调遣从征或入伍，事平复就业。

[3]　嘉靖归德志，卷1，建置志·武备.

（二）归德府的乡村防御体制

巡检司[1]是专职的乡村防御机构，据《归德府志》记载，"明正统十年，佥事柴华奏设，知州卫庸于距城北三十里建丁家道口巡检司。嘉靖三十五年裁。管河主簿之在丁家道口者，改其署为巡检司，而巡检旧署废。到了清代，巡检亦裁。"

保甲与火甲[2]是防御职能的乡村行政体制。

乡村的军事力量来自于民兵与乡兵，主要有隶属于地方巡检司的弓兵、负责保卫本乡里的乡兵，即"所在乡里团结保守者"，还有雇用的士兵。也可由县官委托义民、义官、乡长负责防御，其防御设施一应俱全。

乡村的防御工事包括乡村民城、堡、寨、土围、土楼、阁、栅、关隘等。民城或修于商业繁荣的市镇，或筑于地理位置险要之处，而地方官府派出官员，在民城内驻扎，设立官署，至当地办公；堡、寨的防守，一般也是由官军承担，有时由军民共同防守，也有民间自己承担的；关隘则是乡村防御工事的重要一环。这种关隘，或属地方巡检司管辖，或由卫所军兵守御，或由佥充乡夫把守。

二、府城保卫战

在明清时期，归德府城经历了几次大的战争浩劫。由于其所在地理位置，其战争的性质均为国家大型内乱，即农民军起义，其影响力波及全国层面。

这些战争对于归德府的发展具有重大的影响。解读其战争历史（表4-2-1），对于进一步了解归德府城的军事作用非常必要。

明清归德府城保卫战　　　　　　　　　　　　　　　　　　表4-2-1

明	正德六年（1511年）	十月，河北文安人刘六、刘七、齐彦等率农民起义军，连破永城、虞城、夏邑，攻归德，为守将万广所拒
	嘉靖三十二年（1553年）	柘城远襄人、盐贩师尚诏发动数千农民起义。九月，破归德城，其党启门纳之，放狱囚，夺银库，但不入学舍，不杀生徒，拥众数万，先后破一府二州八县，豫、鲁、皖三省震动

---

[1] 巡检司大多设在津要之地，任务是盘诘奸细，除了设置城池、烟墩防御盗贼与外警以外，还设立关卡，盘查过关行人。巡检司一般设有巡检一员，司吏一名。巡检官从九品。巡检下辖弓兵30、50名不等。弓兵来源，在明中期以后，大多实行招募，即所谓的"募民充役"。巡检司有自己的办公廨舍，也有自己的管辖区域。辖区或以原有的地理单位即乡都为基础，或以新的行政单位即里甲为前提。

[2] 明代保甲制不是由政府统一规划，一体实行，而是由各级地方政府官员自行实施，体制不一，因而具有明显的地方及个人特征。以维护治安稳定。其重要职能就是弭盗防贼、守望相助。但也以教化为根本职责。

明	崇祯八年 （1635 年）	三月，李自成率义军攻破归德府城外堤，死者万人
	崇祯十五年 （1642 年）	三月初，李自成、罗汝才、袁时中 20 万众，号称百万，所向披靡。三月二十三日破睢州，知州逃。同日，破宁陵。三月二十六日攻占归德府。同知颜则孔、推官王世琇死之。同时死者十余万人
清	乾隆四十八年 （1783 年）	柘城人王立山利用白莲教组织，在大梁集等地起义，联合亳州、商丘等地教徒，围攻柘城，大败前往救援的官军，并杀死归德府参将赵万里
	咸丰三年 （1853 年）	五月，太平天国北伐军林凤翔、李开芳、吉文元部由亳州克永城，挥师西上。六月十三日，归德群众引太平军自南北二门攻入府城。全歼清军 3000 余人，获火药 2 万余斤，铁炮无数。知州陈介眉、知县宋锡庆逃，被清廷处死。七月初九，太平军撤出归德。九月十八日，归德府属各县开办团练。商丘、鹿邑、宁陵、柘城及亳州团丁会哨于陈家集
	咸丰五年 （1855 年）	六月二十三日，张乐行败清协镇宋连泰于马牧集，擒商丘候补知县史九春。二十九日破马牧集、虞城（今利民镇），继而进攻归德，未克，西撤。十一月十八日，清河南巡抚英桂至归德督剿。十九日，捻军攻虞城，武隆额逃归德。二十日，捻军直逼归德。二十一日，围攻府城。二十三日夜，捻军撤围，入柘城境
	咸丰六年 （1856 年）	正月，清廷以英桂督办三省"剿匪"事宜。二月初八，捻军攻商丘顺河。知府王子斌令刘廷栋截击。张乐行、苏天福率众云集永、夏，包围清军，进逼府城。四月初一，龙德照、刘廷栋堵截捻军于商丘李口，相持 107 天，激战 6 次
	咸丰八年 （1858 年）	十月初五，巡抚英桂上奏清廷，改归德营为归德镇，设总兵，驻府城。十七日，蒙城、亳州捻军孙葵心、刘狗部三路入境。二十四日，围攻归德府，未克，经柘城转太康。是年，各县当局大办团练，农村豪绅筑寨，计 47 处
	咸丰九年 （1859 年）	正月，捻军孙葵心、刘添福自会亭驿攻归德，焚东、西二关。二个月之内四次入归德境。河南巡抚垣福、南阳镇总兵邱联恩、归德知府孙鸣珂集精兵堵击捻军，捻军始撤。九月十七日夜，捻军两路出击：一路由韩信店进攻归德，一路越柘城西进。清将关保令承惠返归德与庆文"会剿"
	咸丰十年 （1860 年）	四月，清廷令关保至归德督师
	咸丰十一年 （1861 年）	八月二十二日，捻军李大个子率马步数千由永夏交界突入会亭驿。清河南团练督办毛昶熙驻归德，急调吕良河部扼守道口，命总兵成景率标兵出击。捻军疾撤。八月，金楼寨（今虞城马牧集东 10 里）白莲教首领郜永清率众起义，周围数百里纷纷响应，张乐行派刘老渊支援，军威大振。准备八月初一建立政权。清廷恐惧，派兵"围剿"。十月，郜永清牺牲。弟妻郜姚氏率众继战。僧格林沁、毛昶熙亲至寨下督战，守至隔年（1863 年）二月，寨破，郜姚氏及诸首领就义，群众 1400 余人全部被惨杀

121

同治六年 （1867 年）	二月初七，李鸿章至归德指挥"剿捻"
同治十三年 （1874 年）	捻军赖文光、任化邦由山东境至，围攻归德府城，未克

资料来源：据商丘县志、归德府志、商丘地区志内容整理绘制。

三、从古城布局看军事防御

明清时期城市的军事防御设施建设一直较前朝更为重视[1]。对于明清时期的商丘古城自身，其城墙、城壕不但完备，还延伸出以护城堤为外城等专门的城市防御设施。三者的有机结合形成了特色鲜明的军事防御体系。

（一）多重围护的平面布局

一般的城池防御，以护城河为抵御外敌侵犯的第一道屏障。魏源在《圣武记·城守篇》中记载了壕池的规划设计要点：一宜深，约三丈左右（合9.6 米）；二宜阔，约十丈左右（合 32 米）。而商丘古城的护城河有其独到的地方特色，不仅有包围城池的深阔壕池，在城南南门还有南湖大面积水体的存在，二者连接形成巨大的城湖。护城河距城 3.5 米，水面宽处 500 米，窄处 25 米，围城一周，只有四门通过四个拱桥。城南水面南北宽 500 米，东西长 1300 米，水深约 1—5 米，水面约 2500 亩。在火器时代，宽广的水域在无形之中要求增加射程，为进攻加大了难度，这是在防御手段上对水系的巧妙利用。

但是，对于商丘古城来说，其第一道屏障却是环绕护城河外围的护城堤，护城堤外还有堤河连接自然水道。护城堤距城一里许（约 550 米），围一十六里（约 9 千米），阔二丈（约 7 米），址阔六丈一尺（约 20 米），堤高为城墙高度的一半约 5 米。外围河堤无疑加大了城池防御的主动性，在战时，堤内的居民撤入城内，其住所为守御的士兵提供休息的场所，特别利于持久守城的战争类型。护城堤同时兼有军事掩体的作用，由此形成了以护城堤和城湖为天堑的城二重壕二重的军事防御格局。其形胜大有不战而屈人之兵的气势，这可以从与平遥古城的城墙防御及附属设施的对比中看出来（表 4-2-2、表 4-2-3）。仅从马面和敌楼的设置数量以周长比来衡量会发现：假如以平遥古城的设置为标准，商丘古城至少要设置角楼和马面各 50 个。而实际上，敌楼只用了 13 个，省去 3/4；马面仅有 9 个，省去 5/6，造成这些的主要原因就是商丘古城的护城堤与城湖相结合带来的威力。

---

[1]　中村圭尔，辛德勇．中国古代城市研究 [M]．北京：中国社会科学出版社，2004．

商丘和平遥城墙基本情况对比表　　　　　　　表4-2-2

比较项目	平遥古城	商丘古城
城墙长度（米）	6163	4360
城墙高度（米）	6—10	8
城墙顶宽（米）	3—5	3—5
城墙底宽（米）	10	10
古城面积（平方千米）	2.25	1.13
古城东西宽度（千米）	1.51	0.98
古城南北宽度（千米）	1.41	1.23
历史城门数（个）	6	4
新开城门数（个）	0	0

资料来源：刘利轩. 商丘与平遥古城空间形态比较研究 [D]. 郑州：郑州大学，2010：33—34。

商丘和平遥城墙的防御及附属设施对比　　　　　表4-2-3

项目		平遥古城	商丘古城
城楼		6处，东西各2，南北各1	4处，东南西北各1
角楼		4处	4处
敌楼		72处	13处
马面		72处	9处
垛口		3000个	3600个
瓮城		6座	4座
城门		6座	4座
水门		无	2座，南门东西各1
其中	东门	2座，名曰：亲翰门、太和门	1座，名曰：宾阳门
	南门	1座，名曰：迎薰门	1座，名曰：拱阳门
	西门	2座，名曰：凤仪门、永定门	1座，名曰：垤泽门
	北门	1座，名曰：拱极门	1座，名曰：拱辰门
奎星楼		1处，原址重建	无
点将台		1处，建筑已毁	无
文昌阁		1处，已毁	无

资料来源：刘利轩. 商丘与平遥古城空间形态比较研究 [D]. 郑州：郑州大学，2010：34。

（二）城池合一的立体架构

商丘的护城堤、城湖与城墙三者关系密不可分，一直是明清商丘古城防御体系中的重要组成部分，与护城堤、护城河、城门等共同构筑了以护

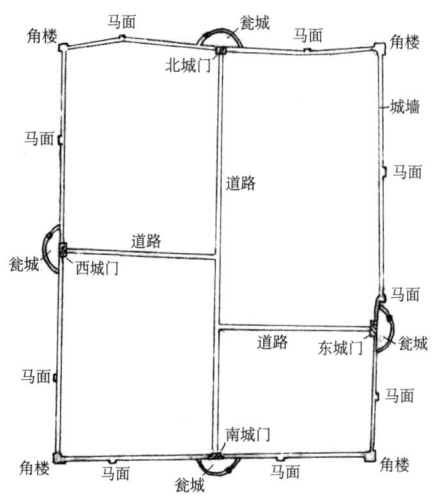

图4-2-1 明归德府城的城防布局示意图
（资料来源：商丘市规划局底图）

城堤、护城河为前线，以城门、角楼为重点，以城门楼、马面为连线，点、线相连编织成的一个严密的高空火力网，以保卫府城（图4-2-1）。四门城楼为二层建筑，利用其凸出和高大的优势，士兵可驻守之上观察敌情，又能及时克制敌兵在城下的进攻。通过与前方护城河的配合，与正面及左右楼间营造出来自三个方向交叉火力的威力，从而获得战争的主动权。

（三）高度强化的重点设置

城门作为城市内外交通的主要出入口，在战时却是城池防御的薄弱部位[1]。作为维系全城安危的关键之处，商丘古城在四个城门外均筑有与主体城墙连接的外瓮城，是城门之外的第二道防线。四座瓮城置有四个扭头门，东城门南扭，南城门东扭，西城门北扭，北城门西扭，形成南东、北西瓮城分别两门相间的八开之门。并且，古城东、西两门被有意识错开，不在同一轴线上，西城门偏北，东城门偏南，两门相错一条街。瓮城扭头门的设计加强了城门处军事防守和防御洪水的能力。此外，商丘古城城墙为矩形，四角不仅是防御阵地的突出部位、两面防御的结合部，也是外敌进攻的首要之处。四角外建的方形角台使之与护城河拐角形成了良好的互相拱卫的态势，这样既在四门处及四个城角借助护城河形成了高度强化的防御体系，作为原有薄弱部位的城池入口及城角，也被强化为战时坚强的支撑点，有利于防御作战的展开。

第三节　明清归德府城池的军事营建特色

一、军事筑城细部

归德府城属于平陆筑城，其外城堤、内城等两重城墙的建筑方式不完全相同，主要特点都集中于内城的建筑上。内城周长约4327米，北墙993

---

[1] 古城城门结构坚固，其城门的高低、宽窄建造得十分科学。以北城门为例：城门洞以装门处为界分内外两段，面向城里的门洞修得高大、宽敞，洞高6.32米，宽5.37米，进深15.15米，可供多辆马车同时通过，有利于拥兵待发。而面向城外的门洞则低矮、窄小，一般只有5.15米高，5米宽，进深5.43米。这样窄小的门洞，显而易见是易守难攻。赵彤梅.商丘归德府古城城门特点探析 [J].山西建筑，2007（2）：63-65。

米，东墙 1210 米，南墙 960.6 米，西墙 1201 米。归德府城的主体防御工程，由城墙、城门、敌台、角楼、水门与护城河组成，有明显的军事筑城特点。拟从军事防御上的不同功能分类详细论述。

（一）城池防护设施

1. 城墙墙体

城墙是古代城市周围建造的一种封闭性高墙，断面为梯形，城顶外侧砌垛口（也称雉堞），内侧砌女墙。商丘古城城墙周长 4476 米，城墙底宽 10 米，上宽 6.7 米，墙高 7 米，其上底、下底、高之比为 2∶3∶2，上砌 1.8 米高的女儿墙（图 4-3-1、图 4-3-2）。先修筑土城墙，随后在两侧各筑 1 米宽砖，将土墙包实，墙顶铺以青砖（图 4-3-3）。每个城门有登城的马道（图 4-3-4）。城墙的顶部外沿一周用大砖垒垛口 3600 个，每个垛口大小形制相同，宽 1 米余，高 1.6 米。内沿则为半腰高的女墙，中间形成宽阔的路面。

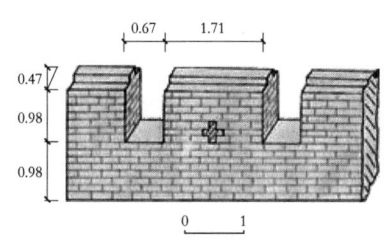

图4-3-1 女儿墙与垛口示意图（单位：米）
（资料来源：作者自绘）

图4-3-2 女儿墙与垛口

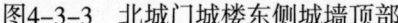

图4-3-3 北城门城楼东侧城墙顶部

图4-3-4 北城门城楼东侧及蹬道

2. 护城河与河桥

护城河又称为城河、城壕或护河，环绕于城墙外侧。魏源在《圣武记·城守篇》中记载了壕池的规划设计要点：一宜深，约三丈左右（合 9.6 米）；二宜阔，约十丈左右（合 32 米）。在挖城壕时，往往把出土用以筑墙，挖池筑城同时进行，省工省力，是城池建设的普遍经验。归德府城的护城河（图 4-3-5、图 4-3-6）有独到的地方特色，不仅有包围城池的深阔壕池，在城南南门还有南湖大面积水体的存在，二者连接形成巨大的城湖，军事防御特色突出。

　　护城河道在城门前，府城原为吊桥，桥身是用榆木或槐木制成的。吊桥的存在使进攻者不能蜂拥而至，兵力相对分散，给守城带来了极大的便利。到了后来，由于吊桥失去了军事壁垒作用被全部拆除，在四门外分别修建了砖券拱桥[1]。府城四门外均有宽大平直的桥梁，这样既利于车马通行，防御时又不阻碍视线。"桥：皆跨城濠。东曰先春、西曰溯洛、北曰拱极，皆旧建。"

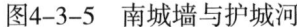

图4-3-5　南城墙与护城河　　　　图4-3-6　西北面城墙与护城河

（二）出入口防御设施

1. 城门[2]

　　城门作为一组防御设施建筑是整个城防体系的重点，又是薄弱点。归德府城的城门（图4-3-7至图4-3-16）由三部分组成：城楼、城台、门洞口。城楼为两层，城门洞在装门处分为里外两段，其中面向城里的门洞高大，而面向城外的门洞窄小，显示出易守难攻的军事防御特色。

图4-3-7　北城门旧貌　　　　图4-3-8　北城门城门洞

[1]　内部资料《解说古城》，2005。

[2]　归德府的城垣和城门，至今已有500多年的历史。随着历史的变迁，城市建设的发展，城门已历经沧桑。现存城门为明代遗存，仅存城门洞、城台，城楼已损毁无存。赵彤梅.商丘归德府古城城门特点探析[J].山西建筑，2007（2）：63-65。

图4-3-9　北城门全景

图4-3-10　南城门全景

图4-3-11　东城门东券洞

图4-3-12　东城门西券洞

图4-3-13　东城门旧貌

图4-3-14　西城门旧貌

图4-3-15　南城门旧貌

图4-3-16　南城门门洞

2. 瓮城

瓮城使城门由一重变为了二重甚至多重，这不仅更有利于军事防御，而且也利于防御洪水。瓮城平面一般有矩形和半圆形两种，瓮城有两种开门方式：侧面曲折开门和贯通直达开门。归德府城的四座城门外分别构筑有半圆形瓮城（图4-3-17）。但独特之处在于，四座瓮城置有四个扭头门，东城门南扭，南城门东扭，西城门北扭，北城门西扭，形成南东、北西瓮城分别两门相间的八开之门。古城东、西两门被有意识错开，不在同一轴线上，西城门偏北，东城门偏南，两门相错一条街。瓮城扭头门的设计加强了城门处军事防守和防御洪水的能力。部分研究者认为，此布局也富含风水文化的内涵。今四门的瓮城已在民国年间被拆除。

（三）观察、射击防御体系

1. 城台和城楼

城楼是建在城门上方的楼阁建筑，和平时期的城门楼使城市入口处更加壮观威严。战争时期城门楼上层成了昼夜观察敌情和掩护观察人员用的高楼，并起战斗指挥所的作用，城门楼下层还常设暗板，到紧急时可以揭开暗板，向下掷大石头，以打击进攻城门的敌人。商丘古城在四门各建有城楼，用瓮城包围。城台处城墙的面积及厚度增加，既有利于防守，又便于在上面建造城楼。城门楼在民国年间被拆除，留下有西城门楼（图4-3-18）的照片，今已恢复北城及南城门楼（见图4-3-19至图4-3-22）的历史面貌[1]。

图4-3-17　城门外的瓮城图

图4-3-18　西城门城楼旧貌

---

[1]　归德府古城城门结构坚固，布局严谨，外形威武森严，实体敦厚。城台高昂，与洞口之比例呈矩形，四面做侧脚，城台墙高与侧脚之比为：北城门，1∶0.033；东城门，1∶0.053；西城门，1∶0.043。赵彤梅．商丘归德府古城城门特点探析[J]．山西建筑，2007（2）：63-65。

图4-3-19　北城门内侧（西）

图4-3-20　北城门内侧（东）

图4-3-21　北城门楼特写

图4-3-22　北城门楼台与护城河

2. 马面和敌楼

马面，又名行城或台城。马面平面为长方形或半圆形，一般凸出墙垣外表面8—20米，间距为20—250米（一般为70米）。为了防御敌军接近或攀登城墙和更好地组织马面之间的交叉射击火力网以提高战争能力，在马面之上一般都建有敌楼，既可瞭望射击，又可以储藏武器，使城墙的防御性得到发展。在敌楼平屋顶上有时还会建一些瞭望用的小窝棚，名白露屋。敌楼最初是用密排木柱做支架，它向外三面都安装了厚板，外面再包上生牛皮，板上挖有可射箭的窗口。顶上用密梁平顶，平顶上再铺3尺厚的土层以防炮石的攻击。到明代，有的敌楼发展成砖砌的永久性工事。

据《归德府志》记载，归德府城墙上原建有敌楼13处，敌楼筑在每座马面之上，也称楼橹。沿城墙四面，共有9座马面，称为敌台。其中除西门至西南城角之间有两座马面外，其余东、南、北三面的城角之城门间各有一座马面。每座马面的形制大小也不尽相同，如西门向南的第一个马面是一座外观呈半圆形的建筑形制，半圆长30.5米，凸出墙外19.8米，其余马面一般都呈马头形，凸出墙外6—7米，宽12米左右（图4-3-23～图4-3-27）。

3. 警铺

嘉靖三十四年，还建有警铺32个。警铺是建于城墙上、三面伸出城墙外、一面在城墙上的防御设施。伸出城墙外的三面均设有瞭望孔。《归德志》载：

"窝铺：三十座，归德卫拨军卒上宿，分番直夜"，窝铺即为警铺。驻兵防守，具有治安防范和军事防御的双重功能。

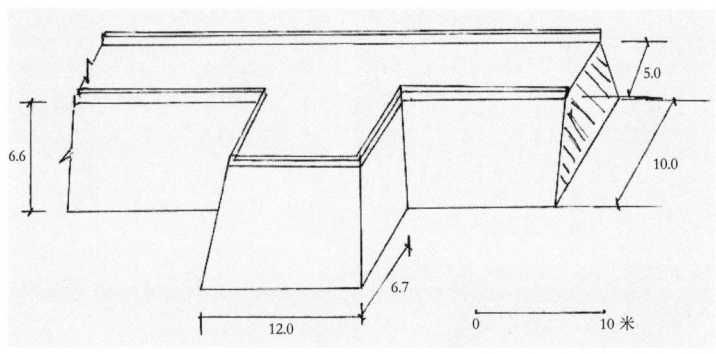

图4-3-23　马面示意图
（资料来源：作者自绘）

图4-3-24　西城墙半圆形马面旧貌

图4-3-25　西城墙半圆形马面现状

图4-3-26　南城墙马面旧貌

图4-3-27　北城墙马面现状

4. 角台和角楼

凸出的方形或圆形角台建于城墙转角处，因为城的四角和其他外凸的转角处容易遭到两个方面的夹攻，所以其上建筑角楼来增强防御。角楼的四壁各开四排射孔，由于角楼凸出在城墙外面，并超过城墙高度，可以从角楼侧射两个方面接近城墙的敌人，威力很大。商丘古城城墙的四个角各有一座宽阔的台面，称角台，凸出城墙之外，其中以城东北角的面积最大，北长 30.30 米，东宽 27.50 米，西壁凸出墙外 6.6 米。城西南角台最小，南长仅 25 米余。其余二角台大小尺寸略有差异。角台之上原有角楼，起瞭望守卫之用。

（四）其他设施

水门涵洞是城墙下部所建的一种排水工程设施，是城市的排洪河道或排水干渠泄水入城壕的地方。据《归德志》记载，归德府城南墙上开有两个水门。"东南（即南门东）一所，知州王范置，西（南门西）一所指挥梅旻置。俱凿城为之，甃以砖石洩城中积霖。"称它为水门（图4-3-28）实际并没有门，只是在近墙基处留下洞口，再用长方形条石垒砌成窗棂形。在战时，水门有着逃生功能。

图4-3-28　南城墙之水门

（资料来源：潘谷西. 中国古代建筑史（元、明建筑）第四卷 [M]. 北京：中国建筑工业
出版社，2009：44）

二、城池维修与整治

城池建好以后，对于地方官员来说一项重要的日常行政事务就是对城池的维护工作，包括修缮与改造，甚至与官员的政绩评估相结合。

（一）政府的修缮措施[1]

由于明末清初兵连祸接、水涝灾害频繁，各地城邑因战争轰摧、洪水冲击、年久失修而倾圮、坍塌、损坏者甚多。仅据康熙三十年（1691年）和乾隆三十四年（1769年）清廷按奏章的不完全统计，各地需要大修的城垣达 371 处，涉及 12 个省，再加上零星上报与批复修城的记载，总数已

---

[1]　钦定大清会典事例，卷867，工部·城垣·直省城垣修葺移建，钦定大清会典事例
（二十），第 15822–15830 页。

远远超过 400 处，可见其修缮与改建工程之浩繁。如不加以修缮与改建，这些城垣将失去其守备的作用，而要修缮与改建这些城垣，朝廷与各地官府都需动员与耗费大量的人力、物力与财力。为此，清廷与各省官府曾采取过多种措施。

1. 由清廷拨发国库存银

如康熙三十年（1691 年），直隶、山东、陕西、浙江、广西、山西等 6 省，共需修缮与改建城垣 212 处，缺银 5 210 000 两。其时清廷大规模战争已经结束，国库存银尚属宽裕，故决定"每年酌拨银 1 000 000 两，统计 5 年，各省城工遂可一律告竣。其如何分别（不同）省份，酌量派拨之处，仍著该（工）部妥议办理"。

2. 由官员捐银修缮

康熙三十三年（1694 年），清廷批准由武官捐银修缮边墙的建议，并规定"各将并量捐银数、修理丈尺，每年造册报兵部察窍具题，照例叙议"，即给予一定的奖励。次年，更规定"武官捐银至 600 两者，随带加一级；300 两者，加一级不随带；100 两者，记录一次"。雍正年间仍有类似的做法。

3. 以工代赈

乾隆二十七年（1762 年），河南省祥符、中牟、偃师等 10 处县城垣的护堤被冲坏，即动用赈济银两集民工修建。

4. 以兵代夫

乾隆三十五年（1770 年），甘肃省将渊泉县城垣移建于戈壁滩地方，所需工力，由士兵代替民夫，每日每工给口粮银 6 分。

5. 地方自筹银两

乾隆九年（1744 年），清廷规定凡修缮城垣耗银在千两以下者，由地方额设存公银内支出。乾隆二十七年（1762 年），清廷又规定凡修缮城垣耗银 300 两以下者，由地方官设法办理，不得动用国库银两。

上述情况说明，除康熙年间修缮与改建城垣费用基本上由国库支出外，其后都由清廷与地方官府分担，其间讨价还价、虚报冒领、克扣拖欠之事多有发生，农民和士兵是劳力的主要来源。

（二）修缮与改建的类别[1]

清前期城垣修缮与改建的类别大致有如下几种：

（1）照原样修复：如原有城垣比较坚固完善，则必须按原有样式修复，务必坚固。若 3 年内发现损坏，则监工官与该省督抚需受降级与赔修的处分。

---

[1] 钦定大清会典事例，卷 867，工部·城垣·直省城垣修葺移建，钦定大清会典事例（二十），第 15822—15830 页。

（2）小修小补：对于城垣的微小坍塌，则由地方官于农隙时修补。

（3）移址改建：如乾隆二十四年（1759 年），山东省鱼台县城垣因地势低洼，常遭水患，故移城址于董家镇地方，重建新城。

（4）改变城制：如乾隆二十四年（1759 年），贵州省郎岱同知因原建方形城垣不适于使用，故又改建成长方形城垣。又如乾隆三十三年（1768 年），云南省将缅宁县土城改建为砖城。

（5）增建护堤：如乾隆三十一年（1768 年），湖南省因笔架城逼近朗江，正当水流冲刷之处，故增建护堤一道。

（6）扩建城垣：如嘉庆四年（1799 年），湖南省因乾州厅城四面皆山，形如釜底，城身窄小，便扩建 360 多丈。

（7）增建附城炮台：如道光十一年（1831 年），山西省在捐修襄垣县城时，增建了附城炮台。此后增建附城炮台的工程便日益增多。

（8）全面大修：乾隆四十六年（1781 年），清廷因陕西省西安自汉以来从未进行大修，四面城墙多处鼓裂坍塌，特派钦差前往修葺，用银 1 618 000 两，是大型城垣一次规模较大的修缮。

上述经过修缮、改建后的城池，其结构、布局、装备都得到了一定的改善。更为重要的是，附城炮台的建筑为古典的城垣城池式城防工程向炮台要塞式城防工程的过渡，打开了新的局面。

（三）归德府城的修缮与改建

新建的城墙城池式城防工程，在清前期虽说少见，而且又都是中小型的，但清廷工部还是颁布了《工程做法·建造城垣》[1]，从建筑技术、工程规范、工艺要求等方面，作出了比较具体而详细的规定，反映了火炮大量用于城防后，城防工程建筑开始发生演变的状况，具有明显的时代特色。

虽说归德府城的城防工程在明代不断地修缮与改造，已经比较完善，但明末农民起义的两次毁城，使得府城面目全非。后在历届知府的主持修缮下，重新成为一座坚城。

1. 以营兵驻守城池的外围

据《商丘县志》记载，军教场在外城西南门内，地五顷余，旧有营房数百间，至清代多赁为民居。铺舍有总铺在府治西。金铺、欢堌铺、李二铺以上东路；徐村铺、高辛铺以上南路；西铺、水池铺以上西路；林铺，北路。但是到了清代，虽额有铺兵，而铺舍久废矣[2]。

在城内设有军事总部。明代时，归德卫设在大隅首西，清代废除。在

133

---

[1] 具体内容详见《钦定大清会典事例》卷 867《工部·城垣·直省城垣修葺移建》，钦定大清会典事例（二十），第 15825—15827 页。《工程做法》颁布于雍正年间，其规定也适用于原有城垣的大修或改建。

[2] 康熙商丘县志，卷 1，公廨．

县治东北孝行街，明代设有守备署，明在归德置南京守备等职，多以勋戚及太监任之。其后军事日繁，一城一堡亦置守备，明嘉靖四十年改参将府后裁去。明代的参将位次于总兵、副总兵，分守备路。到了清代，复设参将，移驻城东南民居，今名兵街，中军守备署在其后。清代参将为绿营的统兵官，以守备为绿营武职，分领营兵。而中军的性质相当于总督、巡抚的卫队长或副官长[1]。

2. 修缮城垣及护城河

归德府城建于明弘治十六年（1503 年），至康熙四十四年（1705 年），已沿用 202 年，其间因战争、水患或自然损坏者时有所见，于是修缮城垣之事，《归德府志》及《商丘县志》中也多有记载[2]，详见表 4-3-1。

明清商丘归德府城池修缮情况一览表　　　　　　　　　　表4-3-1

序号	朝代	年份	城池修缮情况
1	明	弘治十六年（1503 年）	知州杨泰主持在原城北修筑新城（即现存归德府城），历时八年土城墙修筑完成，随后在两侧各筑 1 米宽砖墙将土墙包实，墙顶铺以青砖
2		正德八年（1513 年）	知州刘信建四门外楼（即瓮城门楼）4 座，东门和南门内楼 2 座
3		嘉靖十九年（1540 年）	都御史魏有本檄知州李应奎筑城堤，归德州城开始出现外圆内方，城墙、城湖、城堤三位一体的完整格局
4		嘉靖三十四年（1555 年）	知府王有为重修城池。又修筑西门和北门内楼 2 座，东南门楼二，俱加修葺。同时又增置角楼 4 座、敌台 13 个、警辅 32 个
5		嘉靖三十七年（1558 年）	知府陈学夔在巡抚章焕要求下包砖城门 4 座：东宾阳、西垤泽，南拱阳，北拱辰。知府陈洪范、罗复继修之。明末寇变拆毁者十之三。知府张若愚重修四门。知府王范和指挥梅旻分别在南门东西两侧各建一个水门
6		崇祯八年（1635 年）	春二月流寇趋宋，四方村民避居于城逼狭不得容，遂环堤而守之。树以门栅，编以篱木，及贼破堤而杀者万人
7	清	崇祯十二年（1639 年）	遂因堤筑城，以砖砌之，外圆内方，堪舆家所谓"钱形"金戈之象也。……自贼破城，而平其外郭之半，而复为堤。……则夫城下半之砌砖者不可去也。又外城东、西、南、北及东南、西南、西北有七门焉，宜塞之，而人行其上如堤之道路，即黄河冲决，缓急亦有可恃矣
8		康熙二十六年（1687 年）	知县周宗义重修，复建门楼

资料来源：据康熙商丘县志，卷1，城池编绘。

---

[1]　同上。
[2]　乾隆归德府志，卷11，建置略上及康熙商丘县志，卷1，城池.

3. 修缮及改建城上守备设施

归德府城上的守备设施在原建规制的基础上，随着当时城防的实际需要而进行了修缮及增建。如先是瓮城的增建，接着门楼包砖，增建敌台、角楼、警铺，后又有雉堞等。也反映出因火炮用于守城后城垣的改建状况，具体记载详见表 4-3-1。

4. 改善守城装备

守城装备虽然在志书中未提及，但在清末与捻军、太平军的战争记载中，稍有提及的有火药及铁炮。今记之如下：

文宗咸丰三年（1853 年）六月十三日，归德群众引太平军自南北二门攻入府城。全歼清军 3000 余人，获火药 2 万余斤，铁炮无数。知州陈介眉、知县宋锡庆逃，被清廷处死。[1]

三、《救命书》所体现的古城军事防御方略

城垣在大规模战争中的防御功能已经不强，但在应对局部小规模的战乱中，城墙仍具有不可替代的功能。归德府在明清时期的战乱之中，城池屡遭攻陷。在商丘本地，却有一个有心人，不遗余力地研究关于地方城池的防御策略与具体措施方法，并且其法得到了本地区之外的推崇。这是归德府对于国家城池防御的重大贡献。

（一）吕坤与明后期的归德府

1. 吕坤其人

吕坤（1536—1618 年），字叔简，晚自号抱独居士，河南商丘宁陵人，是晚明政坛、学界颇有个性、独具特色的一位历史人物[2]。吕坤为官清廉、刚直不阿，因向皇帝上疏而遭小人陷害，无奈谢官回乡。乡居期间，勤于著述，孜孜于讲学，并十分注重调查研究，深入实际了解民间疾苦，并通过访察民众实情，考验官员之贤否，对许多社会问题无情揭露、积极救治，对于维护社会秩序的地方实践，深刻影响了明后期归德府的地方事务及官员的实干精神。表现在维护地方军事及灾害防御方面的就是他的《救命书》，体现其对社会现实问题的极大关怀及真正的实干精神。

135

---

[1]　商丘地区地方志编纂委员会编. 商丘地区志（上卷）[M]. 北京：生活·读书·新知三联书店，1996：42.

[2]　隆庆五年（1571 年）进士，万历二年（1574 年）授襄垣知县，因政绩斐然，后不断升迁，历任大同知县、吏部主事、山东济南道右参政、山西按察使、陕西布政使、巡抚山西右佥都御史、都察院协理院事左佥都御史、刑部右侍郎、刑部左侍郎等职。万历二十五年（1597 年），上《忧危疏》，纵论时务，针砭时弊，力劝皇帝励精图治，但疏入不报，反遭给事中戴士衡谗言，无奈"以疾乞休"，致仕归乡。黄晓燕. 吕坤社会救济思想研究 [D]. 苏州：苏州大学，2012.

2. 明中后期归德的社会动乱局面

明中后期归德的社会矛盾较为突出，社会动乱一直没有停止过。大约自正德年间以来，归德就有零散的社会动乱。至嘉靖年间，社会动乱渐具规模，如师尚诏事件[1]对当地的影响就很大，此事不止一次经士大夫提起[2]。万历年间，随着自然灾害的严重，民众结聚为盗的现象非常严重，杨东明在《饥民图说疏》中记载了当时的状况[3]。可见，在明末战乱之前，归德府的地方动乱已经如火如荼。

（二）救命书对城池防御体系的论述

1. 救命书的城池防御理念

邑旧有城，卑恶难守，且距堤不及二十武，高下相埒，藉令有绿林潢池之警，是殆为敌人增负嵎之势也。司寇吕新吾先生忧之，建议撤去旧城，展拓堤上，四面甃以砖石，益以瓮城，屹然崇墉可守矣。又虑守之无具，且无法也，乃作为是书，名之曰"救命"。……是书则专为吾邑区画，盖更为精详周到云。……是书于城守器械、兵卒布置等事，皆不及详论，盖其本为晓喻邑人而作，但以保存性命为本，若解围破敌之权谋，则非所措意耳。

2. 救命书的防御理论简述

吕坤在救命书的自序中称"是书也，信之则为活人，忽之则为死鬼，故名之曰《救命书》"[4]，可见他对城池防守的重视及致力于改善城守弊端的良苦用心。全书共一卷，所谈均为守护城池的方方面面事宜。具体论及"城守事宜"有二十八条，"遇变事宜"有四条，"预防事宜"有十条，共计四十二条，以条款的形式来论述，其中每一条讲述具体的一种情况，翻阅及学习起来非常方便。

首先是"城守事宜"，主要讲述日常和平状况之下应该提前做好的预防工作，包括以预防敌人来袭所需要的基本守城设施、守城人员、临时战备组织等，还简要论述了守城的基本方针。其次为"遇变事宜"，主要讲述敌入城前后应变之法。最后为"预防事宜"，主要讲述要注意修缮城池城堤、注意练兵，以预防不测。

---

[1] 嘉靖三十二年(1553年)，柘城师尚诏等三百余人，作乱于柘城县北之远襄城，旋即攻破归德府，放其狱囚，夺其帑藏，屡败官军，又攻克柘城、鹿邑、睢州等地，河南、山东、南直隶三省为之震动。

[2] 吕坤后来追忆道："师尚诏初起远襄城时，家中显然屯聚者曾有百人乎？一出归德，便有三千余人，离鹿邑、柘城，则万余人矣。"（吕坤：《展城或问》，《去伪斋文集》卷7）

[3] 难支岁月，乃相约以捐生；无耐饥寒，遂结聚而为盗。昼则揭竿城市，横抢货财；夜则举火郊原，强掠子女。据此汹汹靡宁之势，已有岌岌起变之形。光绪虞城县志，卷8，艺文志·济民图说疏。

[4] 因其城守所谈是归德府地区的现实状况，因此对于了解明清归德府的城池防御非常重要，故将全文附在全书的附录部分。

书中所说的具体事项虽然是针对宁陵的城池而设想的，但却是当时归德府地区社会现状的普遍反映，《救命书》的防御措施带有普遍可行性，可以归结为归德府地方人士对于地方城池防御的策略与具体措施方法的研究成果的具体体现。

特别是书中所说的"城守事宜"中的第 10 条敌攻城七乘、第 11 条扰我十术等，对于任何地方的城池守卫均有启发。后人跋称此书非独救一方民，信非虚誉也。

本章小结

本章系统考察了商丘古城的军事防御体系。从对历史时期商丘城池的防御营建中可知，不论是周代宋国城时期还是唐代睢阳城时期，在没有天险可依的情况下，周代宋国城体现了城池营建技术的高超水平及对周代"城守"理论的应用；而唐代的睢阳城更多地体现了古代城邑保卫战以少胜多的军事对抗能力及守城将帅卓越的指挥能力及临机应变能力。明代是我国古代军事工程高度发展的时期，其间城墙城池式军事筑城已经发展到相当成熟的阶段。归德府作为明代内地的军事重镇，布有军事卫所两个。其归德府城历经新建、修缮与改造，更是经受住了明以来的历次兵患及水患而有"坚城"之称。特别是护城堤和城湖为天堑的城二重壕二重的军事防御格局，对其军事防御能力的增强起到了决定性作用，这是商丘古城军事防御的重要特色。同时还有一点不可忽略，那就是归德府地方人士对于地方城池防御的策略与具体措施方法的研究，其中吕坤的《救命书》是归德府对于中国古代地方城池防御理论的重要贡献。

137

第五章 八卦城之明清商丘古城营建

　　"八卦城"是指明清商丘古城的城市布局是依据"阴阳五行八卦"的古代哲学思想营建的，暗指古城性格中的文化特质显著。在立足历史文化名城的背景下，本章主要考察明清商丘古城的营建特色，并力求在对其营建历史的细致梳理过程中进一步探究"八卦城"背后蕴含的地域文化层面的社会人文因素对城市性格塑造的影响。鉴于这种前提，有必要对明清商丘古城做一简要说明。在明清时期的商丘，先后有两座古城存在过。早期的古城，就是可追溯至唐宋时期的睢阳城，该城水淹之后迁到的新城，也是本书的研究对象。睢阳城存在至少1000年之久，且在明朝时期存在173年，见证了商丘历史上许多重要的时刻及时段。仅从新城建设角度来看，它起到了很大的铺垫作用。比如，地区社会的重建，社会中坚力量的孕育。关于新城建设的史料很有限，要了解与其营建相关的细节，这段历史颇为重要。新城的建设与当时城市发展水平息息相关，其建设的起点取决于此。除了政府的规划，还有哪些力量会参与进来？会对城市产生什么样的影响？基于这样的思考，本章拟分析三个问题：①复原归德府城的社会历史背景；②新城的规划思路分析；③体现新城的自身特色在哪里。

第一节 归德府城的社会历史背景

　　明清归德府城是指现在仍然存在的、保存完整的商丘古城。其建城于1506年，建城背景是在原城池被水淹、无法继续使用的前提下，在旧城北新建的一座城池。虽然它是一座新城，但是与旧城却有着不可分割的关系，本质上是整个城池的迁移。将明初重建后的城市，在经过140多年的发展之后，由旧城址全部迁往新的城址，虽然在格局分布上会有不同，但其历史是有连续性的。因此，在考察明清归德府城之前，有必要将其所经历的历史做一简要回顾。首先，元末战乱之后，归德府地区面临怎样的生存困境；接着，针对这种现状，明初采用了哪些措施来帮助实现地方重建；经过140年的发展，归德府地区达到了什么样的社会状况。本节拟从这三个方面来梳理。

一、明初归德府地区的历史环境

（一）战争、水患对归德府地区的影响

1. 战乱中心

宋南渡后，应天府成为金的统治区域，从此进入"华夷杂处"的历史时期。金占领应天府后，天会八年（1130年）改应天府为归德府。自北宋以降，归德一直是大规模战乱的中心。在金与蒙古的战争中，河南是金政府唯一能控制的地区，也是战争厮杀的主要战场。之后，归德又成为元末战争的主要战场，元末群雄蜂起，干戈不息，中原地区兵连祸结，社会经济遭到了严重破坏，"中原诸州，元季战争受祸最惨"[1]，归德自然难逃此劫。

2. 黄河水患频繁

南宋政府为了阻止金军南下，造成黄河历史上的一次重大改道。第二次重大改道是在金天兴元年（1232年），时蒙古军在河南归德府凤池口（今商丘市西北）人为决河，灌金兵，导致河水首次夺濉水入泗。第三次重大改道是在1234年，时蒙古军决河南开封城北二十余里黄河灌宋军，导致河水首次夺涡河入淮[2]。这种黄河南流夺淮入海的局面，一直持续了600多年。

黄河夺淮使得淮河水系发生了极大变化，淮河的干流行水不畅，水利设施毁废，原本良好的生态水系遭到了破坏，导致其抵御水、旱灾害的能力下降。归德北依黄河，南临淮河，是黄淮平原的中心腹地，从此与黄河水患结下了不解之缘，几乎影响到了归德府整个明清时期。可以说，明清归德府是伴随着黄河水患一路成长而来的。

3. 人口流失严重的灾区

自宋元以来，由于战乱和水患，生态环境发生变化，也最终造成人口大量减少、田地严重荒芜，这些对归德府社会经济的破坏可想而知。长期的黄河水患与军事斗争，致使中原社会很难形成一个聚居的农业社会，亦很难形成稳定的乡村聚落。在朱元璋接管归德之前，整个中原地区人口凋落，元末战乱中归德的土著居民非死即迁。

（二）明初的地方重建

由于元末归德人口锐减，明初归德府遂由府降为归德州，隶河南开封府，统宁陵、虞城、夏邑、永城、鹿邑五县[3]。洪武初年，有司还以"城阔民少"

---

[1]　明太祖实录，卷176.

[2]　韩昭庆．明清时期黄河水灾对淮北社会的影响探微 [A]. 刘海平主编．文明对话：东亚现代化的含义和全球化中的文化多样性——中国哈佛—燕京学者第四、五届学术研讨会论文选编 [C]. 上海：上海外语教育出版社，2006：441- 463.

[3]　直至嘉靖二十四年（1545年）又升归德州为府，辖1州8县，即睢州、商丘、宁陵、夏邑、鹿邑、虞城、永城、考城、拓城，直至清代。明清的归德府相当于现在的商丘地区，现辖梁园区、睢阳区、夏邑县、虞城县、柘城县、睢县、民权县、宁陵县等2区6县，代管永城市。

议裁归德州城池四分之一[1]。鉴于明初中原地区人口稀少、田地大量荒芜的状况，明王朝相继推行迁民垦荒、重编里甲、设置卫所、开垦屯田等一系列政策，以期重新恢复这一战略要地。

1. 明初对农民的安置

首先是整顿户籍管理。"招集流散人民，以实版籍，民至于今称之"[2]。而"招集流散"也自然成为评价明初州县地方官员政绩的主要依据。

其次是实行迁民政策。为了充实中原，明太祖朱元璋实施了强制性政府迁民。洪武、永乐年间，大量移民由山西洪洞迁入归德。据曹树基对河南省商丘县自然村的时代和原籍的统计，认为洪武时代的移民占商丘县全体人口的50%，来自山西的移民又占洪武移民的72%，即山西移民占全体人口的41%[3]（表5-1-1）。

明初商丘县移民统计表（单位：户）　　　表5-1-1

时代	本区	山西	山东	江苏	安徽	军人	其他省	合计
元末以前	18	0	0	1	0	0	0	19
元末	2	0	0	0	0	0	0	2
明初	1	0	0	0	0	1	0	2
洪武	7	42	2	2	1	3	1	58
永乐	11	0	1	1	0	9	0	22
合计	39	42	3	4	1	13	1	103

资料来源：河南省商丘县地名志（初稿），1990年，抽样乡镇：王坟、冯桥、临河店，抽样率15%。转引自李永菊. 明代河南的军事权贵与士绅阶层——归德府世家大族研究[D]. 厦门：厦门大学，2008：21。

接着执行里甲制度。在明初政府迁民落居归德之后，随即被纳入到本地的里甲系统之中。归德州即有从永安一乡到永安八乡共八个迁民乡被编入里甲。明初以后，当外来流民迁入归德时，地方政府遂添置里甲，安置流民。如嘉靖《归德志》载："本州原额版籍地土一十三里，后因各处流来人多，妆添一十三里，共二十六里。[4]"

值得注意的是，根据目前发现的各类民间文献，明初在归德占籍立业的人，一般都不是本地人，而是政府迁民或流散之民，这也折射出明初的

---

[1]　嘉靖归德志，卷1，建置志·城池.
[2]　嘉靖归德志，卷5，官师志·州官.
[3]　曹树基. 中国移民史（第五卷）[M]. 福州：福建人民出版社，1997：253-254.
[4]　嘉靖归德志，卷5，田赋志·马政.

里甲户籍制度基本上是建立在移民社会的基础之上。这些移民通过里甲户籍的整顿，成为编户齐民，逐渐在归德定居下来，对明清归德社会结构的形成有着深远影响[1]。

最后还推出一系列的惠民政策。在地广人稀的中原地区，明初为了防止迁民逃亡和稳定赋役征派，采取了鼓励垦荒、减轻赋役等一系列惠民政策。据《明太祖实录》载，洪武二十一年（1388年），"往彰德、真定、临清、归德、太康诸处闲旷之地，令自便置屯耕种，免其赋仍户部给钞二十锭，以备农具"，并规定"三年不征其税"，"免赋役三年"，"额外开荒，永不起科"等[2]。明初国家为了鼓励农民垦荒，承认其对所垦荒地的所有权，这对安定迁民和开垦荒田无疑起到了积极作用，很多移民纷沓而来。

明朝通过实施政府迁民、鼓励垦荒、减轻赋役等政策，对荒闲土地重新做了重点分配，为里甲制度的建立和巩固奠定了社会经济基础。特别是其迁民政策与里甲制度相互为用，起到了稳定社会秩序的良好效应。

2. 对军队及士兵的安置

朱元璋在编制里甲户籍的同时，又于天下遍设卫所，以安置军队。归德作为通往江南的交通要道，明政府对这一区域非常重视。

首先是设立卫所，实行军事移民。明代在归德境内设有归德卫与睢阳卫，归德卫在明初属河南都司，后属中军都督府在京；睢阳卫于洪武二十二年（1389年）设于睢州，初隶南京，景泰初始隶河南都司。卫所除了正规军，还有大量随军的家属，他们被称为"军余"或"舍丁"，实际上也同军人一道成为明初移民。

卫所军户一般都是来自外地。据嘉靖《归德志》载，千户42人中来自直隶省的有21人，占总人数的一半，其次是来自湖广、山东的各有5人和4人；百户25人中有7人来自河南，6人来自直隶。在明初移民潮中，卫所军户占有相当比例。今日商丘地区各县的自然村镇，几乎50%以上是明代建立的，其中有很多是军籍移民建立的（表5-1-2），并且军户一旦被编入军籍之后，不得改籍，子孙要世袭其业。[3]

其次推行卫所屯田。为了使卫所军户能达到自给自足的目的，明初以

141

[1] 李永菊. 明代河南的军事权贵与士绅阶层——归德府世家大族研究 [D]. 厦门：厦门大学，2008：20-25.

[2] 明太祖洪武实录，卷1930.

[3] 由表可见，明初归德的户籍主要是由民户和军户构成，民户和军户分别属于州县与卫所两个系统。卫所军户不同于里甲户籍，作为国家军队体系中的一员，不用负担里甲正役和杂泛差役，只需承担军役，由直接隶属的各卫所进行管理。根据《明史·食货志》载，"凡军、匠、灶户，役皆永充"，"毕以其业著籍，人户以籍为断"。这些记载显示出明代以"籍"控"役"的统治形态，使不同户籍的人世代为政府提供各种差役。参见于志嘉. 明代军户世袭制度 [M]. 台北：台湾学生书局，1987：49.

来即分配固定比例的军士屯田[1]。归德卫和睢阳卫属于内地卫所，地处重要的农耕地区，因而是卫所军屯密集分布的地方。以归德卫为例，明初隶于归德卫百户所之下的军屯共有39屯[2]。归德境内的军屯不止归德卫和睢阳卫两个卫所的军屯，还包括周边卫所的军屯。军屯不仅各卫交错，而且还常与民田相杂。由于处于卫所交错与民卫杂处的状态，大大增加了军户之间及军民之间发生冲突的概率，也由此看出卫所军户的演变在很大程度上直接影响了明代归德的社会变迁。

明代归德州户籍类别表　　　　表5-1-2

年代	州县	总户数	户籍分类数		占总户数的百分比（%）	资料出处
			户籍分类	户数		
天顺六年	归德州	1851	民户	1363	74%	嘉靖《归德志》卷3《田赋志·户口》
			军户	420	23%	
			寄庄	12	0.06%	
			校尉	9	0.04%	嘉靖《归德志》卷3《田赋志·户口》
			力士	4	0.02%	
嘉靖二十二年	归德州	3743	民户	3160	84.40%	嘉靖《归德志》卷3《田赋志·户口》
			军户	521	14%	
			匠户	61	1.60%	
			校尉	6	0.10%	
			力士	4	0.10%	
			医户	1	0.02%	

资料来源：李永菊. 明代河南的军事权贵与士绅阶层——归德府世家大族研究 [D]. 厦门：厦门大学，2008：30。

（三）军民杂处的移民社会

1. 黄河水患对农民的致命影响

这种影响首先体现在农民的土地大量流失。据统计，归德水患111次，平均每2年一次。黄河水患作为归德地区严重的自然灾害，也导致了严

---

[1] 根据《续文献通考》一记载："自兵兴以来，民无宁居，连年饥僅，田地荒芜。若兵食尽资于民，则民力重困。故令尔将士屯田，且耕且战……边地卫所军，以三分守城，七分开屯耕种；内地卫所军，以二分守城，八分开屯耕种"。详见：续文献通考，卷5，田赋考·屯田。

[2] "东萻驿乡六屯，隶百户文贵；西萻驿乡四屯，隶百户卢义；北马牧乡五屯，隶百户张斌；中马牧乡七屯，隶百户侯琰等；南马牧乡一屯，隶百户詹玉等；西曲睢乡一屯，隶百户刘聚；中曲睢乡四屯，隶百户周俊等；忠信乡四屯，隶百户吴山等；宁德乡二屯，隶百户杨杰等；东曲睢乡五屯，隶百户郭福等，上俱旧志所载"。嘉靖归德志，卷3，田赋志·屯田。

重的土地兼并。兼并的土地主要落入地方军事权贵[1]、卫所军户[2]及河南藩王[3]手中（表5-1-3）。

藩王在归德地区的土地兼并简况　　　　　　　　　表5-1-3

时间	藩 王	所占归德土地来源	土地数量	备注
成化二年 (1466年)	汝宁府崇王	鹿邑	400 顷	名为李原厂
成化二年 (1466年)	汝宁府崇王	柘城	371 顷	名为西厂
成化六年 (1470年)	汝宁府秀王	商水、鹿邑县 黄河退滩水淀地		就藩时奏讨
弘治十三年 (1500年)	汝宁府崇王	归德地区 黄河退滩地	20 余里	就藩时奏讨
弘治十四年 (1501年)	周府	睢州	5210 顷	明孝宗赐
弘治十四年 (1501年)	徽府	鹿邑	757 顷	明孝宗赐
正德四年 (1509年)	徽府	鹿邑直隶亳州 民人垦种河濡地	751 顷	军人张允因嫉妒 亩多税少， 便指为荒地，献 给了徽府

资料来源：绘制此表之数据引自：光绪《鹿邑县志》卷6《民赋》及王毓铨. 明代的王府庄田 [A]. 王毓铨集 [C]. 北京：中国社会科学出版社，2006：107-124。

其次农民承担的赋役压力过大（表5-1-4）。频繁的河患造成的土质盐碱化问题给归德的农业经济带来了非常不利的影响。农业生产效率低下给税粮的交纳造成极大压力，更为重要的是，频繁的河患还加重了里甲民户的杂泛差役负担。治理黄河水患是一项极大的工程，抢修大堤、堵塞决口等都需要大量的人力、物力。其中，仅与治理黄河有关的差役就有挑河之役、疏浚之役、草梢之役、夫柳之役等。明代归德是典型的"重役"地区，正所谓"田第四，赋第二，又杂出第一"[4]。频繁的黄河水患与繁重的差役负担，使归德地区的里甲民户极易破产，他们往往卖田鬻女、逃亡流徙。

---

[1] 地方军事权贵拥有雄厚的经济实力及各种特权。他们大多倚仗其特权，兼并或靠别人投献，攫取更多的土地。
[2] 卫所军户主要体现在"军占民地"方面。
[3] 河南是明代分封宗藩最多的地区之一，明王朝先后在河南分封了周、唐、伊、赵、郑、卫、秀、崇、汝、潞、福等十余个王府，约占明王朝分封宗室总数的1/5，河南的藩王通过奏讨、夺买、投献等多种方式大肆兼并归德的滩地和民地。
[4] 乾隆归德府志，卷18，赋税略上.

2. 里甲解体

严重的赋役不均问题，使归德里甲民户往往通过"分立门户[1]"以躲避繁重差役。除"分户避役"外，归德居民还频繁迁徙，尤其是河患频繁的生态环境使归德居民鲜有宁居，里甲民户更是居无定所，基层社会很难形成稳定的聚居村落[2]。归德的里甲组织呈现出一片残破景象，最终导致里甲组织的解体。

明洪武至弘治年间归德州的户口田赋统计表　　　表5-1-4

年代	户	口	田赋	
洪武二十四年册	2851	28145	官民地夏 2575 顷	官民地秋 3379 顷
永乐十年册	1826	27853	官民地夏 580 顷	官民地秋 389 顷
天顺六年册	1851	28145	起科官民地夏 507 顷 秋 388 顷	不起科官民地夏 1324 顷 秋 391 顷
成化十八年册	2946	44946	夏 490 顷	秋 491 顷
弘治十二年册	1862	28145	起科官民地 897 顷	不起科官民地 1769 顷

3. 军事权贵的崛起

首先军事权贵凭借政治特权发家。归德是中原通往江南的交通要道，为了加强对它的军事控制，在明初有很多卫官、勋戚等军功集团迁至归德地区。明代归德军事权贵的由来，还与元末战争、靖难之役等一系列重大历史事件密切相关。以军功起家的军事权贵得到官职后，无一例外都会获得各种特权和大量土地。一些功臣勋贵[3]被分封至归德后，凭借武力率先占据了有利地盘，成为明前期的军事权贵集团。不仅如此，他们的家庭成员也因为特权的世袭而使其所在的家族成为归德地方社会上的世禄之家。军事权贵还通过互相联姻，建立起稳固的婚姻网络。卫官之间的婚姻网络对军事权贵集团的形成具有重要作用。

---

[1] 明代差役制度有一个重要特点，即差役负担的轻重按每户的人丁事产为依据金定，丁产多的户所负担的差役远远高出丁产少的户，故民间通过"分丁析户"往往可以达到"避差徭"的目的。在赋役繁苛不均的归德地区，很多里甲编户通过"析产分户"来规避差徭。由于归德的生态环境很不稳定，"分立门户"遂成为里甲民户避荒救灾的生存手段。

[2] 据嘉靖《归德志》载："宋之村落，庶矣！今通商贾而市材货者惟三十有六，余若乡寨村营多着于古而泯于今，盖以兵燹河患相寻，人烟飘徙，屋庐荡然，鞠为农耕牧唱之区矣，仅存其名"。嘉靖归德志，卷1，舆地志·村镇。

[3] 如商丘叶氏家族的始迁祖叶受，即通过"杀虎"行为确立了其在地方社会的威望。据商丘《叶氏家乘》记载："来宋之始祖曰受，从明太祖有功，洪武八年（1375年）任职归德卫，公屯谷熟镇之东北。是时，中原草昧，至者斩高莱以居，有二虎乳子荆棘中，人皆辟易，始祖格杀二虎及其子，据地而家焉。卜者已知其地脉丰厚，必产异人也"。引自李目.都金乡饮公（叶廷植）暨郑恭人墓志铭.商丘叶氏家乘，卷6，民国8年本。

其次军事权贵又通过兼并及靠别人投献的手段获得更多的土地。

明代归德的军事权贵还广泛参与地方公共事务，尤其是在维护地方治安方面发挥着重要作用[1]。此外军事权贵还积极参与修城建桥、宗教祭祀、文化教育等地方公共事务[2]。此外，纳粟指挥刘迎创建驻云官，归德卫军户黄钧参与嘉靖《归德志》的纂修[3]。

由此可以看到军事权贵的发家历程，获得封赏是军事权贵与世禄之家发展的基本条件。与此同时，借用其多方面拥有的特权获得土地与财富的积累。此外，归德的军事权贵还通过家族联姻、参与地方事务等途径保证在当地的社会地位，就这样他们逐渐占据了归德社会的支配地位。

4. 军民杂处的社会弊端

明初推行军户制度和军屯制度，旨在建立一个庞大的、维护国家统治的、自给自足的武装力量——人力自给、粮食自给、兵器自给，以免再蹈汉唐以来因赋役亏短、人户逃亡而造成国家统治削弱、军伍败坏的覆辙[4]。但同时，它的一些局限性也暴露出来。

首先是地方行政官员的管理受限。在军民杂处的居住状态下，州县官员的管理能力非常有限，拥有各类特权的军事权贵势力非常强大。事实上，多数地方官员不敢与军事权贵相抗衡，对地方事务的治理非常有限[5]。

其次是对社会风气造成的影响。明前期归德盛行"重武轻文"、"务农讲武"的社会风气，这与军事权贵占据地域主导地位的影响是分不开的。

最重要的影响就是各种社会矛盾加剧。其中包括军民之间的土地兼并问题、官民之间的赋役不均问题、军政民政之间的权力分配问题等。这些矛盾到了嘉靖年间才得到缓解，也就是迁新城之后。

145

[1] 如虞城《瓦屋刘氏族谱》一记，瓦屋刘氏的始祖东安公，世居山西洪洞县，明朝建立后，朱元璋下达迁民令，东安公在应迁之列。由于公"晓于戎机"，便兼任镇抚事，带职东迁，以防止新迁之民相扰。公即留长兄与五弟看守先人坟墓，自己遂携老母及两弟和乡勇中被迁者东来，初来驻扎宁陵。东安公带领这些乡勇在维护地方治安方面发挥了重要作用。据家谱载："黄河水寇忽由东北窜入宁（陵）北，人民纷纷来城避难，县令召集壮丁与公所练乡勇共六百余人，命公统带，日夜防守，水寇皆不敢入境，毙贼三十余名，其余皆东窜。"在东安公镇抚的六七年间，宁陵之民"安居乐业"，东安公的名号亦由此而得。谱序．虞城瓦屋刘氏族谱，卷1,1985年本。

[2] 据嘉靖《归德志》载，洪武初，指挥张晟等重筑城池；永乐十九年（1421年），卫镇抚夏亨孝子杨敬建通济桥，用便往来；正德六年（1511年），尚书临安俞琳感梦，檄知州袁经、指挥陈宗尧、千户周廉创建五老祠。当归德发生水旱瘟疫等自然灾害时，"州卫官率耆宿而遍祷之，乡井各从事焉"。嘉靖归德志，卷2，建置志·恤政。

[3] 嘉靖归德志，卷8，杂述志·官．

[4] 王毓铨．明代的军屯[M]．北京：中华书局，2009：16．

[5] 如嘉靖《归德志》载，明弘治年间，判官王柏"常盘查颖上，豪右敛迹，卫官不敢仰视"，光绪睢州志，卷4，官师志·州官名宦；如《柘城县志》载："柘（城）邑区区，百里厂卫、军民错杂其中，县吏所治无几"，这只能从侧面反映出明前期的卫官势力非常强大，毕竟像王柏这样的地方官员只是少数，他才会被记载在县志中大肆褒扬。光绪柘城县志，卷7，艺文志·柘邑升学记。

正德之前的归德社会就是这样的军民杂处的状况。但总的来说，社会还是较为稳定正常地发展着。

二、归德府的城市制度与城市形制

明代的城市，由于经济、政治、文化与自然环境等因素的不同，而呈现出各种各样的类型。归德府城属于政治性的城市。作为归德府治及商丘县衙的所在地，拥有全面的城市功能，有官吏、有军队，还有刑狱和官署等等。虽然其工商业也很繁荣，如果和它的政治地位相比显然是次要的，归德府城更具有鲜明的政治色彩。因此，对于归德府城的研究，必须立足这样一个根本出发点：其行政管理职能对城市建设的各方面是如何发生作用及影响的。

（一）归德府的地方政府管理

行政管理职能体现在三个方面：第一是如何完成国家交给的地方管理任务；第二是如何管理好自己的"一亩三分地"；第三是皇帝的收入来源如何保证。我们通过以下三个方面对明清归德地区的行政管理做一了解。

1.地方行政的等级设置

明代政府成熟的组织结构（表5-1-5）与金字塔相似，皇帝则高居塔尖[1]。

明政府的等级机构　　　　　表5-1-5

	中央	区	地方
行政	六部	承宣布政司	承宣布政司委派的道台、府、州、县
军事	五军都督府	都指挥司	卫、千户所、百户所
监察	都察院	提刑按察司、都察院派遣的巡按	承宣布政司委派的道台、都察院派遣的各种巡按

资料来源：贺凯.明代政府.崔瑞德，牟复礼编.杨品泉等译.剑桥中国明代史(1368—1644年)下卷[M].北京：中国社会科学出版社，2006：66。

---

[1] 这个金字塔有三面，包括行政管理、军事建制管理（为了简明，这里只涉及其管理而不论述其作战方面）和专找弊病的监察和司法监督的各级机构。金字塔及其三面各有三级：中央、省和地方。总的来说，它是一个明确的、连接得很好的结构，权力集中在皇帝身上，其程度达到以往任何主要王朝没有达到的程度；而且在机构内，职责各有明确的界定和区分。武职人员在各级军事机构任职，文官及胥吏则在各级一般行政机构和监察司法机构任职，个别官员在其官宦生涯中可以方便地在这两类的各级机构中来回调动。贺凯.明代政府.崔瑞德，牟复礼编.杨品泉等译.剑桥中国明代史（1368—1644年）下卷[M].北京：中国社会科学出版社，2006：66-90。

明代在省一级以下，其行政等级往下排列依次是府、州和县[1]。据嘉靖《归德志》载：

归德州（官吏）知州一人，从五品，月俸一十四石，总治州事。

同知一人，从六品，月俸八石，分治州事。

判官二人，从七品，月俸七石，额按，嘉靖间添设管河。

吏目一人，从九品，月俸五石，司赞。[2]

县是政府的基层单位，配备一名正七品知县、一名正八品县丞和一名正九品主簿。知县及其属员估征地方税收，为国家征用的劳役提供住所，监督照顾老人和穷人，举行国家规定的祭祀和其他典礼，维护治安和司法断案[3]。

在地方一级有一大批专业小机构，知县对它们有一定的监督权。它们包括巡检司、驿、递运所、宣课司（还有其他名称，常有分支机构）、河舶司、批验所、仓、库和造局[4]。据嘉靖《归德志》载：驿丞一人，司宾旅。仓大使一人，副使一人，司会计。税课局一人，裁？巡检一人，从九品，月俸五石，司护查。阴阳典术一人，司历。医学典科一人，司药。僧正一人，司释教。学廪膳生员三十人，月末各一石。增广三十人[5]。

所有地方单位有三种学堂：医学、阴阳学（训练看风水）和儒学[6]。只有儒学在政府中占有重要地位，并单独受到国家的资助。每个府、州、县驻地设一儒学。每所儒学设一教员（府为教授，州为学正，县为教谕）和二至四名训导。据嘉靖《归德志》载：学正一人，总其教（未入流？），月俸三石。训导二人，分其教，月俸三石。附学生不限以数今二百有奇。司吏九人。典吏十六人。申明亭老人二十七人，坊郊各一，国初慎选高年德者为之，今非其人，惟供使令。木铎老人，如申明亭之数月朔望及三六九日，以御制教民榜文谕于乡。教读六人，司社学。大诰秀才，国初设，后？在县以下的一级，明政府通过称之为里的组织与大部分城乡居民接触，里负责维持地方治安，裁决地方争端，培养道德和组织宗教，兴办和维持诸如

---

[1]　具体的运作状况：百姓直接和县级政府接触。州直接控制它所在的县，协调控制其他几个县；府辖几个州，一般还辖几个独立县；州和府主要行使监督职能。这些地方机构的官员，特别是县级官员，总称"有司"。府由正四品的知府主管，下面有人数不等的同知（正五品）、通判（正六品）和推官（正七品）协助工作。知府全面负责他辖区的一切行政事务，但只在得到省当局的同意才能采取行动。州一般是府和县之间的中介监督机构。每州设一名从五品知州和人数不等的从六品同知和从七品判官。详见：明史，第75卷，第1849—1852页。
[2]　嘉靖归德志，卷2，建置志·官吏。
[3]　民间称知县为"父母官"，这个名词反映出他的职责范围是没有限定的，还指望他们与百姓的接触要以仁爱为主。详见：明史，第75卷，第1850-1851页。
[4]　明史，75卷，第1852-1853页。
[5]　嘉靖归德志，卷2，建置志·官吏.
[6]　明史，第75卷，第1851-1853页。

灌溉和初级学堂等主要村社服务，一般地执行法律。里长承担的一个责任是征收地方的田赋[1]。此外，还有相当一批雇用的打杂人员，来辅助整个管理工作的顺利完成。据嘉靖《归德志》载：里长，坊乡各十人岁后一人，空后者曰排年咸主里。甲首，每排十户余曰奇零，岁后一甲勾摄公事，催办钱粮。书手，如里长之数，主画筹。布政分司门子二人。按察分司门子二人。库子二人。府馆门子二人。儒学扫殿门子二人。州门子五人。禁子十人。皂隶四十六人。机兵三百人。铺司兵六十人。学门子四人。斗级二人。库子二人。巡检司弓兵三十人。仓斗级十九人。广盈仓十五人，预备仓四人。阴阳生二十人。医生二十人。驿子二人。厨子一人。马夫九人。驴夫五人。孤老若干人[2]。

2. 从税收看地区行政职能的落实

税收是地方行政管理水平的实质性体现，从税收视角来考察行政职能及其运作，对于理解城市规划制度与城市形制的关系非常必要。

明代的地方政府分为三级或四级[3]，其财政管理的指导方针可以归纳为：以县作为一个基本的税粮征收单位，以府作为一个基本计税（会计）单位，以省作为一个解税（中转运输）单位。县衙所在地与其周边距离尽可能以一天的旅程为限，所以县的面积或多或少被事先确定了。其上一级政府也应位于其属县的中心地带，有利于开展各项工作。而且，所有的政府衙署都位于人口较多、周围有城墙的城市中，这有利于军事行动、生活供给以及水陆运输。出于行政管理的目的，历代政府都比较注重地理和历史的因素[4]。

---

[1] 进入 16 世纪之际，田赋不是交给县的官员，而是交给特别指定的粮长。粮长从殷实户中选出。他代表一个区的几个里，从中他每年可征收应缴粮近一万石。粮长负责每年将一万石粮食交给知县，或者直接送京，或者缴给遍布全国的制定的粮仓。随着人口增长，社会变得更加多样化，国家的财政制度变得更加货币化等情况，粮长的负担也变得非常复杂与沉重。在 16 世纪，他们逐渐在地方上消失，知县依靠雇用的代理人向里长或直接向各户征收税赋。

[2] 嘉靖归德志，卷 2，建置志·官吏.

[3] 四级政府依次为省、府、州、县。三级政府中的州直接隶属于省（中间没有府），或者县直接隶属于府（中间没有州）。也有一些州，隶属于府，其下没有属县。两京地区，也就是北直隶和南直隶，面积与省相当，但没有省级管理部门，他们的府尹、知府或知州直接对中央政府负责。因此，在国家的账目上北直隶的 8 个府和南直隶的 15 个府、3 个直隶州是从来没有分别按照南北两京管理，这 26 个行政单位的财政数据与 13 个行省并列，从未并入中间层次的机构。黄仁宇. 明代的财政管理. 崔瑞德，牟复礼编. 杨品泉等译. 剑桥中国明代史（1368—1644 年）下卷 [M]. 北京：中国社会科学出版社，2006：105-110。

[4] 特别是在选择一个府城时，他们必须权衡组织建置的统一性和当地自身的利益。当这些要求无法平衡时，就采取设立一个州的办法来解决。多数情况下很可能把一些大的府分解成一些易于行政管理的单位，另外则是对一个税收水平中等，但在地理上管理很不方便的地区给予特殊考虑。为了达到调解不平衡的目的，州政府并没有自己的特点。当州隶属于府的时候，它只是扮演府的分支机构的角色。如果州直属于省，它就是一个小定制的府。后者的财政账目与府处在同一级别上。

所有地方官员，下至知县，都是由君王任命。国家所有的收入，在某种意义上都是皇帝的收入。中央政府的支出都是来源于地方官员交纳的税收，中央政府的需要没有省和地方的收入来源是解决不了的。在这种安排下，省政府和地方政府没有可以自己处理的资金。与政府正规和例行的运营费用有关的意外支出，也只有在皇帝批准的情况下从公帑中支出，甚至在所需资金可以自行解决时也是如此。在这种情况下，皇帝的命令不但规定了支付的数额，而且要记在该部门的账上，所以帝国的财政资源总是不完整的。任何一级的财政官员都不能把资金完整地置于他的控制之下，并把资金作为完整的账目来处理。

一切地方单位都被指望自给自足，只有在很少的场合，中央政府才指示邻近的县给予拨款。一名财政官员受托将其县的收入转到县外，称"起运"。起运后，这笔收入就在地方政府官员的账上消除，留在这名官员名下的余额称"存留"。在汇总县的账目时，税收和每个项目都以这种方式分开。地方官员从存留中抽取资金，支付他官署例行的办公费用。再提一下，帝国的开支和地方开支之间没有区别，所有剩余都是替皇帝保管的。中央政府不时地指示省级官员和地方官员执行就地采购（坐办）的命令，其费用可在存留中扣除。因此存留既不是剩余，也不是收入，它只是地方官员作为帝国政府的司库进行管理的收入的一部分。

在帝国政府的所有官员中，知县总是承担最重要的财政责任。田赋（包括各种附加税）是在县一级进行的。大部分知县要处理地方营业税、印花税、商铺开业税、执照费、酒醋经营许可证税、罚金、盐的配给费及部分捕鱼税。知县管理县内的公地，填写物资申请表，召集规定的劳动者服劳务，在劳务可以折现时还要收取现钱。每当进行土地开垦计划，或者需要民户提供养马的劳务，或者必须征收军垦的收入时，知县应负全责。

在中间层一级，知府的财政责任主要是监督。知府监督所有规定时间的税赋是否如期完成，是否把储备保存得井井有条。他还负责一批地方机构，其中包括府的粮仓、捕快局、驿站、营业税和捕鱼税征收站，这些设施中有的在某些府并不存在。有的地方的运河和河流建有大水闸，有的地方还有官办的采矿、放牧、染色、纺织和其他的造坊——这一切都需要知府的关照。

明代地方政府行使职能的方式如果不涉及具体事例是难以说清楚的。由于财政结构的单一僵化，下级改革的范围必定是零星的和有限的。此外，地方官员行使便于行事之权要冒风险，除非通过修改现行的办法。知县的性格、威信和智谋被人称道，否则他容易被御史弹劾；或者他发现地方的士绅拒绝与他合作。另一方面，如果他的改革成功，这些办法会最终取得不成文法的地位。

在省一级，执行机构就不那样集多种职能于一身。省的布政司是主要的财政机构，但按察使的官署也有权视察治水工程、漕粮、土地开垦、盐政和驿站等事务，有时还视察军事防务。在明朝的后半期，按察使的调查职能常常超过了原来的权限。几乎每个按察使都能自行创收，收入部分地来自罚款和没收，部分地来自他监管的工程和规划中劳役和供应物资的折现。

布政司由左、右两名布政使主管，左者居上。司署保存主要的统计记录，其内容与各部关于预算、税赋和采办等事务相应，并负责省内的全部现金贮存、粮仓储备、仓库存货和军事供应。每当条件允许，一切事务在县级和府级进行，甚至交给平民百姓执行。省署也有一种与户部相似的有限的执行职权。每个省被认为是一个收入的解运单位，但解运只限于省内的收入项目，其中包括给边境戍所功能供给、解送给两京的收入和给邻省的资助，还限于布政司对中央政府负责的解运项目。

3. 乡治的空间组织[1]

由于税收涉及对官民关系的了解，这里有必要梳理以税收为基本单位的行政县级是如何管理县域空间秩序的，也就是乡治的空间组织是如何实现的。

明代的国家行政，在组织上呈金字塔向下延伸。处于顶点的是皇帝，而基础是千家万户。衔接于其间的中间层次，则是国家。在这一中间层，地方官被任命来为国家管理地方事务。民户与县之间的关系，并非直接，存在着一套经过精心设计的复杂的行政结构。这一结构以旧制为基础，但同时混合了从明代开始运用的新元素，从而包含着四项区分明晰但又相互关联的制度。

第一项制度是将每个县的地域空间细分为乡、都、图不同等级；第二项制度是将民户整合至里之中并划分社区，以保证人口和赋税；第三项制度是保甲制度，作为一种联保的地方防卫制度，要求邻里互相监督。在一些地区，还有第四项制度，即乡约制度。

为了强调一下这几种系列之间的秩序，将整个涉及的制度详列于表5-1-6之中。

这些制度所细分出来的层级彼此平行叠压，但每一系列的界线可能与另一系列的界线重合。这种重合，协助将这些单位整合成一个具有活力的、完整的民政结构，并在经过一些调整后，一直延续至 20 世纪。这些乡治制度共同构筑了一个逐级管辖的金字塔。它一方面像一个漏斗似的向中央传输资源，另一方面保护并监视着平民百姓。因此，这些乡治体系的存在，

[1] （加）卜正民.明代的社会与国家[M].陈时龙译.合肥：黄山书社，2009：26-66.

不但使地方行政管理成为可能，而且赋予了明代国家前代无可比拟的强力干预手段与效率。

明代的乡治单位　　　　　　　　　　　表5-1-6

里甲	保甲	乡约制度	乡治制度	城郊乡治制度
区	团	约	县	
里	保		乡	坊、厢
甲	党		里	图（坊）
	甲		都	
			图（社、屯）	

注：该表格只是便于了解明代乡治的结构，不同地区所用制度的名称不同，这里列出了可能的名称。

资料来源：（加）卜正民. 明代的社会与国家 [M]. 陈时龙译. 合肥：黄山书社，2009：62。

所以，保持乡治体系的有序运作，通常被视作优秀政绩的要素，而这还不仅仅是因为乡治体系为赋税提供了一个空间模，这个制度将整个国家纳入到行政管理的网络之中。而且还意味着一个彼此衔接的空间组织的建立，就像是将不同的地区编入一张地图，以此来保证有效统治整个国家，同时也等于是组织起了用以支撑国家统治的信息、资源、人事的流程。

纵观明代乡治体系，其许多方面值得思考。

乡治制度要适应地方实情，并不一定会削弱国家监管的效力。相反，它却能确保地方官将国家管理延伸到每一个村庄，至少在名义上如此。实际上，乡治制度还为地方精英们提供了可以作为资源使用的官方身份——乡之胥吏、保甲之保长、里甲之里长、乡约之约正等。另一方面，无论制度如何改变，只要这些制度需要延伸到各家各户，那么这些官吏们将始终是国家权力的代理人——当然，他们同时也在代表他们自身的利益。

通过建立一个不断强化的乡治结构，国家能及时弥补其在地方层面的权力丧失，也许会得到超额的补偿。但这些乡治单位毕竟不只是国家的社区，它们还是国家无法扰乱的社会中的社区。实际上，它们加强了国家控制及社会控制之间的弹性：每一个里长、甲长，既是国家权力的代理人，也是地方利益的代表。国家赋予地方的正式权力，与现实之间其实是有鸿沟的，所以才不得不让在基层拥有现实权力的人来代表国家，而且国家不可能收回其代理人的权力。因此，国家必须承认基层既存的权力结构，并且只有在国家的关键利益受到威胁的时候才可能插手去对付那些乡村领导者。

虽然地方社区并非自治的，但是它们确实有充分的内部凝聚力及社会生命力，以防止自己完全沦为政府权力的傀儡。只要政府施加的微小要求能得到满足，而且管理制度也是正当的，地方社区就能够按它们自己的愿望来管理自身事务。相应的，国家也很谨慎地给这些地方单位分出等级，从而建立一个只允许自上而下地进行统一协调的统治结构。也许个别社区可以通过宗族、年龄、性别、财富、教育的等级来形成内聚力，但是它们只受到国家的监管，而不可能有任何村与村之间的协助机制。

明代社会在社区、经济组织、政府间的一系列张力中存在，不断重生。社区、经济组织和政府中的每一方，在向其他方施加影响时都相对受限，同时从形态到本质，彼此间相互对话、互相依赖。

（二）明清城市形制[1]

我国古代的城市体制特色主要体现在作为基本地方机构的府治、县治所在地往往为同一城镇，这是由于长期处在中央统治治理下形成的自身特色。该地区不仅成为政治中心，同时也是军事、经济、文化的中心，因而其城市形制的设置与行政职能密切相关。

1. 府、县城的基本要素

明清时期城市形制的设置主要体现在两个方面：一是在城市的空间设置上强调行政职能的控制力，二是对城市与乡村差别的严格区分。这种设置的意图来自对皇权的服从，因此城市形象就是其尊严与至高无上的权威的外化。府（州）、县城作为地区性的政治、经济、文化中心，无论内地或边区，都需有必要的机构和相应的设施。

明代的府、县城大致包含以下各种内容（具体见书后附录表2-1）：

行政机构中，包括作为地区行政首脑机关的府治、县治；作为驻节、致政的察院；作为税收机构的税课司（局）；作为警察机构的巡检司；作为政府贮粮的仓储。

文化与恤政机构中，包括作为府、县官学的儒学、阴阳学、医学；作为私学的书院；作为宗教管理的僧纲司、道纪司；还有官办的慈善机构惠民药局、养济院、漏泽园。

礼制祠祀的场所中，包括作为官办郊祭的山川坛、社稷坛、厉坛、里社坛；用于庙祭的城隍庙；其他祭祀场所如八蜡庙（坛）、先圣与先贤祠所。

军事机构中，包括作为军事衙署的都司、指挥使司、千户；作为训练的教场、草场；作为仓储的军械库、粮仓；制造军械的成造局；还有军事祠祀场所旗纛庙。

2. 城市基础设施（见书后附录表2-2）

在古代中国，城防工程始终被列为头等重要的设施。明代城市城防工

---

[1] 潘谷西.中国古代建筑史（元、明建筑）第四卷[M].北京：中国建筑工业出版社，2009：41-48.

程的基础设施主要包括：城墙、城门、门楼、瓮城、角楼、敌台、窝铺、雉堞和女墙。

防洪对府、县城的安危关系极大，尤其对沿江沿河和某些山区城镇尤为重要。河水泛滥、山洪暴发、江岸改线都会造成巨大的灾难，因此各地城市都采取相应的防范措施。此外，许多城市还在城墙之外再加筑环城护堤以防水患，形成双重抗洪屏障。明代城市防洪工程的基础设施主要包括：城墙、水门、城濠、护城堤。

对外交通对城市发展有着巨大影响。元明时期府、县对外交通的官方设施是驿站和递运所。明代的各府、县驿站改由地方政府管理，接待对象仍是官员，兵部则另设一种"递运所"，专门负责运送军粮、军用物资及军囚等，从而形成两套全国性的官方交通运输网络。一些不在交通孔道上的府、县接待任务较轻，则将驿站和递运所合而为一，以简化管理。地处大运河与黄金水道的交汇口，驿站和递运所也较多。明代城市的交通邮递设施主要包括道路、桥梁、驿站、公馆、邮铺。

三、归德府新城面临的规划问题

归德府城的建设有其特殊的历史背景。旧城的毁坏性淹没导致必须迁移重建，要考虑的因素跟逐渐成长的城市是不同的。有许多要素是要完整地重新予以安置，并且是合理的安置。首先是城市选址上对地理环境的适应，其次是如何再次协调与周边村镇的互存关系，最后是考虑在有限的城市规模范围内，如何合理安置人口及必需的城市管理的各类建筑设施。

（一）如何应对不断恶化的地理环境

自然地理环境恶化的问题至少从宋代至今都是困扰商丘地区的常态化问题。作为黄泛区的这种地理条件，是城市建设必须去主动应对并克服的，这样才会生存下去。事实上，其发展也证明了该地区较强的适应能力。

1.环境变迁简述

北宋之前的商丘地区是黄淮流域之间的平原地形。有至少周代就有的几条河流存在，其中的濉河是作为其水运及农田灌溉的主要来源，此地区一直是较为典型的农业区。随着隋朝大运河的开凿，使得含有大量黄沙的黄河水引入该地的主要河流濉河，地形已经在发生改变。只是由于大运河作为国家漕运的专线，在国家层面的养护下，不断及时维护，虽然防止河水泛滥及河流的清淤工作做得很好，但是整个环境中河流堆积的泥沙是不断沉积下来的。出现所谓的"悬河"也就是这种结果的表现。其实就是横亘商丘地区全境的这条悬河（也就是图5-1-1中的汴堤故道），形成了一个像山脉一样的隔断，横在平原之中。这也是商丘地形中最根本的改变。

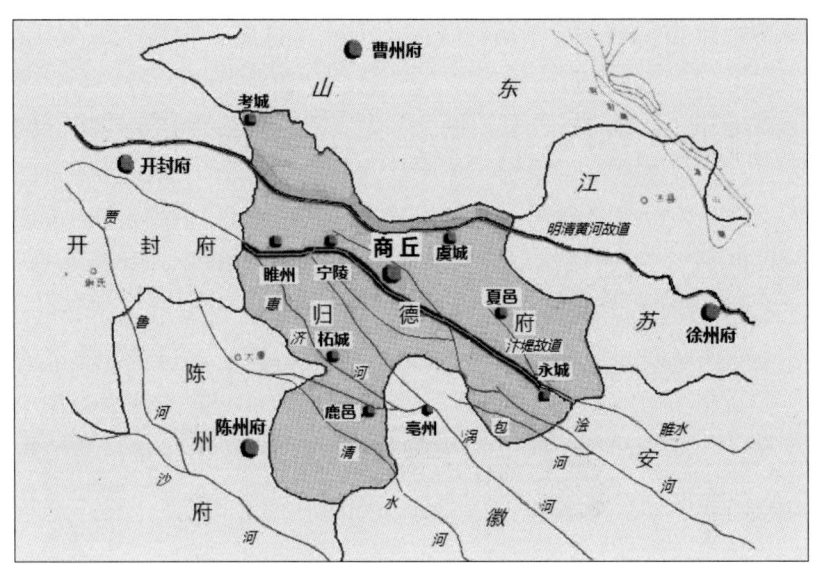

图5-1-1　隋唐运河故道与黄河故道河南商丘段位置走向示意图
（资料来源：陈曦. 河南商丘地区古城洪涝适应性景观研究 [D]. 北京：北京大学，2008：13）

在以后黄河真正威胁到本地区之后，这种危害就超乎人们想象地大了起来。分析商丘地区的几个县，位于大运河南岸的柘城和鹿邑，比在北岸的其他所有城市受到的水患影响都要相对少。黄河泛滥在商丘全境，如果没有先前大运河河道（汴堤故道）形成的阻断，也不会对该地区造成如此的影响。位于汴堤故道北岸及明清黄河故道南岸的商丘地区的几个城市（睢州、宁陵、商丘、虞城、夏邑等）均是处于低谷之中，城市小盆地的形成不可避免。

2. 城市面临的困境

老城的被淹没就是城市小盆地发展到最终的必然结果。因此，在此种地理环境中生存，始终要去面对的，一个是处于黄河分流泄洪的河道地带，随时而来的黄河泛滥淹没城市的紧急危险；另一个就是在不断成功避开水患，但不可阻挡的城市小盆地不断形成的长久环境恶化的危机。因此说，明清时期商丘地区的城市建设无不与防御水患紧密结合，水患防御是其城市建设的重要考虑因素。

（二）对原有市镇关系的巩固与调整

归德作为府级地方城市，其行政职能决定了它与周边市镇的管理关系，有必要将其管辖范围的市镇关系梳理一下。归德府城是府级行政部门的所在地，它对周边所属各州、县具有管理的职责，与各州县所在城市存在联系。府城所在地是商丘县，府城也是商丘县治所的所在地。因此，府城与商丘县所属各村镇也具有管理关系。府城作为一个城市，其城市职能的发挥也与周边市镇村关系密切。

1. 与所属州县的关系

主要体现在交通状况及通信传递的有效程度。在这里对归德府的行政管辖区域（图5-1-2）做一概述，另外通过对反映通信传递的邮驿做详细考察。

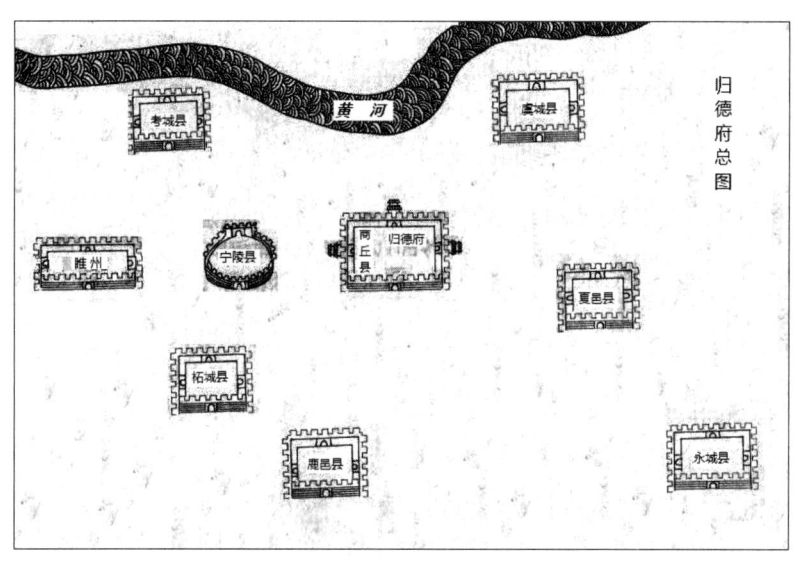

图5-1-2 明清归德府疆域示意图
（资料来源：自乾隆归德府志.卷首.归德府总图）

据嘉靖《归德志》记载：

归德州在开封府东南三百里。总属：东界直隶萧县之胡父桥（一百四十里）、西界睢州之阳驿铺（九十里）、南界陈州之马村店（二百五十里）、北界山东曹县之望鲁集（七十里），广（二百三十里）、袤（三百二十里）。本属：东抵夏邑界以文家集（六十里）、东南至直隶亳州之卢家庙（九十里）、南接鹿邑界以十字河（七十里）、西南至柘城之远乡城（九十里）、西距宁陵界以大林铺西（四十五里）、西北至考城之野人口（六十里）、北通曹县界如总属、东北至虞城之王家集（三十五里），广（百余里）、袤（一百四十里）。京师（陆二千里，水二千三百里）、南京（陆一千里，水一千三百里）。[1]

由图 5-1-1 也可看到，归德府距离周边府城（开封府、陈州府、曹州府、徐州府）距离基本相近。这是国家级驿站设计的可控制范围。

本区地处交通要道，早在春秋时宋国都城商丘已设有邮驿。秦于睢阳境设驿舍两处，以宁陵阳驿为大。汉置传舍、邮亭，每 30 里设驿一所，专供官府传递文书和过往官员住宿歇马。隋、唐于宋州设馆驿，兼管水驿

---

[1] 嘉靖归德志，卷1，舆地志·疆域.

与陆驿。宋代改民驿为军驿，每10里或20里设一邮铺，有步递与马递两种。元代改驿为"站赤"，当时归德府辖站9处，马198匹。其中府城站马29匹，夏邑县王村站马12匹，城子站马16匹，宁陵县城站马15匹，永城县鱼山站马20匹，睢州城站马18匹。明代改站为驿，每60里左右设一驿，有水驿、马驿、递运所，又置急递铺。清代，河南属驿传中路，以大梁驿为中心，向四面八方辐射[1]。

归德府的驿传具体是如何运作的呢？归德府辖有商丘驿、宁陵驿、会亭驿、太丘驿、石榴堌驿、葵丘驿等多处。由宿州50里入归德府永城县境，永城县太丘驿至夏邑会亭驿60里，会亭驿至虞城县石榴堌驿60里，石榴堌驿至商丘县驿60里，商丘驿至宁陵县驿60里，宁陵县驿至睢州葵丘驿50里，葵丘驿至开封府杞县雍丘驿70里[2]。州县驻地称铺或县前铺，驿站设驿丞，由吏部任免。

每一处驿站如何展开工作？以府城的商丘驿为例来说明其具体的运作。商丘驿总铺设在归德府治西南，下分四路：东路有金果园铺、欢堌铺；南路有徐村铺、高辛铺；西路有西十里铺、水池铺；北路有万村铺。当时驿传有铺递、驿递之分。铺递以铺夫、铺兵走递公文；驿递由驿卒骑马传送公文，并护送官物及乘传官员。驿递组织有驿书、驿皂、马夫、兽医、扛抬夫、水驿夫、驴夫、骡夫等；铺递组织有铺司、铺夫、铺兵等。邮驿共分四等，商丘县属一等（极冲）驿，设马80匹，扛夫80名，驿丞由县官兼管。当驿之处置烟墩、瞭望台，以司瞭望，沿途约每4里置一窝铺，白垩其墙，大书县名及里夫、骡夫姓名，以便巡察而警备之。其递送公文，寻常日行300里或400里，遇紧要事则加至500里、600里，若遇军事急迫，则加至800里。其公文函口上二角各粘一鸡毛，谓之羽书，俗称鸡毛信，再急则火燎之，俗称火燎鸡毛信，驿卒传递公文或物品时，带有驿卷或信牌等证件，有金牌、银牌、青字牌、红字牌之别，各站均在排单上签注到站日时，如有延误，严惩不贷。清代邮驿，原以10里为一铺，后为节约费用，多次裁并，至有80里而一驿者[3]。

2. 商丘县属集镇状况

主要体现在集镇的设置及运作情况。明代商丘县所属的村镇概况大略

156

[1] 商丘地区地方志编纂委员会. 商丘地区志（下卷）[M]. 北京：生活·读书·新知三联书店，1996：951.

[2] 归德府驿称商丘驿，设在府治内；宁陵县宁陵驿设在县城东大街至北；夏邑县会亭驿设在县南30里；虞城县石榴堌驿在会亭驿西（今站集地）；永城县太丘驿设在会亭驿东；睢县葵丘驿设在睢州新城西门。详见商丘地区地方志编纂委员会. 商丘地区志（下卷）[M]. 北京：生活·读书·新知三联书店，1996：951。

[3] 商丘地区地方志编纂委员会. 商丘地区志（下卷）[M]. 北京：生活·读书·新知三联书店，1996：951.

如图 5-1-3 所示[1]。这些村镇有的一直存在至今，下面通过对部分集镇地名的考证[2]（表 5-1-7），可以从一个侧面了解商丘村镇的兴衰与发展状况。这些集镇的形成有多种因素，有自古延续至今的，有处于水陆交通要道的，有宦游定居的，有大家族建村，有名胜古迹存在等。但总的来说，"郭内之街衢，郭外之市集，皆邑人贸迁熙攘之所也。观其盈虚兴废，可占民之登耗焉。[3]"

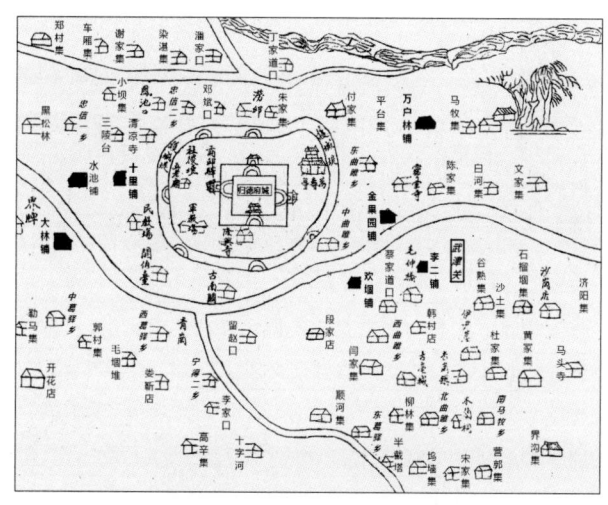

图5-1-3　明代商丘县境图

（资料来源：康熙四十四年《商丘县志》卷首《县境图》）

---

[1] 据嘉靖《归德志》卷1《舆地志·村镇》记载：谷熟镇（州东南四十里古亳都也）、营郭镇（州东南六十里，著自隋唐宋金元，为营成镇，置酒务）、济阳镇（州东南八十里，宋开宝四年河决谷熟县济阳镇即此）、杏堽镇（州东南五十里，历唐宋元皆著，今无）、马牧集（即中马牧乡也，元为梁村）、丁家道口集（州北三十里，沁河北岸，元名河梁，明正统十年置巡检司，舳舻星？，贾货云集，亦兹土之名区也）、小坝（州西北三十里）、谢家集（小坝西北十五里）、郑村（谢家集西五里）、高辛集（州南五十里）、十字河集（州南七十里）、娄家店（州西南四十里）、梁村（州西南三十里西葛驿乡）、观音堂集（即大林铺）、丰乐村（邓？口北忠信乡）、黑松林（大林铺北）、黄冈村（即黄冈）、排马村（水池铺？北）、天巡乡、永定乡（俱宋时所有，今失其地）、平台乡（即平台）、黄塚集（州东南九十里）、界沟集（黄塚南一十里）、马头寺集（州东南一百二十里）、陈家集（州东三十里）、文家集（陈家集东三十里）、盘马集、开花店（州西南六十里）、付家集（州北三十里）、染湛集（东厢北）、车厢集（州西北五十里）、白河集（州东四十里）、韩村店（州东南四十里）、吕拳屯（韩村南）、毛堌堆集（州西南三十里）、勒马集（州西南五十里）、朱家集（州北十五里）、平步集（州东六十里）、石榴堌集（州东六十里）、半截塔集（州南七十里）、沙土集（州东五十里）、西谷村、乌墙集（州东南六十里）、阎家集（州东二十五里）、水池铺集（州西二十里）、郭村集（州西南二十里）、蔡家道口集（州东二十里）、杜家集（东南至州六十里）、顺河集（东南至州四十里）、宋家集（东南至州七十里）、柳林集（东南至州五十里）、李高村（东南至州六十里）、赵家口（州南十五里）、李家集（州南三十里）、段家集（州东南七里）。《归德志》在记述村镇之后，又有补充说明。"宋之村落庶矣，今通商贾而市材货者，惟三十有六，余若乡寨村营多著于古而泯于今，盖以兵燹河患相夺，人烟飘徙，屋庐荡然。鞠为农耕牧唱之区矣，仅存其名，夫岂容泯，志之，以存一郡之故。"

[2] 商丘市睢阳区地方史志编纂委员会.商丘市睢阳区志（1986—2005）评审稿：53-54.

[3] 康熙商丘县志，卷1，封域.

商丘部分集镇地名考 表5-1-7

集镇地名	名称考证
平台	西汉梁孝王刘武建梁园，平台是园中佳境，因台顶平，称平台，后渐成集镇
宋集	唐代建村，因地处大河之滨和宋亳两州交界，交通方便，商业兴盛。宋、亳两州对此地归属有争议，经尚书省批准，划归宋州，定名宋集
周集	明洪武年间，周氏自乌江县（今安徽和县）石积乔迁此，并兴集市，名为周家集，简称周集。
郭村	唐代建村，郭氏居此后，渐兴集市，名为郭村集
勒马	汉代建村。相传，汉光武帝刘秀经此，饮酒赋诗，曰："勒马回头望张弓，喜谢酒仙馊吾行；如梦翔云三千里，浓郁香味阵阵冲"，勒马由此得名
王楼	明嘉靖年间，王氏自本县毛堌堆乡王老家迁此建村，盖有楼院。清代王氏子弟中举，门前立旗杆1对，因称旗杆王楼。清末兴建，简称王楼集
水池铺	汉称安良寨。明代，因村寨临马肠河，河边有水池，村西设兵铺，故名水池铺
道口集	汉代建村，隋有集市，名为丁家集。宋置于镇，地处黄河渡口，因名丁家道口。民国时期，简称道口集
娄店	唐代，勒氏自本县勒马乡店村迁此，建楼院，取名楼勒店，今为娄勒店。明初兴集，称楼勒店集，民国初年简称娄店集
高辛	公元前两三千年，高辛氏部族居此，故名高辛。相传，黄帝的曾孙帝喾居高辛，以地名为姓氏称帝喾高辛氏。帝喾后代颛顼为天子，是五帝之一
坞墙	宋开宝年间，南临涣水，这条水路可自汴京通往江淮各地。船主们为防风停船，在涣水北岸筑墙1道，称为坞墙
闫集	在唐代是宋州通往亳州的要道，闫氏在此开1所小客店，俗称闫小店，至宋代村庄渐大，集贸兴隆，遂更名闫家集，清宣统年间，简称闫集
临河店	明洪武年间建村，因地临大沙河，有漕运码头，居民在河边开设客店，故名临河店
毛堌堆	汉代建村，因村建在土岗上，毛氏居此，故称毛堌堆
李口	明洪武年间，李氏自南京宦游至此建村。因地临交通路口中、古宋河边，取名李家口集。到清代简称李口集

资料来源：据商丘市睢阳区地方史志编纂委员会. 商丘市睢阳区志（1986—2005）评审稿：53—54页内容制。

3. 县居民分布状况

商丘县的居民分布状况如何？据嘉靖《归德志》载，县领编户立坊乡共二十七里[1]（表5-1-8）。

---

[1] 嘉靖归德志，卷1，舆地志·坊乡.

明代商丘县编户简表　　　　　　　　　　表5-1-8

区划名称		居民性质
坊（4）	北社、南社、西社、东社。四社俱在城内及城郭之关厢地带	原住民
乡（23）	东曲睢乡（州东）、中曲睢乡（州东南）、西曲睢乡（州东南）、北曲睢乡（州东南）、北马牧乡（州东北）、中马牧乡（州东）、南马牧乡（州东南）、东葛驿乡（州南）、西葛驿乡（州西南）、中葛驿乡（州西）、忠信一乡（州西）、忠信二乡（州北）、宁得一乡（州东南）、宁得二乡（州东南）	原住民
	永安一乡、永安二乡、永安三乡、永安四乡、永安五乡、永安六乡、永安七乡、永安八乡、永丰一乡	迁民

资料来源：据嘉靖《归德志》卷1《舆地志·坊乡》资料绘制。

由以上分布可知明代商丘县居民的一般生活状况。首先，原住居民中近1/5居住在城郭关厢地带，其余4/5以村镇形式生存。迁民占居民总数1/3。关厢地带的居民占总居民人数的15%。由此可知，明代商丘县城的城市人口多为与从事行政管理相关的服务人员，城市性质为协调各级村镇正常运转的指挥中心。

（三）对城市内部格局的重新分配

从府城与省城、其他府城及区内各县城的交通联络，再到商丘县境内的管理规划及县内居民的分布状况，可以了解到明代归德府城的整个外部环境，这些与新城规划密不可分。

回到具体规划的问题之中对迁城再做一回顾。旧城因水淹而毁，属于自然环境条件所致，一切正常生活被迫中断，损失属于不可逆情况。但是，存在近1000年的旧城，与其周边环境已产生很强的适应性。比如，围绕城市而形成的关厢与近郊的互动生活，特别是连接区域内的道路问题。新城的建设，选址紧邻旧城正北方，规划起点脱离不了旧城原有的布局。

1.旧城的道路系统回顾

据康熙《商丘县志》[1]记载，新城的南门就定在旧城（睢阳城）北门的位置，旧城在明初时缩减了1/4面积。根据这一依据，来对明初的商丘城做一还原。又据考古挖掘的睢阳城尺寸[2]可推断明初裁后的睢阳城。在这个基础上，看城中的南北主干道（即图5-1-4中的道路4），就会理

[1] "今商丘县城系建于明弘治十六年（1503年），而旧城位于其南，新城之南门为旧城北门故址"，"旧城周十二里三百六十步，明初少裁四分之一"。康熙商丘县志，卷1，城池。

[2] 根据钻探结果，睢阳城址的城墙周长为5320米，面积约1.78平方公里，稍大于今商丘县城，后者城墙周长为4300米，面积约1.14平方公里。中国社会科学院考古研究所，美国哈佛大学皮德保博物馆中美联合考古队.河南商丘县东周城址勘查简报[J].考古，1998（12）：18-27。

解为什么不在城的中心轴上。此城池右侧阴影部分，为裁掉的宋、元时期的城池的一部分。结合"新城之南门为旧城北门故址"这一事实，新城池的主干道选择了原来旧城的主干道，这应该是一条长期使用的道路，是联系城池以北广大地区的一条通道。但是，在新城北城门以北的道路出现向东北偏转。

如果结合该地区更早的一些历史，就会明白这种道路的形成。设想宋国故城的城门如图5-1-4中所示，会发现图中道路2是周代都城内的一条主干道，连接南、北墙的两个东城门，这条道路在周代是通往蒙泽的道路。看来至少在明初睢阳城时就一直延续着这条道路，只是保存了宋城城池之外的部分，当然也不排除新城规划时对道路的局部改动。由于采取旧城的南北主干道，在北城门处会对城外道路进行合理改动。

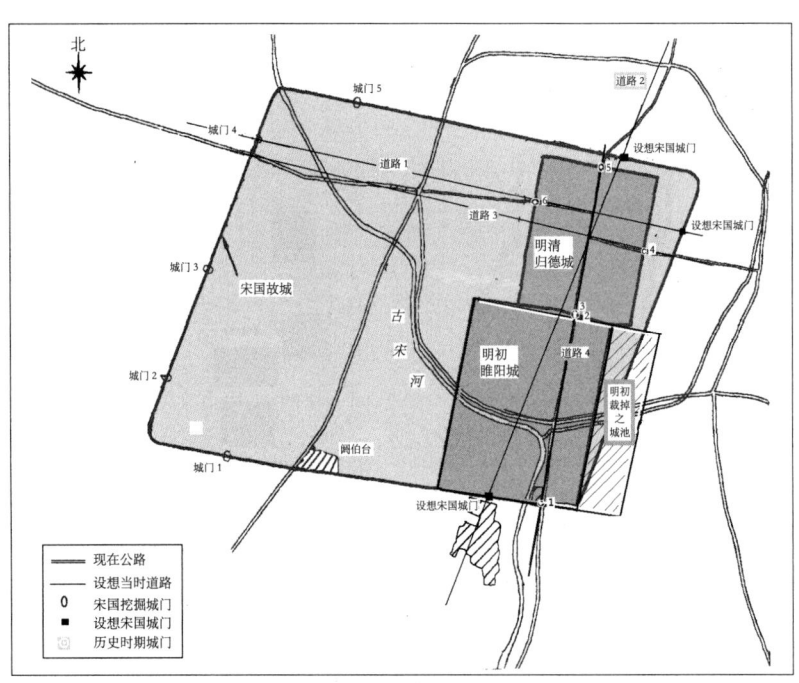

图5-1-4　明清商丘城道路复原示意图

（资料来源：据中国社会科学院考古研究所，美国哈佛大学皮德保博物馆中美联合考古队. 河南商丘县东周城址勘查简报 [J]. 考古，1998（12）：18-27 为底图整理）

2. 新城建设的基础状况

从该图进一步做设想，可以看到新城连接东、西城门的主干道与图中道路1和道路3有些关联。可推知，这两条道路在新城规划之前，也是存在的道路。西门道路与原周代宋国城连接东西墙北段的两个城门道路一致，东门道路与后来形成的新道路有部分重合。这些是否可以假设为在新城选址的这块地面上，曾留下道路的遗迹，在规划时，它们都可以作为新城的街道予以考虑。毕竟在古代，硬土路面的修筑也是不小的工程。甚至利用旧城的北城墙及城门作为新城的南城墙及南门。从旧城也可知道，至少旧城的北关将成为新城的城内部分。北关的居民区如何规划或重新安置？旧城外原有的祭祀建筑等如何安置？

3. 新城规划的设想

迁城的 1511 年，可以说是归德府恢复生机的上升期，地方经济经过近 140 年的休养生息，地方军事权贵及世家大族开始控制地方。面临迁城，将要安置的都是哪些人员呢？府级行政机构及县级行政机构的官员家眷、地方大户等。归德府城的规划小于旧城，这一点充分说明，此城的规划是有一定控制尺度与要求的。以行政职责的落实为主旨，保证城池经受得起来自各种因素的干扰，包括洪水灾害、军事骚乱、管理职能的有效运转等。

第二节　归德府城的城市空间结构特色

我国古代长期在中央集权统治下形成了自身特色的城市体制，如何合理地安排城市空间以利于行政职能的充分发挥，这是考察中国古代城市的起点[1]。对归德府城的空间结构分析，主要从三个方面来入手：从城市与外部环境的角度，看外部形态对环境的适应性；从城市内部空间设置状况，看城市结构安排的合理性；从城市主体建筑的分布，看城市管理功能的效率。城市功能的实现则从其反映出的独特的城市风貌之中得到验证。

一、道路骨架系统

对于城市内部来说，道路决定了城市的结构，通过它来切割不同的居住区与功能区。归德府城作为一个地形完整的新建城市，道路系统采用均齐方整的网状布置方式（图 5-2-1）。道路以通向四面城门的大街为主干道，由此向全城引申次街和巷子，城门外均有连向城郊的桥梁。虽然城市规模较小，它的城内陆路、水陆交通组织比较简单。但从深层来剖析，商丘古城的规划建设却完全遵守"阴阳五行八卦"观[2]。

---

[1]　城市的营建特色，主要着眼于城市空间布局的安排与其城市功能的关系表现。城市空间结构，也称城市内部结构，一般认为城市空间结构包括城市形态和城市的相互作用。城市的各个组成要素，如城池、道路、官署机构、文教、祭祀、商业、居住等空间分布模式，它们之间如何作用而服务于城市的行政职能，这是我国古代长期在中央集权统治下形成的城市体制特色。顾朝林等. 集聚与扩散——城市空间结构新论 [M]. 南京：东南大学出版社，2000：3；李炎. 清代南阳"梅花城"研究 [M]. 北京：中国建筑工业出版社，2010。

[2]　陈华光. 商丘古城变迁其文化内涵 [J]. 中州今古，2002（2）：26-28。

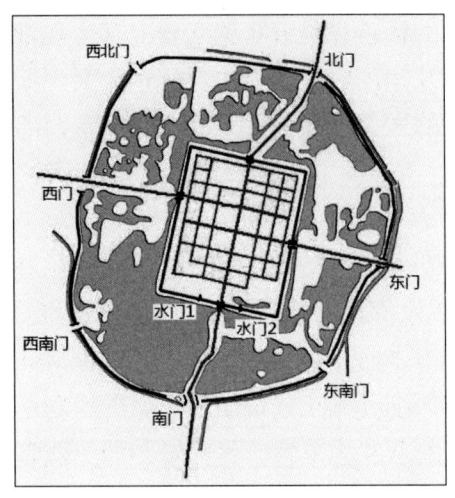

图5-2-1 明清商丘城道路布局示意图

（一）道路布局中的"阴阳五行八卦"理念

道路布局简洁，以南北门大街和东西门大街相交作为全城交通网络的骨干，组成棋盘道路系统。城内以连接南北城楼的大街为主轴线，横街为9，东西两侧各3条纵街，纵街总数为6，共组成93条街道[1]，古城街道布局用三取九[2]，追求和谐。

（二）城门

古城的城门蕴含着五行八卦的理念，具体体现在"城门相错"、"四门八开"、"三水济火"的城门规划[3]。城内街道布局，以"隅首"为交叉点，分布形如棋盘，路面自城中心最高点"大隅首"向四方呈逐步下降趋势，形如龟背。四座城门中，南、北二门以"大隅首"为轴心对称，城门相对。而东西城门不相对，"大隅首"向东对东门。"小隅首"在"大隅首"北，其西对西门，使东、西二门南北相错。商丘古城素有"四门八开"之说。

（三）外郭城门及桥梁

18华里的城郭开7个门，唯东北门不开，其意是东北为艮，艮为山，为五鬼，故不开东北门。四门外皆有桥。据嘉靖《归德志》记载，桥皆跨城濠。东曰先春、西曰溯洛、北曰拱极，皆旧建，名则知州闵材新扁也[4]。其中

162

---

[1] 此93条街道为明初建时规划，后有变动。这些街道形成棋盘式格局。所有的街道都是正东正西、正南正北，93条街道没有一条斜街。街道名称详见康熙《商丘县志》卷1《封域》。

[2] "道生一，一生二，二生三，三生万物"。"三"这个数字在我国传统文化中非常重要，文化象征内容十分丰富。它不仅代表多数，还有深刻的含义。孔子曰："一贯三为王"，即：能够融会天、地、人"三才"之道的人可称王。东汉许慎《说文解字》载："三，天、地、人之道也"。三的三倍为九，古时被视为最大。按八卦易理，"三"、"九"为老阳之数，内用"三"、"九"为"阴中之阳"，即达到阴阳合一。故古城的街道取93之吉数。此乃取天数九、地数六，意蕴天地相得相合，大吉大利，大业生定。城内纵横93条街道所构成的框架，也与河图相吻合，谓之阴阳和气。参见陈道山.商丘古城："阴阳五行八卦"城[J].中外建筑，2008（12），58-60。

[3] 这是因为根据五行相克相生的理念，西方为金，东方为木，金克木伤气。为防金木相克，东西城门被有意错开一条街道，不在同一直线上，出现了与中轴线分别相交的两个隅首，如此便可逢凶化吉。从历史渊源讲，商丘古城主火；从八卦说，南门又主火。火势太旺可能导致城池失火，于是，便在南城左右两侧各加设一个水门，再加上北（门）为水，便水火调和，此谓"三水济火"。"四门"即拱阳、宾阳、拱辰、坚泽四座城门，"八开"即四座城门连同四座瓮城扭头门在内的八开之门，此即"四门八开"。按照五行相生之理，东西瓮城门向南开，南瓮城门向东开，北瓮城门向西开。

[4] 嘉靖归德志，卷2，建置志·城池。

南门桥一孔，东门桥二孔，北门桥三孔，西门桥四孔。堪舆家认为，如此建桥可避免洪水入城。

二、城市职能设施的空间分布

商丘古城的街道规划始于建城，至今仍基本完整地保存着。而其城市的大致功能分区，至少保存到民国之初，其行政职能空间的基本分布情况如何呢？如表5-2-1所示。分析此表可知，作为府、县两级行政治所的所在地，行政职能相当完善，充分体现了明清政治城市的基本特色。而其职能空间分布（图5-2-2）的特色表现在哪些地方呢？

府、县行政职能空间分布　　　　表5-2-1

行政名称		所在位置
府级行政中心	府署	在城东门内
	粮捕通判署	在府署内西
	经历司署	在府署内东
	税课司署	在府治大门东，街北
	商虞通判署	在刘家口
	申明亭、旌善亭	俱在府治前
	阴阳学、医学	俱在府治南
	僧纲司	在隆兴寺
	道纪司	在城隍庙
	北察院	在府治东北，久废
	南察院	在府治前，旧为守备署
	布政分司	在府治西南，其西为按察司，中为兵备分司，久废
	旧归德卫	在府治西，今废
	参将府故址	即今南察院。清复设参将，移驻城东南隅民居。今名兵街。中军守备署在其后
县级行政	县署	在城西南隅
	丁家道口巡检	在城北三十里，今废
	济阳公馆	在济阳镇，今废
	民教场	在西堤外稍南
	军教场	在外堤西南门内
仓储	广盈仓	府治旧有，一名广粮仓，后废
	预备仓	在广盈仓东
	常平仓	在府治东南
	常平新仓	在县治西，与旧仓相对
	义仓	在县学前

行政名称		所在位置
文教	府儒学	在府治东
	宋范文正讲院（府义学）	在府学之东
	商丘县儒学	在北门内，四牌楼西
	社学（县义学）	旧随乡建置，后稍废。明嘉靖初，建之象贤祠西
	阴阳学	在府治南
	医学	在府治南
恤政	养济院	旧在城东门外城下，今移南门外
	惠民药局	在县治东
	漏泽园	在府城西南
	旧义冢	有三个：一在北堤；一在东堤；一在城西人路
	新义冢	在城北
文庙	归德府文庙	在府学明伦堂东
	商丘县文庙	在县学左
祭坛	社稷坛	在府城外西北一里
	风云雷雨山川坛	在府城外东南一里
	郡厉坛	在府城北一里
	乡社坛	各随坊乡之地，今废
	乡厉坛	如乡社之地或义冢所
城隍庙类	府城隍庙	在府治西
	八蜡庙	在垤泽门外
	县城隍庙	旧在回河路，改建于南察院之西
	魁星阁	在东南城上
	真武庙	在北门月城内
	伏魔庙	一在东门月城内，一在西门月城内
	旗纛庙	在归德府卫治内，今废
先贤祀所	关帝庙并关帝三代庙	在府东瓮城内
	习礼祠	在文雅台侧
	二贤祠	在城东南隅
	性善祠	在北关外
	阏伯庙	在商丘之巅
	微子庙	一名象贤祠，在旧城内三仁街。毁尼寺改建今庙，北门内西
	六忠祠	在府城隍庙西先贤与祀所
	颜鲁公祠	在府城南一里唐开元寺址
	五老祠	在今西门外一里许

资料来源：据康熙《商丘县志》卷3、卷4、卷5关于建置部分的内容及乾隆《归德府志》卷11、卷12、卷13、卷28、卷29等关于建置部分史料参考整理。

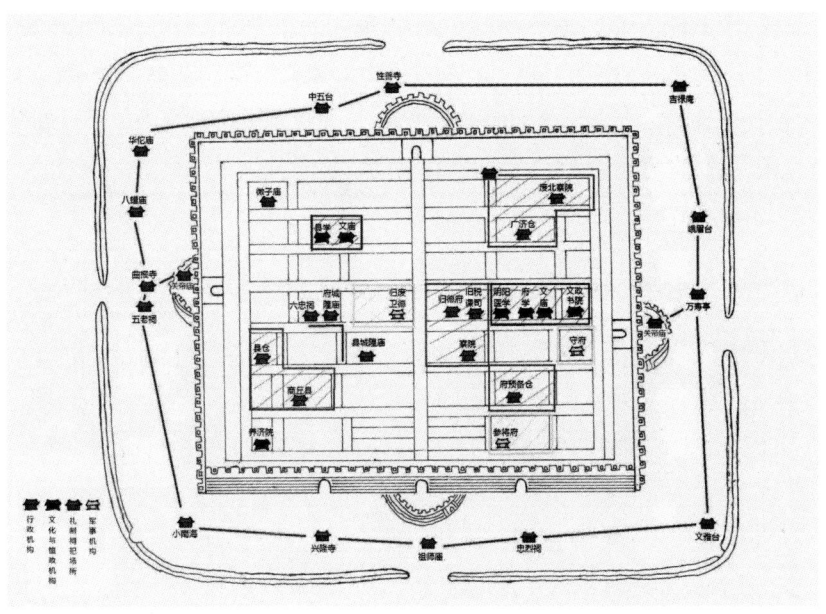

图5-2-2　归德府城城市职能空间分布示意图
（资料来源：以乾隆《归德府志》卷首《归德府城池图》为底图汇编）

作为府级行政城市，从其行政管理职能角度，将从三个主要职能角度来看其城市空间分布：府、县两级行政中心的分布空间、文化与恤政分布空间、礼制祠祀分布空间。其中，府、县两级行政中心的分布空间，占据古城的重要位置。归德府级行政中心位于南北大街以东的中心区域，四个城门大道与之相通。县级行政中心位于古城西南区域，西门、南门为主要活动区域。仓储均靠近府治与县治；文教与恤政分布空间，紧紧围绕行政中心，体现当时为科举入仕的职能。礼制祠祀分布空间，除文庙外，其余均分布在民众便于活动的区域，以关厢地带为主。而军事机构则在城市中心十字口及城门附近（图 5-2-3）。

从这样的分布空间，可以进一步来设想城市各种社会生活的发生状况。整个城市布局南部紧密繁华，一般市民都随商市所在而散居就近地段。从街道布局，也可推知此地在新城初建时，为旧城的北关。看来其规划受到了原布局之影响，居民至少有部分留居此处（此处地势低下，新城规划时，地带受制于原来建筑的限制，也与此相关）。北部属于交通便利、环境幽静的地段，是官僚、地主、富豪的邸宅首选之地。文教中心位于东城区东城门正对市中心的主干道旁，与府级行政区连在一起，此区域为府城的核心区。东门及东门主干道主要服务于府县行政业务往来。

虽然没有资料显示府的商业布局，但从其行政职能机构的安置就可推知。府、县衙前直街和左右街，形成丁字形繁华地带，特别是西门至市中心的主干道，主要布局与商业相关的城隍庙等，形成商业繁华区。由于城市管理由县衙负责，因此府城以县衙为核心，商业区主要覆盖在南门和西门为主要通道的西南区域。此外，城外的关厢地带，即府城的东、西、南、北关常是最热闹的地区，由于交通便利，几乎所有的祠祀庙宇分布其间，因能吸引大量善男信女而成为商市的集结点。

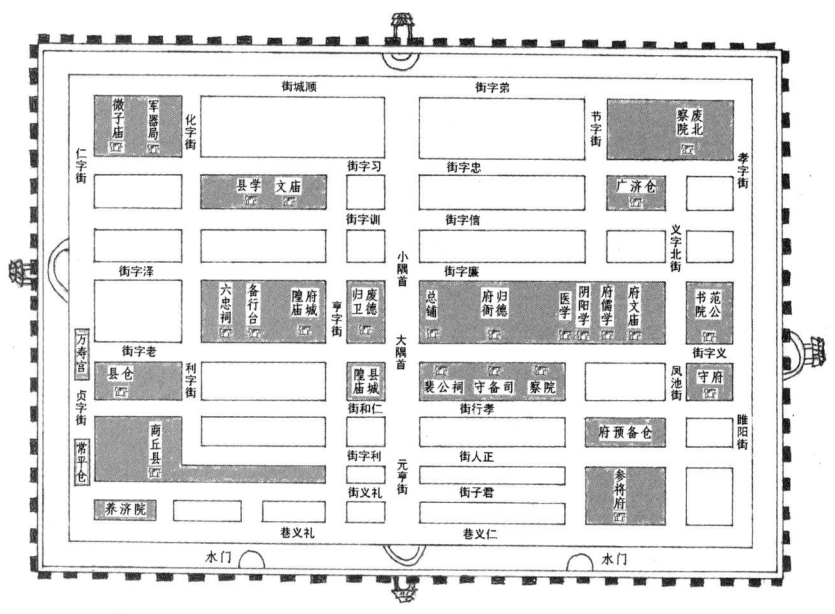

图5-2-3　古城主建筑群分布示意图

（资料来源：以康熙《商丘县志》卷首《城图》为底图，以康熙四十四年《商丘县志》卷1 "公廨"等内容汇编）

三、府城的公共空间与公共生活

在归德府城中，有许多体现其职能与城市生活相结合的重要建筑群（图5-2-3），其中最具代表性的就是商丘县衙、归德府学及文庙。地方事务的处理离不开衙署，文教事业的兴旺得益于官学私学的发达，而民众的教化更离不开祠祀礼制空间的约束。这些均从不同侧面反映了府城的公共空间与公共生活。

（一）行政空间与地方事务

中国古代从省到府到县的这种层级安排，被看作是标准的行政安排。府级治所总是县级治所的所在地。府的区域全由县级区划占满，其中一个县级治所同时也是府级治所。因此，每个府级治所至少有两个衙门，分属于知府和知县。

县衙作为当地群众最直接、最经常碰到的皇权形式，对他们的社会生活影响最大。县级衙门不仅有公开的政务要处理，而且作为政治交流的主要场所，还要有与非正式的地方权力代表私下协商地方事务的职能，这种私下的活动对于县衙行政职能的落实至关重要。知县作为主要行政官员，主要职责就是维持社会安定和征税。从他所掌管的公务内容即可看出他所代表的县衙与整个地方生活的密切关系，包括掌管县衙门、调节赋税和力役、审理诉讼、促进教育事业、化民成俗。此外，他还负责社会养老、祭祀仪礼、兴办私学、蓄养科举人才。

　　知县全权负责县行政机关的运作并且承担来自朝廷的责罚，他的下属官吏只是充当执行具体公务的工具。知县必须亲自过问，使皇帝的具体诏令能被充分地执行。要做到这一点，知县需要建立一个互相密切配合和协作的组织，能够按限期完成任务而不受行政处分或鞭笞。同时传播儒家社会准则是构成知县职责的一个不可缺少的组成部分，使得知县感到有一种压力迫使他们履行其教化职责。如到农村去劝善惩恶；劝学，为准备参加科举考试而读书；参加孔庙及其他一些庙宇的祭礼，这些构成了朝廷和意识形态上的目标所规定的社会职能[1]。

　　对地方缙绅来说，县级衙门是结合地方上的利益、解决权力斗争和左右行政决策的重要场所。朝廷的行政制度排斥地方名流参与行政管理，在任命上就阻止绅士在本地或附近的县里任职。谋取行政辅助职务和地方教育职务是较容易的，但是对于野心勃勃的有功名的人来说，除了京城会试取得最高功名的人以外，任何人想在别的地方获得官职是不容易的。因此，谋取这种职务，在政治上捞不到什么好处。普通的生员在正常情况下，也不准担任官职，或当书办、幕僚之类职务，在非出生地区，倒是可当的，但体面的幕僚之职需要有专门的技能，而这种技能又与有儒家思想和等待考功名的绅士的志趣是不合的[2]。

　　县衙门作为一种主要政治机构，与中国社会的都市化过程密切相关。它设在城内或行政城市里，在有些较重要的城里，设有不止一个县级衙门。自知县以下的多级衙门官员均在衙门内工作和生活。

　　了解了县衙的行政运作以及县衙与地方势力的关系互动，对于了解县

---

[1]　（美）约翰·R·瓦特. 衙门与城市行政管理.（美）施坚雅主编，叶光庭等译. 中华帝国晚期的城市 [M]. 北京：中华书局，2000：418-468.

[2]　尽管有这些限制，但是绅士仍旧可以通过与县行政官员的私交，达到他们的政治目的。他们依靠这种关系，在税收上获得优待，还能协商包税安排。在与平民打官司时，也能得到偏袒。通常，绅士利用县衙门来提高他们在地方的威望，常拿一部分地方上的社会和经济权力做交易，来换取一部分政治权力。他们每方都从这样的交易中获得一点东西：绅士们得到了政治力量，衙门得到了社会威信。与核心城市内首县打交道的地方领导人，很可能领导着地方贸易体系特别强大的权力结构，这些领导人很少不是有功名者，或者做过很有权势的官。随着官僚机构参与那些不局限于朝廷征税和防卫两件头等大事的管理活动的能力大小，而有所不同。服务项目包括解决民事争端和维持地方治安、逮捕和惩办罪犯、发放灾荒救济和进行其他福利活动、发展教育事业和监督科举考试机构、建造和维修公共工程，以及批准和管理某些半职业人员和商人。这些活动并列为社会管理和社会控制。

衙的建筑空间布局非常重要。商丘县衙（图 5-2-4）的状况如何？

据康熙《商丘县志》记载：

县治在城西南隅，明嘉靖二十四年，知县曾腾风因旧隆兴寺改建。崇祯十五年，流寇破宋，遂遭焚毁，后皆寓于民居。国朝顺治七年，知县李守功于旧治重建。十一年，知县刘之骥增修。康熙三十八年，知县刘德昌抵任复修治，焕然改观。有大门三间，仪门三间，大堂五间，库楼一间（在堂东北），库房三间（在大堂东），退思堂三间（在大堂后），知县宅（在退思堂后），县丞宅（在知县宅东），主簿宅（在知县宅西，今废），典史宅（在县丞宅南），六房廊（在大堂前，东西队列各八间），戒石亭（在大堂前），吏廨（在土地祠北），迎宾馆（在仪门外），土地祠（在仪门外），狱（在仪门内西），旌善亭（在大门外东），申明亭（在大门外西），马厩（在西南隅）。[1]

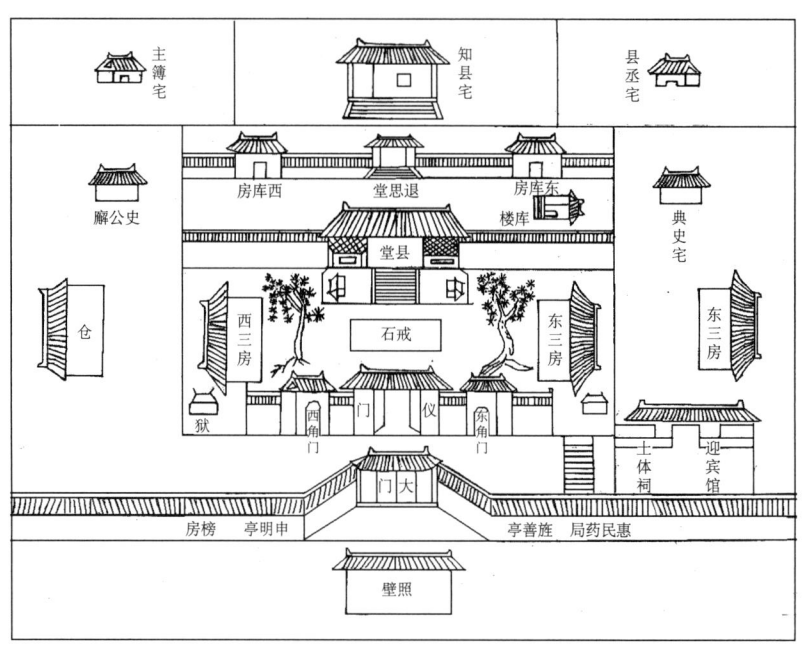

图5-2-4　清商丘县衙布局示意图
（资料来源：康熙四十四年《商丘县志》卷首"公廨"、《县治图》）

（二）文教空间与科举入仕

明嘉靖至清初，归德府城内名宦、文人辈出，以沈鲤、宋纁、侯恂、宋荦为代表的名臣和以侯恪、侯方域等为代表的文人在那个时代在全国引起过相当大的反响，民间更有"满朝文武半江西，小小归德四尚

[1]　康熙商丘县志，卷1，公廨.

书"[1]的说法，足见商丘古城当时的显耀。其实还远不止如此，据《商丘地区志》介绍，宋、明、清三代，本区的科举考试成绩较为突出。明朝初年，归德府的进士寥寥无几，明中叶社会风气由重武转向习文，归德府的进士逐渐增多。弘治以后，归德府共考中文、武进士168名，占该府平均人口的17/10000，其比例之高居全省之冠，远远高于其他几个府的比例[2]。清前期该府的科举事业仍然较为发达[3]。为什么会有这样的成就？这在很大程度上归功于当地文教事业的发达。其中作为官学的归德府学、商丘县儒学以及作为私学的府辖范围内的众多书院（表5-2-2）起了决定性作用。

归德府辖书院一览表　　　　表5-2-2

年代	地区	创办人	书院名称	地点
北宋			应天府书院	
元代	永城	县尹张思立	浍滨书院	酇桥集浍河之滨，元至正末毁于兵乱
明嘉靖四年（1525年）	睢州	提学萧鸣凤	锦襄书院	骆驼岗
明嘉靖二十五年（1546年）	夏邑	知县郑相	崇正书院	慈圣寺西
明隆庆二年（1568年）	永城	县令左思明	太丘书院	旧太丘驿地
明万历二十九年（1601年）	商丘	知府郑三俊	文中书院	于府学东建
明天启元年（1621年）	虞城	本县人杨东明	首善书院	
清康熙十三年（1674年）	商丘	知府闵子奇	重修文正书院	改为义学

[1] 其实归德实有七位尚书，指明代吏部、户部尚书宋纁，礼部尚书沈鲤，户部尚书李汝华，兵部尚书侯恂，刑部尚书吕坤，刑部尚书杨东明，兵部尚书袁可立。吕坤、杨东明是死后加封的尚书。袁可立是朝廷特授的兵部尚书，但他与魏忠贤水火不容，虽然历经九卿公推兵部尚书，但他三次请辞、没有到任。但若论对国家、对社会的贡献，著作水平、对后世的影响都不在四尚书之下。甚至有的远远高于四尚书。

[2] 河南七个府（州）进士占平均人数的比例分别为：归德府17/10000，汝宁府15/10000，开封府8/10000，河南府5/10000，南阳府5/10000，卫辉府5/10000，怀庆府2/10000，汝州2/10000。赵广华.明代河南科举与人才的消长[J].河南大学学报，1992（1）：59-63。

[3] 据《商丘地区志》载，自顺治三年（1646年）至乾隆三十六年（1771年），共举办科举50科，全区中进士者170人，占全省中进士人数917人的18.5%。科科有人得中，最多一科中12人。其中，康熙三年(1644年)柘城县李元振中榜眼。康熙三十九年(1700年) 柘城县王露中探花。清康熙戊辰科（1688年)，柘城县进士窦克勤，授翰林院检讨，后返乡创办朱阳书院，成绩卓著。商丘地区地方志编纂委员会.商丘地区志(下卷)[M].北京：生活·读书·新知三联书店，1996：1324。

续表

年代	地区	创办人	书院名称	地点
清康熙十四年 （1675 年）	睢州	知州程正性	绘川书院	新城大街
清康熙二十九年 （1690 年）	柘城	本县人窦克勤	朱阳书院	城东郊
清雍正二年 （1724 年）	睢州		旧洛学书院	于奎楼北
清乾隆七年 （1742 年）	宁陵	知县梁景程	宁城书院	县治东
清乾隆三十二年 （1767 年）	永城		芒山书院	芒山南麓
清乾隆年间	永城		古虞书院	城内马道街路西
清道光八年 （1828 年）	柘城	县令富成	文起书院	城内西南隅
清光绪九年 （1883 年）	睢州		新洛学书院	东大街
清光绪九年 （1883 年）	宁陵	知县钱绳祖	文修书院	县城东大街

资料来源：据乾隆《归德府志》卷 12《建置略中·书院》整理绘制。

官学主要为读书的知识精英提供科举入仕的机会。明清时期的官学可分为中央、地方及专科三种，其中地方学校按照当时的行政区划设有府学、州学、县学、社学，专科学校则有医学、阴阳学等。中国大多数传统建筑为四合院式，但学校的建筑是个例外，其斋舍、号房通常作连排通长的房屋，行列式布局，较为特殊。学校建筑形制[1]的特点是与文庙相结合，所以学校有时又称为"庙学"、"学宫"。庙学有两部分关系，常用左庙右学、前庙后学的布局。

归德府城的官学建筑包括归德府儒学和商丘县儒学（图 5-2-5、图 5-2-6）。其中府儒学为归德府最高学府，其前身最早可追溯到北宋时的府儒学。

据乾隆《归德府志》记载：

在原应天府宋城县县治东，即应天书院，明初为儒学。洪武六年（1373年）归德州知州段嗣辉在原址创建。宣德（1426—1436 年）、天顺（1457—1465 年）年间，知州李志、蒋魁相继增修。弘治十五年（1502 年）毁于水，迁今址，府治东。始建于明正德年间，时为归德府最高学府，距今近 500

---

[1] 由"庙"和"学"两大部分组成。"庙"中的大成殿是整组建筑的中心和精神所在。庙同时兼作当地城市的文庙。由于学校实行分堂升斋的积分制学习法，因而"学"的重要组成部分是讲堂和斋舍。商丘地区地方志编纂委员会编．潘谷西主编．中国古代建筑史（元、明建筑）第四卷 [M]．北京：中国建筑工业出版社，2009：41-48。

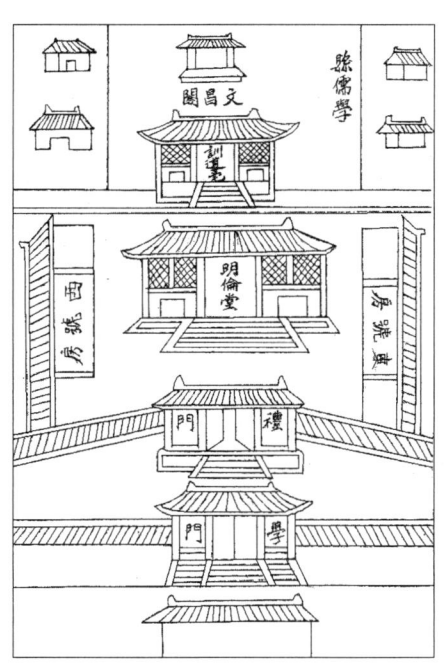

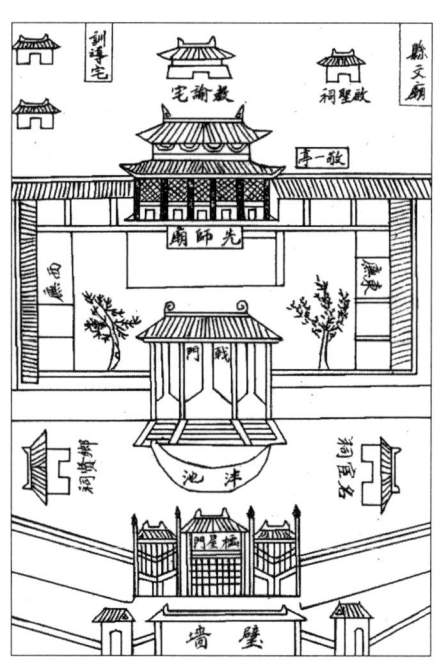

图5-2-5　明清商丘县学宫图
（资料来源：康熙四十四年《商丘县志》
卷首《学宫图》）

图5-2-6　明清商丘县文庙图
（资料来源：康熙四十四年《商丘县志》
卷首《县文庙图》）

年。正德（1506—1522 年）初，知州刘信建明伦堂五楹，左右斋舍各 60 楹，前为仪门 3 楹，大门 3 楹，其后为馔堂 5 楹，又后为教官宅。嘉靖初诏建启圣祠（清雍正年间改为崇圣祠）、敬一亭。嘉靖二十一年（1542 年）分守参议王崇命知州李应奎修葺，二十四年（1545 年）因归德州升归德府，由州学改为府学，三十四年（1555 年）知府王有为、三十八年（1559 年）知府陈洪范重修。明末知府薛玉衡出俸金若干，前太守汤道衡又捐资相助，重修了明伦堂，侯恪应请写了《重修归德府儒学明伦堂记》。清乾隆十六年（1751 年）知府陈锡辂再次重修。[1]

　　明清的归德府学建筑群现存只有大成殿和明伦堂（图 5-2-7～图 5-2-13）。

图5-2-7　明伦堂

图5-2-8　归德府文庙大成殿外观

---

[1]　乾隆归德府志，卷12，建置略中·儒学.

图5-2-9　归德府文庙泮池

图5-2-10　归德府文庙大成殿内部结构

图5-2-11　归德府文庙殿角挑檐

图5-2-12　归德府明伦堂外观局部

172

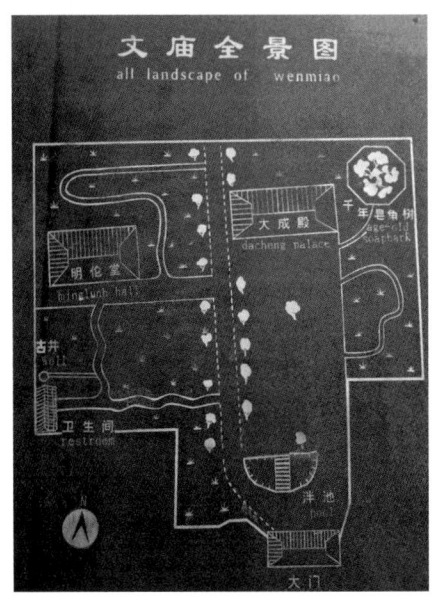

图5-2-13　归德府文庙全景示意图

这两处建筑物保存较为完整。明伦堂坐落在文庙大成殿西侧30米处，原为归德府儒学建筑群之一。明伦堂面阔5间，进深3间，青砖灰瓦，单檐歇山顶，覆以灰色小瓦。西山墙为青砖封护，前后墙施格扇门和坝窗，门窗间有衔接板，上绘彩画。尾四角各有一根木质浮雕，滚龙斜撑承托角梁，下出檐有一周走廊，木檐22根，覆盆柱础[1]。整座建筑坐落在青石台基之上，其建筑特色极具中原风格。

另据康熙《商丘县志》记载，县儒学在北门内，四牌楼西。明万历元年，知县何希周建明伦堂三间，东西号房各五间，教谕宅，在明伦堂东北，训导宅，在明伦堂后。现在仅存明伦堂[2]。

官学主要为读书的知识精英提供科举入仕的机会，而书院属于私学。

[1]　杨瑞奇.商丘地区建筑志[M].郑州：河南人民出版社，1990：64.
[2]　县儒学原有学门、礼门、号房、训导宅、文昌阁等建筑。康熙商丘县志，卷3，学校。

书院作为民间教育机构，因兼有讲学、藏书、供祀三大职能，很大程度上弥补了官学只求应付科举、"课而不教"之不足。从学术传播的角度来看，作为区域性的学术中心，书院在对地方文化的涵养上有着不可或缺的作用。从另一个角度来看，书院的有无与兴衰与地方经济及文化的发展程度关系密切。科举入仕为普天下的学人带来福利与机会，追求科举功名是促进教育兴盛的相当重要的原因，而归德教育的兴盛自有不同的根源，这不得不追溯到北宋时期应天书院的影响。范仲淹和他读书执教的应天书院对明清时期归德府的教育事业发展有着极为深远的影响。

这种影响主要体现在明清两代归德府官员及地方士人对兴办教育、传承应天书院精神的执着与坚持。可以看到归德府、州、县官员对书院建设（表5-2-3）的重视[1]，地方人士中特别是徐邻唐[2]、李度[3]、田兰芳[4]、高玢[5]对书院教育倾注了大片心血。

明清归德府应天书院兴办历程　　　　　　　　　表5-2-3

朝代	年份	应天书院兴办历程
明	嘉靖十年（1531年）	巡按御史蔡（云援），将嘉靖初知州王俏建的社学，改为"应天书院"，已有振兴之意
	万历二十九年（1601年）	郑三俊为归德府知府，建成设备较为完善的范文正公书院。郑三俊在公事之余，亲自执书讲学，一时培养了许多名闻当时社会的杰出人才。值得一书如侯恂、侯恪、练国事等皆为东林著儒，为官多著清声，立朝以侃直称。又崛起了第二批文人。他们不以功名显身，却以文才自负，倡雪苑社于中州，与江南复社相呼应，一时名满海内，而南北文人畏其锋

[1] 据《归德府志》记载，郑三俊为知府时，"百废俱举，刑不滥及而人畏若神明。二创宋范文正公书院，择九邑之俊者，养而课之，往往以科第显其后。"明万历二十九年，郑三俊在府学之东，择"院基南北长十八丈六尺，东西横阔八丈二尺，在院基上建大门一座，二门一座，讲堂一座，后轩一座，文昌阁一座，并为范仲淹建有'文正公祠'一座，藏书楼一座，楼下敞房三间，向学西门楼一座，东号房二十间，西号房二十间。周围砖墙计高一丈三尺六寸。藏书楼前，东西墙二道，直接讲堂。东西号房各院墙一道，前后相连，俱与中墙相对。东西各通道一条，耳门四庭，号房每层各小门一座"。康熙商丘县志，卷3，学校。
[2] 徐邻唐，字迩黄，幼力学，经传百家，无不综贯，古文奇崛駘荡。侯方域重其文，与贾开宗邀华、徐作肃、徐世琛为雪苑六子社。一时声望鹊起，门弟子日益进。
[3] 李度曾题居室为"拙存堂"，名人题咏很多，一联常署其庭，曰："拙愚有性生难改，机变无心老益疏"，可见是一个恶于机巧钻营，以洁身恭谨自许的封建文人。
[4] 田兰芳本睢州人，问业于徐邻唐，后流寓商丘。徐死，田继其业，教授生徒二十余年。田敦尚气谊，遂于学，博闻多识，与商丘的刘榛、郑廉号为"归德三茂才"。归德一府，自侯方域，贾开宗、徐作肃、徐邻唐、刘榛以古文著称，兰芳最后殁，他自品其文曰"杂"。诗以情真见长，绝去町畦，自抒胸臆，使人玩味不尽，有《逸德轩诗文集》。学以经史为本，并研心性理，学者多赖以裁成。
[5] 高玢字荆裹，拓城人，进士，授中书舍人，屡迁至山东道监察御史，居官清廉有为，侃侃不阿；奉使至西藏运粮，居塞十载始召还；归田教授生徒，为文正书院山长，下帷讲学，有醇儒风，一时学者翕然宗之。详见乾隆《归德府志》，卷25，《人物略四》。

续表

朝代	年份	应天书院兴办历程
清	顺治八年 （1651 年）	范文正公书院开始恢复。执教授徒者多为名师。可考者有顺治年间徐邻唐。稍后，有李度者，通经善文，为书院大师都讲
	康熙十三年 （1674 年）	知府闵子奇复修。康熙初中期，有徐邻唐的门人田兰芳为范文正公书院山长。康熙后期，有高玢为范文正公书院山长
	康熙二十年 （1681 年）	知县赵申乔又将前任知县朱衣贵所立的县义学增建，题名为"应天书院"。范文正公书院、应天书院之名沿用到清中期
	乾隆十四年 （1749 年）	陈锡辂为归德府知府，亦想接踵晏殊，重振范文正公书院，他亲下学舍，讲经授业，商丘的教育又一次得到了发展

资料来源：据养拙. 范仲淹与应天府书院 [J]. 商丘师专学报，1987（2）:34-40 页内容编制。

从名闻当时社会的名公巨卿[1]的为官作风，及文人[2]不以功名显身、不以文才自负的气度看到昔日范仲淹的精神。明代归德府的人文之盛达到了一个非常高的水平[3]。更为重要的是，没有比文化的传承这种影响对商丘社会更为直接和深刻的因素了。应天书院之于商丘，是血脉之中的骨肉关系。

（三）祠祀空间与礼制教化

明清府县城的设置中，除了城墙以外，还有两个非常重要的标志性建筑，那就是代表礼制教化的文庙和城隍庙。祠祀空间的合理分布，有力促

[1] 如官至兵部侍郎、户部尚书的侯恂，南京国子监祭酒侯恪，户部侍郎兼兵部侍郎蓟辽总督叶廷桂，兵部侍郎练国事，明末为兵科给事中入清官至大学士的宋权等等，皆为郑氏赏拔。商丘明清时期的地方史料，详细描述了郑三俊建范文正公书院对当时商丘教育的贡献及时人对范与郑的怀念。如侯方域《壮悔堂文集》卷六《重修书院碑记》云："归（归德府）有范文正公书院，先太守郑公尝沿其意而创大之，以储归之材。居有号舍，赡有田，课试有约。行之既久，归之名公巨卿接踵其间，出为当世用不绝，而士风亦群感动淬厉，承承以变。今虽废，而人之讴吟思慕郑公之泽者，数十年不衰。"又云："书院之设，始于宋范文正公，公为诸生，即以天下为己任，其后参大政不久，未竟厥施，然所措置，率宏以远。即如在归，而归有书院，其随地收拾人材之意，是何可一日废也。……历宋而元而明，至万历间，始克有郑公再举行之。当时之人，亲被郑公之泽，至于今其遗老有能言郑公时事者，犹过书院，仰首歔歁，不忍辄去。"清初商丘文人高玢在《金吾公传》中亦有记载："归在北宋，即南京，应天留守尹晏元献公殊，会延范文正公仲淹来主邦教，辟设书院，讲学其中，历朝最著。金元以来鞠为茂草。明神宗朝，郑公三俊出守是邦，重而新之，自悬绛帐，搜集英儁，每日公余，亲诣教授。文教大兴，归之名公巨卿踵接其间。"另详见乾隆《归德府志》，卷12，《建置略中·重修书院碑记》。

[2] 侯氏兄弟有侯方夏、侯方域、侯方镇、侯方岳、侯方岩，吴氏兄弟有吴伯裔、吴伯胤，徐氏兄弟有徐作霖、徐作肃，另外还有刘伯愚、贾开宗、张渭等。他们像范仲淹那样，少年以天下为己任，俊风采，尚气节，指斥时政，裁量公卿，以清议自持。可惜他们生不逢时，他们所依附的明王朝，已经到了垂死没落、无可救药的地步，天下大乱，有的死于兵，有的未竟其志而中途夭折了。

[3] 时人刘文蔚、查岐昌皆有《题范文正公书院》诗。刘诗云："中州文雅地，院以范公留。造士原有术，藏书尚有楼。性真无代谢，风日嬗春秋。愧惭稽山客，经年共讨求。"查诗亦云："古郭迷原卣，公名尚宋都。传经先问《易》，厉节始为儒。异日尊胡瑗，当年重晏殊。至今留讲院，贤达并中吴。"详见乾隆《归德府志》，卷12，《建置略中》。

进了行政的高效管理[1]。在县治里较有规律存在着的官方崇拜，包括对孔子和城隍的崇拜在内。它们成为官方信仰两个最基本特点不是没有原因的：城隍是以自然力和鬼为基础的信仰的中心，因而可以说是用来控制农民的神；文庙是崇拜贤人和官方道德榜样的中心，是官僚等级的英灵的中心，文庙还是崇拜文化的中心。对中国古代城市的了解，一定建立在对中国古代官方信仰[2]的认知基础上。对民众的思想控制如何实现？正确履行法定的官方信仰的礼拜仪式被认为具有永恒的效果，能够例证宇宙的秩序，可以维持正确的差异。

中国古代信仰包括仪式、神祇和庙宇三个方面。与民间信仰相比，官方信仰主要体现在祭神的仪式和等级上的严格规定。释奠（报答礼仪）每年或每两年举行一次，作用为祭孔。举行释奠时，礼仪专家是当地教育组织的成员和学堂教师。他的职责是站在主祭官的旁边，根据礼仪要求安排祭司站在指定地点（比如站在祭坛旁边），并在那里将适当的祭品交给祭司，宣布祭司的下跪和磕头次数。只要求主要参加者这样做，只有主要参加者可以向神奉献祭品；所有妇女以及所有无功名的男人，都不能参加释奠。以孔子和其他圣人的释奠，以传播学问和保护文明；而祭风雨雷云以及山川之神，效果是为所辖地区的全体民众保护食与住。两种信仰活动都有一种表示尊敬的核心仪式，相当于中国文化所共有的磕头和其他表示敬意的姿势，这就是三爵礼，即三次敬酒礼[3]。

在上一部分，对文教祠祀空间做过简要的介绍。在这里，通过对归德府文庙的礼仪及文庙布局两个方面，来谈谈归德府文庙是如何达成其礼制教化的功用的。

归德府文庙坐落在府城东门里路北（现在古城中山东二街路北现商丘市第二高级中学院内），是明清时期归德府官员及儒生春秋两季祭祀孔子的庙宇，始建于元代初年。据乾隆《归德府志》记载：

在旧城时，元初建大殿 3 间，延祐四年（1317 年）增为 5 间。至元丁

---

[1]　"中国古代行政城市的建立以城墙为标志，其他标志还有城墙内的一座城隍庙、一所学宫和城墙外至少一座露天祭坛，这似乎是县这个最低行政级别的最低标准"。(美)斯蒂芬·福伊希特旺.学宫与城隍.(美)施坚雅主编，叶光庭等译.中华帝国晚期的城市 [M]. 北京：中华书局，2000：699-730。

[2]　官方信仰的内容包括：《大清会典》中的"祠祭"、"祭祀"和"祠祭祀"，以及地方志中"祀典"部分内容。官方庙宇也标明为"坛庙"，而其他的全都叫做祠庙。祀典既是官方信仰，又指祭神的仪式。礼的整个范围不仅包括官方信仰，而且包括丧礼、宫室礼仪、宫室穿戴礼节、封地、外宾接待（送礼与受礼）和对乡约之类的宣传。在这里讨论的官方信仰只限于集团性的礼拜。它通过遍布全社会的采取象征性行动的礼制祠祀机构来实现对民众思想的控制。

[3]　(美)斯蒂芬·福伊希特旺.学宫与城隍.(美)施坚雅主编，叶光庭等译.中华帝国晚期的城市 [M]. 北京：中华书局，2000：699-730.

丑（1337 年），知府李守中增置棂星门，后毁于战火。明洪武六年（1373
年），归德州知州段嗣辉于原址创建。宣德（1426—1436 年）、天顺（1457—
1465 年）间，知州李志、蒋魁继修。弘治壬戌（1502 年）荡于水。知州
张玺创建于此，建大殿 7 间。正德年间（1506—1522 年），知州赵会、刘
信相继修葺。嘉靖三十年(1551 年)，知府南逢吉又新之。嘉靖三十四年(1555
年）知府王有为、三十八年（1559 年）知府陈洪范重修。[1]

古时按照每年春秋仲月（即春二月、秋八月）上丁日（农历每月上旬
的丁日），在文庙祭孔和十二哲[2]。按国家祀典的要求，配有特定的祭品、
祭器、乐器、乐舞，甚至标准的祭法。启圣祠于雍正三年（1725 年）改为
崇圣祠[3]。先贤祠分名宦祠和乡贤祠，以纪念当地的先贤[4]。此三祠与祭孔
同日，但祭品不同，先贤祠为最低级别。具体祭法：

先师，祭用八笾、八豆，乐奏六佾，祭品如前制，诗歌则迎神、奠币、
初献、亚献、撤馔、送神各一章。岁时有司率学官，令舞生演习声容，缀兆，
悉依阙里仪制。祭之日，堂上堂下礼明乐修，正献官西西行礼。四配，祭
日配先师品，惟去太羹，亦正献官行礼。十二哲，祭日同，各用四笾、四
豆，分献官行礼。两庑，祭日同，合四主，共四笾、四豆。祀十二哲、东
庑四十七位、西庑四十八位，共一帛爵三分，皆分献官行礼。[5]

归德府文庙原有棂星门、泮池、大成殿、名宦祠、乡贤祠、戟门、东
西庑殿、敬一亭、启圣祠、教谕宅等建筑，现仅存大成殿和泮池。这些祭
祀仪式是在怎样的空间达成的呢？我们可以根据康熙《商丘县志》[6]提供
的明清商丘县文庙的资料，对文庙的主要建筑布局作大致了解。

归德府文庙的大成殿（参见图 5-2-8 至图 5-2-10）保存完整，大成殿面
阔七间 30.45 米，进深三间 13.56 米，外檐青砖墙[7]，墙厚 75 厘米，单檐歇
山式绿琉璃瓦顶，九脊六兽，飞檐挑角。浮雕龙凤大脊，正中饰一宝瓶，
两端置鸱吻，垂戗脊下均有兽形浮雕。檐下无斗栱，四周平出耍头承托檐

[1] 乾隆归德府志，卷28，祀典略上·文庙.
[2] 所谓十二哲，即孔子门徒颜渊、闵子骞、冉伯牛、仲弓、宰我、子贡、冉有、季路、子游、
    子夏、曾参和子张.
[3] 明嘉靖时诏令天下文庙立启圣祠以祀孔子之父叔梁纥，清雍正元年改启圣祠为崇圣
    祠以祀孔子五世祖.
[4] 名宦指就任于本地而享有盛名的官员，其祠祀有商尹伊，周正考父，唐裴度，宋范
    仲淹、欧阳修、晏殊，明丘度、万广、周光大、郑三俊、成勇、王世琇，清李廷楹.
    乡贤指籍贯在本地的知名官员，其祠祀有周原宪、司马耕，汉申屠嘉、申屠刚、丁宽，
    唐魏元忠、宋戚同文、赵概、张方平，明徐永达、潘礼、沈瀚、沈鲤、宋燻、宋沾、
    杨东明、余城、田珍、侯执蒲、周士朴、侯恪、叶廷桂，清宋权、宋荦等.
[5] 乾隆归德府志，卷28，祀典略上·文庙.
[6] 康熙商丘县志，卷4，祠祀.
[7] 大成殿的前后墙原有格扇门的坎窗，现改为砖墙代替。参见杨瑞奇.商丘地区建筑志
    [M].郑州：河南人民出版社，1990：64。

部,两耍头之间开一方窗。两山
没有腰脊和木博缝。大殿的四角
使用了老戗支撑老角梁,使翼角
出挑,苍劲有力,非常有地方特色。
屋顶由前后 4 排 32 根胸围 1 米的
明柱擎起,柱下有 1 米高的鼓形
柱础,整座建筑高大雄伟、造型
别致[1]。

图5-2-14　归德府文庙皂荚树

泮池在大成殿前,距大殿 20
米,半圆形。中间原有一座小桥,
现石桥已毁,包砌青石局部损毁,
改由砖砌。文庙内还有一棵千年
皂荚树(图 5-2-14),又名赵匡胤拴马树,位于大成殿东侧。树高十余米,
胸围达 4 米多。据传 959 年赵匡胤任宋州归德军节度使时,曾拴马于此树。
因马将树啃伤,如今,树干已长成可容纳数人的巨洞,但枝叶却非常茂盛。
2000 年,河南省人民政府公布文庙为省级文物保护单位[2]。

177

第三节　从建筑解读城市风貌

　　商丘古城现为国家历史文化名城,其最有价值的地方就在于古城的规
划格局至今仍基本完整地保存着。古城中尚存的古建筑、遗迹、旧址等历
史文化资源,虽经历岁月磨损,但文脉清晰,使得这座完整的明代古城依
然散发着古朴的城市风貌[3]。下文拟从民居建筑来解读明清时代古城中的
生活,包括社会经济生活、文化生活和家庭生活等。

一、从"商丘八大家"看侯氏故居

　　究竟是谁在支配着明清时期商丘的地域社会呢?明中期迁新城之后数
十年,归德府城逐渐出现了人文兴盛的气象。先有八大名门望族脱颖而出,
他们中不乏科举鼎甲和高官显宦,当时"中央"曾有"满朝文武半江西,
小小归德四尚书"之说。小小的一座城池,这样一群显赫人物的出现,放
眼全国也是罕见的现象。他们与中央政权和地方社会保持密切而广泛的联

[1]　刘园园.商丘古城的保护与发展研究 [D].西安:陕西师范大学,2008:32.
[2]　同上.
[3]　严国泰.历史城镇旅游规划理论与实务 [M].北京:中国旅游出版社,2005:226.

系，他们的言行对归德府乃至河南省的政治与社会变迁都具有深远影响。他们的社会生活的方方面面，是明清时期商丘社会基本风尚的体现。

（一）探寻"商丘八大家"

进一步分析发现，在这八大家族中，至少有五家来自卫所系统[1]。可见，在军事权贵转向世家大族的过程中，科举入仕是最重要的手段，归德地区这种以武官职起家的模式与南方地区有所不同。

沈氏、侯氏和刘氏三个家族是从卫所军户到世家大族的。这里的"卫所军户"，并非指卫官阶层，而是普通的卫所军户。由于归德的杂泛差役异常繁重，拥有免杂役特权的卫所军户具有一定优势，而且，在军事权贵占主导地位的地方社会，当军民发生纠纷时，卫所军户经常受到偏袒，这些都有利于卫所军户的发展。特别是落地生根的政策促使卫所军户独立发展，这对地方社会的变迁有着深远影响。

另外军屯也起着至关重要的作用。归德地处腹里，屯军数量较多，军屯数额也较大，拥有一定数量的军屯无疑为卫所军户进行家族建设提供了经济条件。随着卫所军户的繁衍，屯所渐不能容纳众多子弟，很多军籍子弟便离开屯所，移居他处，成为寄籍军户，商丘沈氏和侯氏就是典型的例子。虽然军户家族分居而处，但是在军户不得分户的政策下，军户子弟仍然保持着密切的联系。这在一定程度上促进了军户家族的发展。随着越来越多的军户转向习文，社会风气逐渐由习武转向习文。其实，由于明政府鼓励军户科举入仕，卫所军户考取功名是一个普遍的趋势[2]。经过几代人的发展，很多军户考取了进士功名，他们所在家族自然成为地方社会颇有名气的世家大族。商丘沈氏家族和侯氏家族即通过科举入仕一跃成为地方望族。

河患问题使归德居民迁徙不定，土地买卖非常频繁，卖地换粟成为常事，这在很大程度上加剧了土地兼并，促进了以土地买卖、粮食交易为主的商业经济的发展。河患频仍的生态环境，使明代归德的商业经济并非纯粹的商业活动，具有农商结合的特点，更为重要的是，很多归德商人并非

---

[1] 这种现象绝非偶然。军事权贵的特点是拥有特权和世袭，每代只能一人世袭军职。随着军事权贵家族人口的繁衍，能够世袭军职的家族成员毕竟只是少数，大多数军事权贵的后代走向了科举习文之路。有的文武并重，成为"儒将"；有的经商致富，"富甲闾里"，随着科举入仕者的增多，归德府的军事权贵逐渐转型成为以士绅阶层为主导的世家大族。而那些没有取得功名的军事权贵一般都没有发展起来。在这五家中，"沈"、"侯"、"刘"三家是普通军户，"叶"、"高"两家是武官。"沈"、"侯"、"叶"均是在明初调至归德卫，"高"则是在明晚期才迁至商丘的。

[2] 根据嘉靖《归德志》记载，万玘，归德卫军籍，明正德六年进士；胡守中，宁陵军籍，嘉靖十一年进士；赵恩，归德州军籍，明成化十一年进士；赵举廉，睢阳卫军籍，明隆庆五年进士；刘淮，睢州军籍，明正德十二年进士；李一经，睢州军籍，嘉靖二十九年进士；李璠，归德卫军籍，万历二十三年进士，等等。

因主观意愿而选择经商，而是在科举无望的情况下才从事经商活动的[1]。所以，那些通过经商致富的归德商人并没有发展成为专门的商人集团，由于非常重视科举入仕，进而演化为以士绅阶层为中心的世家大族。

（二）士绅阶层的地域支配[2]

明后期归德府士绅阶层地域支配的构建是由经科举成功的士绅阶层控制经济、政治、文化等资源去实践的，这亦是地方士绅树立权威和维护权力的基本手段。

首先缙绅地主凭借其优免特权和各种手段具备强大的经济实力，逐渐成为基层权力的实际掌握者。明代归德府的文教事业非常昌盛，取得科举功名即意味着获得了一系列的优免特权，这是归德府士绅阶层取得地域支配权的根基。由于优免制度并未对官户家庭的成员究竟包括什么人和多少人做出明文规定，这就为官绅冲破法定限制滥用优免提供了机会。

进而积极投身礼仪变革与宗族建设以稳定家族地位。河患频仍的生态环境，使归德的里甲小民迁徙频繁，民间宗族组织非常薄弱。与之相比，世家大族地处优越位置，占有大量土地，更有经济实力进行家族建设。明嘉靖以后，国家承认庶民也可以进行祭祀始祖，这促使士绅阶层进一步拥有宗族建设的合法权。正是在这个时期，归德的科举入仕者开始增多，强大的士绅阶层为家族建设提供了有力支持。

明后期归德士绅的家族活动，主要包括置祭田、修家谱、建祠堂、制家训等方面。也有很多家族是在家族中出了一些功名人物之后才开始进行家族建设的，士绅阶层成为家族建设的倡导者和领导者，也是组织和筹划家族建设的中坚力量。科举、望族、士绅交织在明中晚期归德的区域社会中。由于归德的名宦显臣较多，他们对家族的控制较为有力，家族秩序也较为稳定。

作为同居于归德府的士绅阶层，士绅之间的联系也是多方面的。他们既是政治盟友，又相互联姻，还广结会社，建立起稳固的地缘关系。这种牢固的多重社会关系对于巩固归德士绅及其望族在地方社会上的支配地位起到了很大作用。明后期归德府的知名乡宦不仅拥有较高的威望，而且相

---

[1]　归德商人也非专门的商人，而是采取"亲躬农商"的经营手段。归德的各类商业活动都与农业密切相关，如土地买卖、粮食交易和酿酒业等。清初睢州赵振先曾说："此地之人有舍农而务商者，其业无不败，有农兼商者，其业必不兴，兴亦不长，盖土宽之处，使之务农，土狭之处，使之理商。"赵振先的这段话基本可以反映明末归德的商业情况，折射出"农兼商"是归德居民的重要经营方式。虽然赵振先的主要目的是鼓励农耕，但他还是承认商业经营能够带来较大利润，只是认为纯粹的商人不会持久富裕而已。此观点引自李永菊. 明代河南的军事权贵与士绅阶层——归德府世家大族研究 [D]. 厦门：厦门大学，2008：84。

[2]　李永菊. 明代河南的军事权贵与士绅阶层——归德府世家大族研究 [D]. 厦门：厦门大学，2008：91-108. 本节讨论的史料部分论证结论均引自该文。

互援引、互相攀附，结为关系密切的政治盟友[1]。形成地域婚姻圈也是士绅之间建立联系的有效手段，他们往往通过儿女婚配建立起密切的亲缘关系，使家族的势力范围得以不断拓展[2]。结为世亲的这些大家族，一般都是当地知名的世家大族和文化世家，政治和文化影响旗鼓相当，他们的结合无疑增强了彼此的势力。

除了结为政治盟友、互相联姻之外，归德士绅之间的文化交流也非常频繁，各种文人会社组织得到了极大发展，如商丘文雅社[3]、雪苑社[4]等。同样，商丘文雅社和雪苑社也基本上是社区权势者集会的地方[5]。他们创建的形式多样的各类文人结社，成为士绅阶层与世家大族参与地方事务的重要场所。

士绅阶层与世家大族还广泛参与地方公共事务。根据现有的归德府各州县地方志记载，明中晚期的地方事务基本上都是由地方士绅组织负责。归德士绅几乎是全方位地参与了地方事务，他们或首倡其事，或广募资金，或道德表率，对地方社会的运作产生了重要影响。

总之，明后期归德府的士绅阶层，凭借优免特权占有大量田地，对内团结族人形成闾右，对外广结姻娅，在政治上相互援引，在文化上建立

---

[1] 如宁陵吕坤，与商丘沈鲤有师生之谊，又与虞城杨东明结为政治盟友，还与永城胡锦屏、李孺野（兄弟进士李楠、李晰之父）为"油然三姓同胞"。详见光绪《永城县志》，卷34，《词章志·序传》。以沈鲤、吕坤、彭端吾、侯恂、练国事为中心的归德士绅结为稳固的政治盟友，他们反对阉党专权，与东林党相友好。

[2] 如夏邑彭氏就与商丘沈氏、商丘侯氏及虞城范氏等多个家族联姻，彭好古与沈鲤为"世亲"，彭尧谕是侯恪的姻友弟，彭好古娶范楷之女。虞城杨东明在与夏邑彭氏联姻的同时，还与虞城范氏和宁陵吕氏联姻，杨东明的原配是范氏，并"与吕姻契最厚"。宁陵吕坤与虞城杨东明、商丘沈鲤和商丘杨楫等望族联姻，吕坤的长子知畏娶杨东明女，次女正仪嫁给沈鲤的第四子沈旋，次子知思娶商丘杨楫女。不仅如此，很多望族之间累世联姻。如商丘宋氏、叶氏两家世代联姻，再如商丘宋氏、侯氏两家世代通婚，另外，夏邑彭好古与商丘沈鲤也是"世亲"。

[3] 随着世家大族和士绅阶层的崛起，商丘的社会风气弥漫着侈靡的气息。为了解决万历年间风俗恶薄的问题，沈鲤与其弟沈鳞及同乡三位君子在万历年间结社于商丘东南一里处文雅台。（文雅台是纪念孔子的地方，距商丘古城东南一里。宋景公二十一年，孔子率徒到宋国（商丘）讲授儒学，习礼作乐。梁孝王刘武信奉儒学，在孔子讲学处兴建亭台楼阁，与当时文人雅士在此饮酒赋诗，谈论天下。文雅台因此而得名。）他们在此饮酒赋诗，谈古论今，追慕孔子文雅之风，并制定《文雅社约》，"期挽世风，稍还古昔"，"救奢崇朴"，对家乡各类乡俗进行道德教化。详见沈鲤.文雅社约[M].四库全书本。

[4] 从明万历至崇祯年间，归德的文人学者讲究诗文词赋已蔚然成风，并出现了在全国颇有影响的文人结社——雪苑社。"雪苑"指西汉梁孝王所筑的东苑平台，亦称梁苑或冤园，南朝宋著名文学家谢惠连游此地时，正值寒冬大雪纷飞，随作《雪赋》一首，因而始有"雪苑"之称。明崇祯十三年（1640年），明末商丘才子侯方域与侯方镇、贾开宗、吴伯裔、吴伯胤、徐作霖、刘伯愚、张渭等组织"雪苑社"，为名人骚客赋诗论文会聚之所。雪苑社是明末清初闻名大江南北的文人会社。

[5] 文雅社的成员主要来自商丘沈氏家族和同邑的三位君子。雪苑社的成员主要来自商丘侯氏家族和刘氏家族，侯方域和侯方镇来自侯氏家族，吴伯裔、吴伯胤和刘伯愚三人分别是商丘富绅刘格的外甥和儿子。可见，文雅社和雪苑社的成员基本上都是来自商丘八大家。

各类会社，又通过联合亲党、社友、士绅等全方位地参与地方事务，结成政治、婚姻、文化等多重关系网络，逐渐构建起以士绅阶层为主导的统治秩序和文化规范。这一切集中体现了明后期归德府士绅阶层地域支配的社会控制模式[1]。

（三）侯氏故居探寻

目前，商丘古城仅存的商丘明清"八大家"官宦府邸建筑就是侯氏家族中侯恂、侯方域父子的侯氏故居，位于商丘古城内刘隅首东一街。侯恂，明末归德人，万历四十四年（1616 年）中进士。历任监察御史、兵部右侍郎、户部尚书等职，明末名人尤世威、史可法、左良玉皆为其赏拔。侯方域，侯恂第三子，明清之际著名文学家、书画家，与陈贞慧、冒辟疆、方以智并称"南明四公子"。崇祯十二年（1639 年）五月，侯方域与李香君在南京结识，二人情愫渐生至难舍难分，香君以身相许，唯愿长相厮守，侯氏遂纳香君为妾。李香君，明末著名的"秦淮八艳"之一，才貌双绝。

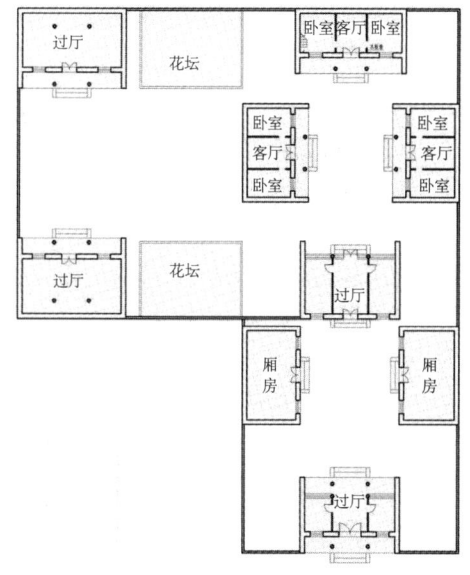

图5-3-1　侯恂故居现存院落平面图

（资料来源：李伟伟. 商丘古城传统建筑地域性特色研究 [D]. 开封：河南大学，2012: 58）

图5-3-2　侯恂故居入口大门

香君一生命运多舛，令人扼腕。她对侯方域情深义重，曾随侯氏归其家，现存侯方域故居中的翡翠楼即为她曾经居住的地方。她与侯氏的爱情故事令人感动，广为流传。清代孔尚任以他们的爱情故事为题材，写成著名剧本《桃花扇》，脍炙人口。因此，侯氏故居由于桃花扇的故事而闻名于中原大地，使得侯氏故居不同于其他达官贵人故居，也成为商丘古城特有的文化风貌[2]。侯氏故居（图 5-3-1、图 5-3-2）

[1] 李永菊. 明代河南的军事权贵与士绅阶层——归德府世家大族研究 [D]. 厦门：厦门大学，2008: 60-130.
[2] 现存的侯恂故居大部分房屋为原地重建，保存下来的原有建筑只有正房。严国泰. 历史城镇旅游规划理论与实务 [M]. 北京：中国旅游出版社，2005: 228。

由两部分组成：其中位于刘隅首东一街路北的院落是侯恂的故居；而位于街路南的院落则是侯方域的故居。这是一处具有豫东地区地方特色的明清建筑群。

1. 侯恂故居

现在改扩建而成的侯恂故居由三进院落组成，为一宅三院的四合院式建筑格局。

进入故居的第一进院落是日常对外接待的区域，仆人的居住用房安置在左右厢房。

主人日常生活用房则位于第二进院落，是整个故居的中心活动区域，由一座两层楼的正房、东西厢房及过厅围合而成。正房坐北面南，长方形三开间，建筑面积约为137.9平方米。正房位于院落中轴线上，位于一层的明间为客厅，左右两次间为卧室，连接二层的楼梯位于西侧次间。二层为主人卧室和室内客厅。该正房是一座单层前廊硬山式建筑。东西厢房也为长方形三开间结构，中部明间作为客厅，主人和子女卧室位于左右两侧次间，它们均为六檩出廊硬山式建筑。

南北相对的两个过厅组成了西侧的跨院，也是整个故居的第三进院落（图5-3-3～图5-3-6）。

图5-3-3　侯恂故居正房

图5-3-4　侯恂故居过厅

图5-3-5　侯恂故居东厢房

图5-3-6　侯恂故居西跨院过厅

2.侯方域故居

侯方域故居由三进院落组成。该建筑群最有特色的地方当属它的第二进院落,这是一个宽整的楼堂式"四合院"。楼院共有建筑4座,分别是堂楼、东楼、西楼和过厅。其中堂楼便是壮悔堂,这是侯方域壮年著书的地方。其坐北朝南,作为主楼的堂楼,明三暗五,前出后包,上下两层;东楼以"雪苑社"的名称闻名,是侯方域和雪苑社六子吟诗作赋、研究文学的场所;西楼"香君楼"因秦淮名妓李香君居住在此而得名。东、西楼各三间,过厅五间,均为硬山式砖木结构。壮悔堂前20米处为过厅。

整座建筑群古朴典雅,庄重华贵而不失雅致。该建筑群通体显现出清代匠人高超的建筑艺术,仅以壮悔堂为例作简要说明。壮悔堂最大的特色在于它上下贯通的4排圆柱和88根根线构造成的这一木间架。走廊上的堂楼、东西楼均具有西洋风格,建筑装饰的精巧表现在多个方面[1]。整个壮悔堂院落作为一个宽整的楼堂式"四合院",它已不再简单地是一个故居,而是古城昔日艰辛悲凉、艳丽繁华的见证,是一段历史风骚文化的象征。今天所留存的建筑只是当时的一部分,但其独有的人文价值仍使它成为延续古城文脉的关键环节(图5-3-7~图5-3-14)。

183

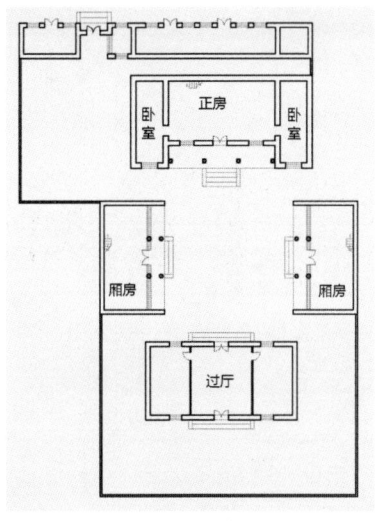

图5-3-7 侯方域故居现存院落平面图

图5-3-8 壮悔堂院落大门

---

[1] 屋脊上有青兽压顶;屋内装有木屏相隔;门窗饰有镂花剔线、圆柱浮雕龙凤、瓶式栏杆环立;柱角雀替分别雕饰凤凰牡丹和鳌鱼喷花图案。另外在前过厅的门楣和檩条之间还镶嵌着九组透空木雕图案,分别为:鹤鹿同春、麒麟望喜、松鼠望果、双狮戏球、青云得意、马到成功、锦上添花、福寿双全、喜事连枝。李伟伟.商丘古城传统建筑地域性特色研究[D].开封:河南大学,2012:58。

图5-3-9　壮悔堂正房　　　　　　图5-3-10　壮悔堂院落过厅

图5-3-11　壮悔堂庭院　　　　图5-3-12　壮悔堂西厢房之香君楼

图5-3-13　正堂之壮悔堂　　　　图5-3-14　东厢房之雪苑社

3. 士绅的园林情怀：侯恂《南园记》

在探寻侯氏故居的过程中，无意中对侯恂的一段经历产生了好奇，就有了以下对商丘古城士绅生活细节的又一个关注点，那就是古城士绅的园林生活。

侯恂于清顺治三年（1646年）五月，自江南回到商丘故里后在商丘古城南十里建造了"侯府南园"。并且他在南园一住就是十三年，再也没进过城，直到去世，并安葬于南园。"园内有草堂一，主人于焉肃宾；有草楼一，主人于焉拥书。草屋四，一为收贮图玩之处，一为佳客下榻之处，其二则主人夏日于焉纳凉，冬天于焉负暄。小台一，主人中秋于焉举杯邀月，九日于焉登高泛菊。斗室一，才可容膝，主人于焉抚琴南窗以寄傲者也。

河房一所，前临长溪，旁对假山，主人于焉垂钓，于焉放舟。"侯恂十分钟爱南园中的假山和长溪[1]。南园种植有大量花木，其中竹就有数种，数量达万竿之多。南园以它独有的古朴、典雅、精巧的建筑和别出心裁的设计营造出一份悠然自得的情趣与氛围，与园主人追求高雅的情怀交相辉映。

据康熙四十四年《商丘县志》，士绅的园林还不止南园，还有沈园、西陂等[2]。更从一个层面看到，城市局限不住的那种向往自由境界的中国古代士人的理想情怀。

二、"商丘七大户"之穆氏四合院

商丘古城内的民居宅院众多，素有"七大户八大家"[3]之说。这些建筑，青砖灰瓦，古朴典雅；宅院相融，外观恢宏；空间处理优美，颇具艺术特色。四合院民居均为明清建筑，走马门楼，五门相照，风格独特。现保存完好者尚有20余处，其中，最具代表性的是穆氏四合院（图5-3~15、图5-3-16）。它是商丘七大户之一——穆炳坛的故居。穆氏四合院位于商丘古城中山二街（今睢阳区招待所院内），始建于清朝末年1892年前后。穆家在官场并没有什么地位和功名，但却为商丘县七大户，与其他大户人家相比，虽没有人家的宅院多，但穆家的房子盖得却十分气派。目前保存比较完整的有中宅院、堂楼院和东院[4]。

（一）合院式的庭院布局

穆氏四合院[5]现存一宅三院，中宅院与东院形成一主一次并联关系，

---

[1] 据侯恂《南园记》记载："园去城十里之遥，无所因袭，平地修创，绝去雕甍、朱槛一切繁华富丽之相，故茅屋亭亭如野人居，处士家……"。详见康熙《商丘县志》，卷16，《艺文志·南园记》。在《南园记》中曰："又有假山三座，以石为骨，以土为肉，去因形其势，次第罗之。加之危桥欹侧，细卉蒙茸，略想象唐宋名手笔意。又奇石三方，空灵拔秀，块然独处，可以为米芾端笏拜揖。长溪一湾，满种荷花，荇藻掩映，游鳞出没。两岸重杨之下，系一艇，恍似江南水村。方塘一泓，高柳古藤盘其旁，翠阶碧梧桐树其后，零雨夜滴，爽露晨流，意似人间蓬壶矣。"详见康熙《商丘县志》，卷16，《艺文志·南园记》。

[2] 康熙四十四年商丘县志，卷16，艺文志.

[3] "七大户"指的是清末民初在商丘县城形成的陈、蔡、穆、柴、尚、孟、胡七大户。他们之中大部分没有缙绅的身份，多是在"岁大欠，人相食"的灾荒年代，贩粮囤积，以粮换田，迅速暴发为拥有大量土地的大地主；而"八大家"指明中叶以后，由于土地兼并不断加剧，归德地区那些占有大量土地的军事权贵、卫所军户和商人地主等社会阶层，为了维护政治与经济优势，积极追求科举功名和仕途宦绩，逐渐形成雄踞一方的世家大族。商丘地区流传着"商丘八大家"的说法，即沈、宋、侯、叶、余、刘、高、杨八大家族。

[4] 杨瑞奇，朱明伦.商丘近代建筑史[M].郑州：中州古籍出版社，1995: 58-59.

[5] 穆氏四合院原有房舍80余间，是一个五门相照、坐北面南的清代建筑群。穆氏四合院原为一宅九院，现在存留下来的前院、东院和后院，只是当初整个建筑的三分之一。现有四合院是前院和后楼院，共31间。中院和后楼院呈对角分布。穆氏四合院是一主一次并列式三进四合院，应是一宅六院而不是一宅三院。现存的两个庭院前后错位排列。

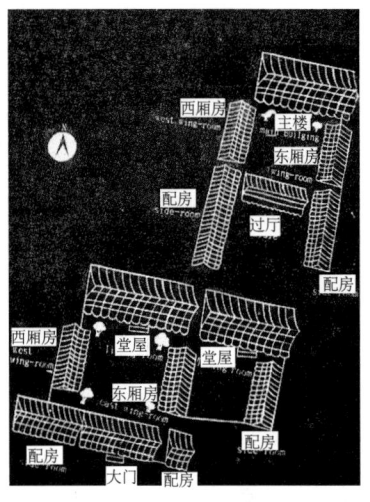

图5-3-15　穆氏四合院全景图

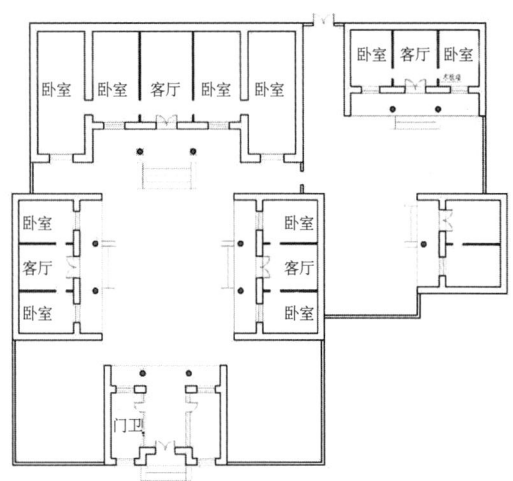

图5-3-16　前院之中宅院与东院平面图

（资料来源：李伟伟. 商丘古城传统建筑地域性特色研究 [D]. 开封：河南大学，2012：56）

186

而堂楼院虽位于东院后，却与前院错位排列，不在一中轴线上。这与一般的多进式合院有所不同。由于穆氏四合院的原貌及发展历史已不可知，这种布局可设想有几种原因：①现存宅院距离原貌差距很大，能够反映布局特色的部分已不存在；②主人的身份限制了宅院的规模，其宅院起初较小，随后不断发展增加，受制于宅院周边的环境。

穆氏四合院的总体布局是：大门位于南边，前院现存过厅，面阔三间，中间一间是过道，两边各一间为接待室。前院的配房置车马、轿子等物，以备外出之用。正房堂屋中宅院正堂屋五间，为明三暗五，前出后包，供主人使用的客厅、书房及卧室。东、西厢房各面阔三间。东院现存房屋两座。东屋面阔二间，进深一间，北间装门。堂屋面阔三间，进深一间。靠堂屋东头有一间小耳房。由前向后渐高直到后楼成为全宅的最高处，后楼的正堂屋是整个宅院聚会活动的中心场所。堂屋面阔三间，进深三间，上下两层。后院现存过厅面阔三间，进深一间，东西厢房各三间，进深一间。作为全宅的生活区，居住着家庭的长辈及晚辈，生活设施耳房、厨房、杂屋和厕所等样样齐备。整个宅院四周都是用砖墙封闭，院内栽植花木盆景（图 5-3-17、图 5-3-18）。

（二）前院之中宅院

中宅院是穆家四合院的核心，建于1912年前后，那时正值穆家兴旺时期。中宅院布局基本上呈方形，东西长35米，南北宽32.3米，占地1.5亩。前院作为主院的第二进院，由南过厅、东西厢房和正房围合而成，厢房与过厅之山头处因无耳房成为合抱天井，故形成一个方正的四合院，这是豫东传统四合院的典型代表（图 5-3-19～图 5-3-22）。

图5-3-17　穆氏四合院正门

图5-3-18　正门门楼

图5-3-19　门楼内与东厢房一隅

图5-3-20　中宅院之西厢房

图5-3-21　东院总管院之正堂屋

图5-3-22　后院之东厢房

从正面看，青灰色的高门大院古朴大方，庄重雄伟。三间门楼居于前围墙的中央，门楼东西长9.9米，南北宽7.6米，建筑面积75.2平方米，后檐出厦1.4米，檐下有明柱两根，直径28厘米，坐在直径43厘米、高23厘米的鱼鼓石上。门外有三级条石台阶，两边各有一蹲栩栩如生的石狮把门。门洞尺寸为高2.6米，宽1.74米，上放高30厘米的木过梁，搁置长度为36厘米，木门框用料截面是20厘米×7厘米。双扇木门，双榫实肩大割角起线做法。在门扇的穿带上，安两个木门插板，门扇的门转轴坐在尺寸为50厘米×25厘米×30厘米的条形门墩石上。门下有高50厘米的门槛，门两边为鱼鳃墙，木浮雕花板倒蹬门楣。两边耳房用加山木栿与过道隔开，留单扇门相通，两耳房前后各开棂子木窗 1 樘。门楼用尺寸为 280 毫米×140 毫米×70 毫米的青砖砌筑，用白灰砂浆砌墙，白灰浆勾缝，缝宽 6 毫米，墙厚 50 厘米。[1]

穿过前边的门楼，步入中宅院内，首先看到的是坐北面南的堂屋，这是中宅院的核心，在这个院里的建筑中，其他建筑都是为它而建，为它而存在的。

堂屋为五开间，明三暗二，单层。东西长 20.9 米，南北宽 12.1 米，建筑面积 204 平方米。青砖灰瓦，砖木结构，清水外墙，墙厚 60 厘米，白灰黏土浆砌筑，缝勾白灰浆。明间出厦宽 2.4 米，有明柱二根，直径 36 厘米，坐在直径 50 厘米、高 21 厘米的鱼鼓石上。室内外高差 1 米，经 5 步黄色条石台阶到出厦地坪。踏步台阶长 3.65 米，宽 50 厘米，高 20 厘米，横铺在最上一步的条石较大，其尺寸为长 3.1 米，宽 83 厘米，高 22 厘米。

穿过外门可进入堂屋内。堂屋外门宽 1.7 米，高 2.65 米，双扇，扇宽 73 厘米，下有门槛。门框坐在青色门墩石上。门墩石长 64 厘米，宽 26 厘米，高 30 厘米。室内为八砖墁地，拼成古铜币图案，象征金钱满地、满地生金的吉祥之意。内墙面为麦糠泥打底，外罩麻刀灰，抹灰板条吊顶。

堂屋的门窗除上述的明间外门为双扇门外，两端暗间外门为单扇。在前墙上向院内开大窗，明间窗宽 1.6 米，高 2 米；暗间窗宽 2 米，高 2 米。门为实心木板门，窗为花格木棂子窗，棕红色油漆。

堂屋砖墙基础高 1.2 米，基础顶面铺青色条石一层，条石长 64 厘米，宽 41 厘米，厚 8 厘米，砖墙压在条石上。

屋面部分为抬梁式木屋架，托板檩条，方木扁椽，方砖望板。屋脊不居中，房坡大小前后不一。前坡长 5.12 米，后坡长 4.72 米，后墙比前墙高 21 厘米。外廊檐椽上用木板实铺，背面用青砖封檐，屋面铺黑布瓦，下垫麦糠泥，三砖五瓦正脊，两端安戗兽。垂脊下段安放着垂兽、天马、狮、凤、龙、仙人。前檐的墀头为冰盘檐式的盘头，用不雕花饰的直檐砖做荷叶墩，双后檐是双檐滴水。

在堂屋前边的东西两侧，建有厢房，东西对称。厢房南北长 10.6 米，东西宽 6.75 米，三开间，单层，建筑面积 143 平方米。厢房出厦 1.6 米，檐高 3.7 米，清水墙厚 52 厘米，室内外高差 80 厘米，设 4 步条石台阶。出厦明柱直径 28 厘米，下垫高 8 厘米、直径 43 厘米的扁鱼鼓石。厢房为一门二窗，窗在前院向院内开，窗宽 1.4 米，高 1.6 米，木棂，后墙无窗。双扇木门，宽 1.56 米，高 2.5 米。门扇宽 70 厘米，高 2.2 米。厢房像堂屋一样，屋脊不在山墙的中央，前坡长 4.2 米，后坡长 3.9 米（图 5-3-23、图 5-3-24）。

---

[1] 杨瑞奇，朱明伦. 商丘近代建筑史 [M]. 郑州：中州古籍出版社，1995: 59.

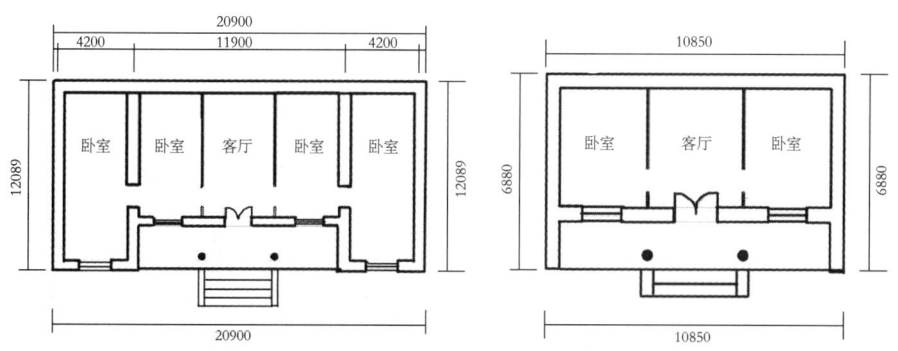

图5-3-23　穆氏四合院中宅院正房平面图　图5-3-24　穆氏四合院中宅院厢房平面图

（资料来源：图 5-3-23、图 5-3-24 均引自李伟伟 . 商丘古城传统建筑地域特色研究 [D].

开封：河南大学，2012:36 ）

（三）后院之堂楼院

穆家堂楼院，坐北面南，东西长 22.5 米，南北宽 29.8 米，占地 1 亩。由过厅、东西厢房和堂楼围合而成。厢房三间五架前檐廊，通面阔 10.9 米，通进深 7.15 米。站在堂楼院的外边，首先看到的是四合院的三间门楼和两边的围墙，门楼开间 3.3 米，进深 6.6 米，后边出厦 1.4 米。正门宽 1.64 米，高 2.2 米，双扇黑色油漆大门，门框下垫条形门墩石。三间门楼中间为过道，两边为会客室。通过门楼过道进入院内，院内是由堂屋、东西厢房和门楼、前墙围成的四合院（天井院）（图 5-3-25~ 图 5-3-28）。

堂楼建在天井院的后边，上下两层，每层 3 间，开间 4 米，出厦 1.8 米，跨度 7.2 米，建筑面积 173 平方米。为了安全，堂楼底层的门窗只设在前墙上，向院内开，后墙未设门窗。但在二层即发生了变化，前、后墙都有窗，并在通向二层阳台的地方，留有双扇外门一樘。通向二层的楼梯设在室内靠

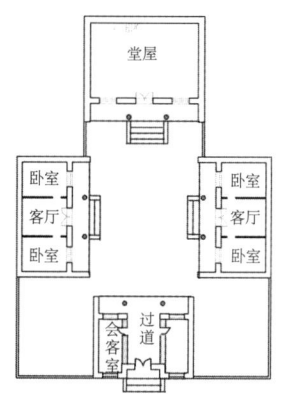

图5-3-25　堂楼院平面图

（资料来源：李伟伟 . 商丘古城传统建筑地域特色研究 [D]. 开封：河南大学，2012:56 ）

图5-3-26　后院正房

图5-3-27　后院之门楼正门　　　　图5-3-28　堂楼与东厢房一隅

后墙的地方，木楼梯、木栏杆、木扶手、木楼板。堂屋层高 3.65 米，室内外高差 60 厘米，铺有三步石板台阶。青砖青瓦，砖石结构，墙厚 60 厘米，抬梁屋架，方木檩条，板椽，方砖望板，垫麦草泥，上挂小青瓦。

厢房为三开间。南北长 10.9 米，东西宽 6.9 米，单层，堂楼两侧建耳房各 1 间。每栋建筑面积 80 平方米，檐高 3.9 米，出厦 1.5 米，室内外高差 40 厘米。

整座四合院的建筑面积为 500 平方米。室内方砖墁地，内墙为麦糠泥打底，外罩麻刀灰面。出厦下立有红色油漆明柱，下垫圆形柱础石（图 5-3-29~ 图 5-3-31）。

由此可见，商丘地区传统院落的发展方式主要由两个因素决定：一是自身家庭结构的变化；另一个是社会发展引起传统民居建筑布局结构的变化。使得以前简单单一的院落空间发展到后来的复杂化了的多样性的院落空间。商丘穆氏家族的建筑不仅反映了封建社会上尊下卑、长幼有序、男

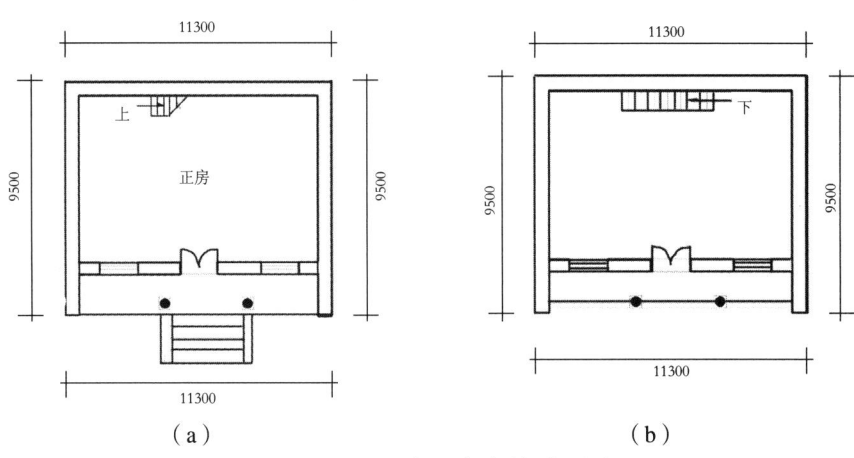

（a）　　　　　　　　　　　　（b）

图5-3-29　后院正房堂楼平面图

（a）一层平面图；（b）二层平面图

（资料来源：李伟伟．商丘古城传统建筑地域特色研究 [D]. 开封：河南大学，2012:37）

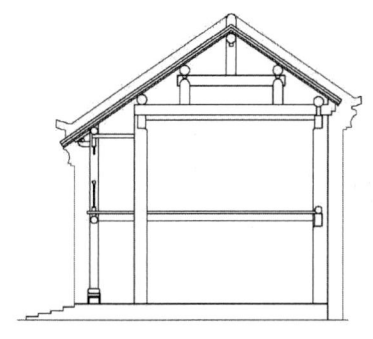

图5-3-30　后院正房堂楼剖面图
（资料来源：李伟伟.商丘古城传统建筑地域
性特色研究 [D]. 开封：河南大学，2012:51）

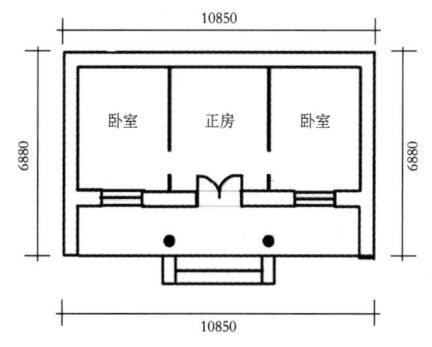

图5-3-31　后院厢房平面图
（资料来源：李伟伟.商丘古城传统建筑地域
性特色研究 [D]. 开封：河南大学，2012:38）

女有别的严格礼制思想意识，也是商丘作为国家级历史文化名城的丰富地方特色建筑风格的实物见证之一，具有较高的历史价值和艺术价值。

除了穆氏四合院，古城内还有蔡氏四合院、高氏四合院、陈氏四合院、沈氏四合院等四合院民居遍布古城内外[1]。

三、"八卦城"的文化积淀

（一）上古文明的地标

灵台作为沟通天、地、人信息关系的"神殿"，在此宣示天意，上达民意，是至高无上的神权、文权、政权、军权的一体表征。这样一个地方，基座越建越高，就形成下大上小、逐渐收缩的梯级坛台，以阶梯示登天神路。俯视其平面为亚字形、十字形。阏伯台就具有这样的上古时期文明的特色内涵。作为北纬 34.5°文明线的东端和龙头而与商丘同在，是商丘作为中华文明发源地之一的见证。

（二）五行八卦观

商丘古城地处豫东平原，虽无山脉，但其规划建设却完全遵守"阴阳五行八卦"观，主要体现在其街道布局用三取九、"四门八开"、城门相错等方面。这种意图不仅体现了规划者对城市御灾功能建设的重视，而且也包含了中国古代文化中的祈福内涵。

（三）龟文化意匠

龟文化所蕴含的人文和生态理念，是商丘古城保持原貌的可行性理论根据。吴庆洲通过对中国古代的龟城做详细研究，总结了不同龟城营建理

[1]　杨瑞奇，朱明伦.商丘近代建筑史 [M]. 郑州：中州古籍出版社，1995: 58-64.

念中的相似之处[1]。商丘古城作为龟城[2]，笔者认为有两方面的内涵。一是其从城市的物理形态上。虽然商丘古城三位一体的天圆地方格局不是一次性规划的结果，但它充分体现了古城在不断与环境的对抗与适应中的强大生命力。其最终形成的天圆地方格局与龟构成了龟文化最核心的"天地人合一"的营建意匠，暗示了龟文化的意向流露。二是从古城规划布局所体现的"阴阳五行八卦"的古代哲学思想来看，"阴阳五行八卦"也是龟文化的哲学思想体现。明清商丘古城所蕴含的"龟文化"特色，是对建筑文化哲理研究的补充和深化。

（四）中华文明五千年连续传承的地域见证

上古时期最古老的阏伯观星台；周代宋国故城遗址、古宋国开国君王的墓葬微子墓、战国大型墓葬三陵台；西汉梁国遗址和遗存下来的千年银杏树；纪念孔子讲学处的文雅台；纪念唐时张巡、许远等坚守睢阳城的六忠祠（图5-3-32）、唐颜真卿亲笔大型石刻八关斋石幢；北宋开国君王赵匡胤避暑处清凉寺、宋代四大书院之一的应天书院遗址；明代具有独特建筑特色的大成殿、明伦堂；清初称为国朝三大家之一的侯方域的书斋壮悔堂、保存完好的伊斯兰教清真寺；民国外来建筑圣保罗医院、圣公会救主堂、天主教堂（图5-3-33）等。这些代表商丘古城的标志物是各个时代的见证物（图5-3-34），体现了中华民族五千年传统文化在商丘传承的连续性，内涵深厚（图5-3-35、图5-3-36）。

图5-3-32　六忠祠　　　　　　　图5-3-33　天主教堂

---

[1]　1）体现了鬼崇拜的传统文化及八卦、风水等哲理思想；2）以龟的长寿追求城的长寿，城中居民的长寿；3）许多古城受洪水冲击，城呈龟形，可以更好抵御洪水灾害；4）龟有甲可以御敌，龟形城往往坚固难攻。吴庆洲.中国古城营建与仿生象物[M].北京：中国建筑工业出版社，2013：227。

[2]　砖城坐落在向南微倾的龟背上，这是设计者的一大匠心。龟是长寿的动物，自古以来被人们视为吉祥物。古人在立碑或建大型建筑物时，往往把龟作为镇物，有的立碑时雕一石龟做碑的基座，有的在大型建筑物奠基时把一只或几只活龟放在基础下。商丘古城的设计者不将城池建在平坦的地方，而是建在龟背上，就是利用状似龟的地势，以祈求城池千秋吉祥，万年永固。城南是一大湖，龟头伸入湖中，得水则长寿。陈华光.商丘古城变迁及文化内涵[J].中州古今，2002（2）：26-28。

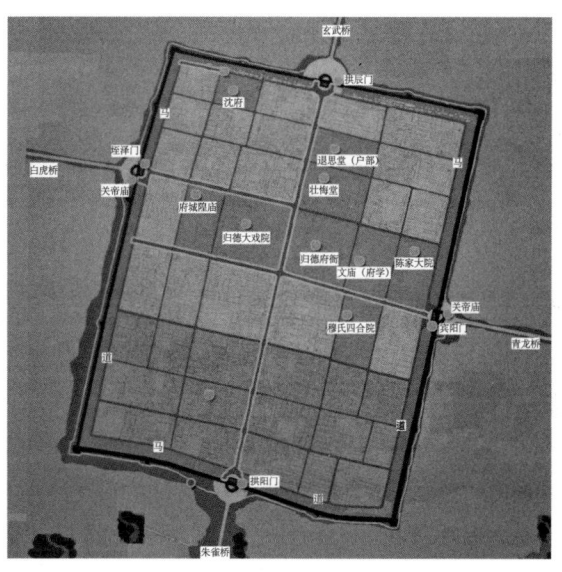

图5-3-34 商丘古城内现存古迹示意图

图5-3-35 商丘古城的城市景观

图5-3-36 商丘古城的主街街景

本章小结

本章主要考察了明清商丘古城的营建特色以及作为官署城市其文化职能对城市风貌的影响。通过对明初归德地区社会历史的梳理发现，明初时的迁民、设置卫所及军屯开发等一系列政策，使得军事权贵在商丘军民杂处的环境中逐渐占据了支配地位。旧城址的毁坏性淹没是归德府新城营建的肇始。它面临的新城规划问题有三个：新城的防洪营建；协调关厢地带的居民安置与道路的重新开辟；新城内职能空间的合理分配。归德府城作为一个地形完整的新建城市，其道路系统采用均齐方整的网状布置方式。道路以通向四面城门的大街为主干道，由此向全城引申次街和巷子。城门外均有连向城郊的桥梁。虽然城市规模较小，它的城内陆路、水陆交通组织比较简单。但从深层来剖析，商丘古城的规划建设却完全遵守"阴阳五行八卦"观。其城市职能空间的划分合理有序。归德府级行政中心位于南北大街以东中心区域，四个城门大道与之相通。县级行政中心位于古城西南区域，西门、南门为主要活动区域。仓储均靠近府治与县治；文教与恤政分布空间，紧紧围绕行政中心，体现当时为科举入仕的职能；礼制祠祀分布空间，除文庙外，其余均分布在民众便于活动的区域，以关厢地带为主；而军事机构则在城市中心十字口及城门附近。古城的官署建筑基本为明代官式建筑的形制与规范，其中民居建筑，官邸突出四合楼院，功能兼顾日常起居及社会文化活动空间。大型民居建筑，以四合院为主，分区以家居为依据，布局严谨，地方特色浓郁。其青砖、灰瓦、石刻、砖雕端正典雅，其窗户、隔扇皆为木质透花雕刻，人物、花鸟栩栩如生，走马门楼、五门相照，为典型的豫东古建筑风格。通过对古城街道规划布局、城市空间结构所体现的城市职能及城市建筑体现的城市风貌等三个不同层次特色的分析，发现新城是一座具有典型地域风格的明清府级行政城市。古城文教事业的兴旺得益于归德府地区官学私学的发达，而民众的教化更离不开祠祀礼制空间的约束，促成这些也离不开明清两代归德府官员及地方士人对传承北宋应天书院精神的执着与坚持，所有这些因素成就了明清归德府城的人文之盛。没有什么能够比文化的传承对商丘社会有更为直接和深刻的影响。这就是商丘古城"八卦城"的文化底蕴。

本章附录

成化至崇祯年间归德进士一览表　　　　　　　　附表5-1

地区	成化	弘治	正德	嘉靖	隆庆	万历	泰昌	天启	崇祯	合计
商丘	6	0	1	8	1	16	0	3	1	36
睢州	8	4	2	8	3	15	0	1	8	49
宁陵	0	1	0	2	1	5	0	0	1	10
鹿邑	0	0	1	1	0	2	0	2	1	7
柘城	0	0	0	0	0	1	0	0	0	1
永城	0	0	0	0	1	15	0	0	8	24
夏邑	1	1	0	1	1	9	0	0	2	15
虞城	0	1	0	1	0	2	0	0	2	6
考城	1	0	1	4	0	2	0	0	0	8
合计	16	7	5	25	7	67	0	6	23	156

成化至崇祯年间归德举人一览表　　　　　　　　附表5-2

地区	成化	弘治	正德	嘉靖	隆庆	万历	泰昌	天启	崇祯	合计
商丘	16	3	0	23	3	42	11	0	24	122
睢州	21	10	12	47	3	45	7	0	16	161
宁陵	1	2	0	11	0	9	2	0	5	30

续表

地区	成化	弘治	正德	嘉靖	隆庆	万历	泰昌	天启	崇祯	合计
鹿邑	2	1	0	7	0	10	5	0	8	23
柘城	2	2	0	3	2	3	4	0	2	18
永城	2	1	1	4	2	27	5	0	14	56
夏邑	7	1	2	10	1	22	1	0	6	50
虞城	3	1	1	4	0	9	2	0	5	25
考城	4	5	2	6	0	5	0	0	0	22
合计	58	26	18	115	11	172	37	0	80	517

清代归德府进士一览表　　　　　　　　　附表5-3

地区	顺治	康熙	雍正	乾隆	嘉庆	道光	咸丰	同治	光绪	宣统	合计
商丘	6	15	3	9	7	6	3	3	2	0	54
睢州	17	25	5	11	1	1	1	2	1	0	64
宁陵	7	3	1	1	1	2	0	0	2	0	17
鹿邑	3	4	0	6	0	0	0	0	0	0	13
柘城	2	11	0	2	0	0	0	0	0	0	15
永城	9	13	1	5	1	1	0	1	1	0	32
夏邑	5	4	5	18	2	2	1	1	1	0	39
虞城	3	7	2	1	0	0	0	0	0	0	13
考城	2	1	0	2	0	0	0	0	0	0	7
合计	57	77	16	50	12	12	5	7	9	0	254

资料来源：本章附表5-1至附表5-3均据乾隆《归德府志》及1980年商丘地区文化局与商丘地区文物管理委员会翻印本数据绘制。

第六章　从营建展望古城可持续发展

1986 年国务院公布商丘古城为国家级历史文化名城。早在 1988 年，同济大学的阮仪三教授就为商丘古城做了详细的保护规划方案[1]，这个方案以规划城市布局、恢复古城风貌为主要内容。此后，商丘市政府又有一系列的保护规划出台，足见对文化名城保护的重视[2]。更有大批研究者[3]关注着古城的生存与发展，但较多以旅游开发为目的。在这里，笔者拟从城市营建的角度，针对其独特的城摞城、水上城、八卦城的古城特色，谈对它的保护利用的一些看法，以期打开新的视角。重在关注建筑遗产保护的生态大环境，以达到真正的可持续发展。

第一节　民国后至今商丘发展之回顾

自古以来，商丘以军事要冲而著称。自北宋黄河南泛之后，商丘又成为黄河水患的中心。但是，在这样的环境下，却因地制宜地创造了中国古城营建史上军事防御与防洪的奇迹。明清商丘古城，从其诞生之初，就是伴随着水患与兵乱而发展的。至今仍保存着完好的护城河、城湖、城池三

---

[1]　阮仪三. 商丘县历史文化名城保护规划 [J]. 城市规划，1988（5）：54-58.

[2]　2005 年，商丘市规划管理局委托天津大学城市规划设计研究院编制了《商丘市城市总体规划（2006—2020）》，把商丘古城的保护规划作为一项重要的专项进行了认真编制。与此同时，睢阳区人民政府委托同济大学编制了《商丘历史文化名城旅游规划》，为合理开发利用古城资源提供了科学指导。

[3]　陈文峰. 人文旅游资源开发中应注意的问题及建议——以中国历史文化名城商丘为例 [J]. 对策研究，2007（10）：82-84；赵彤梅. 商丘归德府城墙保护与利用的认识及思考 [J]. 福建建筑，2009（8）：13-14；李丽，李伟伟. 商丘古城改造中的保护规划探索 [J]. 城乡建设，2012（2）：26-28；李丽，李兵强. 商丘古城与世界文化遗产 [J]. 城市探索，2012（1）：38-39；王玉霞. 商丘古城与大运河商丘段捆绑申遗问题探讨 [J]. 商丘师范学院学报，2012（11）：126-133；王颖. 试论商丘在中原古都群中的发展定位 [J]. 商丘师范学院学报，2013（8）：128-130；王良田. 论商丘古城在我国古都史上的地位 [J]. 中国古都研究（第二十三辑）——南越国遗迹与广州历史文化名城学术研讨会暨中国古都学会 2007 年年会论文集，2007（6）：294-304；硕士论文有：刘园园. 商丘古城的保护与发展研究 [D]. 西安：陕西师范大学，2008；李兵强. 商丘古城保护与利用价值研究 [D]. 开封：河南大学，2012；陈曦. 河南商丘地区古城洪涝适应性景观研究 [D]. 北京：北京大学，2008；博士论文有：张蕾. 黄泛平原古城洪涝灾害经验与适应性景观——以明清归德府七城为例 [D]. 北京：北京大学，2008.

位一体的古城格局，其御灾功效最大程度的发挥，得益于圆形护城堤、宽广的城湖及坚固的城墙三者完美的配合。近现代时期的商丘地区，在清咸丰五年（1855年）黄河改道北流山东入海之后，虽很少再受到黄河泛滥的波及，但经历了近百年的近代战争时期和新中国成立后大规模的城市建设时期，三位一体的古城面貌发生了巨大变化，其中是喜忧参半。

一、三位一体"城市小盆地"之日渐消失

清咸丰五年（1855年）以后，黄河有三次决口流经商丘地区[1]。这种状况持续至1947年春。除了黄河泛滥的波及，由于社会动荡、战乱频仍，商丘地区其他河流因缺乏疏浚整治，汛期洪涝灾害依然比较强烈。因而古城防洪排涝蓄涝基础设施体系在继续发挥其御灾作用。此外，护城堤、城墙及其之间的大面积坑塘水面也起到了强大的军事防御作用，并因此得到不同政权的不断修葺。但战争过程中，城墙等历史古迹受到破坏是不可避免的，坑塘、堤河等也因人口流失等因素而缺少疏浚维护。

1970年代末，大量下乡群众返城，使城内人口激增，城市建设用地迅速扩张，由于旧城用地紧张，城墙、护城堤之间开辟了大量新居住区，同时随着旧城内的工业向城外疏解，以及部分新工业布局，城堤之间的工业、仓储用地亦有所增加，造成城堤之间坑塘被大量侵占、填埋，面积极速收缩，目前仅南城水面较大，东、西、北三方向仅余一宽城濠。城墙的残余夯土和护城堤夯土被掏挖用以建房和填垫地坪。人口在护城堤附近的集聚和建设改造，也一定程度上破坏了长期形成的外高内低的"城市小盆地"地形。

（一）城湖之人工化

首先是坑塘由自然湿地的状态开始向人工池塘转变。1958—1961年"大跃进"时期，中原地区贯彻"以蓄为主"的治水方针，大举实施坑塘化运动，古城的湿地被建设成为蓄水池，成立渔场，发展渔业生产。1962年以后因为导致了严重的内涝和次生盐碱化问题而停止，但坑塘水体的来源发生变化，由依赖雨水的丰简自然调节，到引黄河水来维持水体丰盈，发展渔业，坑塘由自然湿地的状态开始向人工池塘转变。

商丘县城于1958年利用城、堤之间的湿地建立城湖渔场，建进、出水闸，发展人工养殖，并利用高滩种植芦苇；1973年设置专职人员成立城关渔厂；20世纪80年代以后，城市给水、排水管网，排水泵站的修筑以及城堤排水闸、进水闸等各种工程设施逐步修筑完善。同时，人工化程度越来越高，

---

[1]　清光绪十三、十四年，黄河决口淹及鹿邑；1933年黄河从温县至长垣决口52处，淹及豫、鲁、冀、苏4省30县，商丘地区的商丘、虞城、民权三县被淹；1938年，国民党政府为阻止日军西进，扒开中牟赵口和郑州花园口河堤，黄河由花园口改道分流，经贯鲁河、涡河入淮。洪水泛滥豫、苏、皖3省44县，其中商丘地区的睢县、柘城、鹿邑受灾。

污染问题也随着人口增加和工业发展逐渐严重，商丘县内工厂工业废水日排放量达 106 万吨，大部分排入城湖，地下水被污染 300 余米 [1]。1980 年代初期进行大规模清淤，并通过延长内城污水管线，避免工业废水进入城湖，近年来有一定程度的成效 [2]。

接着，城湖的水产养殖功能逐渐被游憩功能取代。城市建成区的扩张使原来大多处于古城边缘的湿地逐渐被城区包围，随着居民生活水平的提高，古城内湿地湖塘的风景游憩价值因而日益凸显。新中国成立后利用湿地强化建立起来的水产养殖功能逐渐被游憩功能取代，不少古城的湿地由鱼塘改建为城市公园。

商丘于 2000 年清淤治理了东南、西南城湖约 2000 亩，建设南湖公园，目前除东南城湖尚有部分水面承包作为渔场外，西南水面完全为游憩功能，建有一系列水上娱乐设施，通过引黄补水以及 2005 年实施的雨污水截污工程，目前城湖的水量、水质均较为稳定。在由鱼塘转化为城市公园的过程中，古城原有的湿地进一步向人工管理的湖塘转变。公园设计均采用了目前流行的景观模式，如广场、疏林草地、人工形式的湖泊等，各种人工建筑景观、硬质铺装和护岸、非乡土的植被等装点其中，原有的湿地景观已完全改观。同时，不仅是湿地的风景美学价值不为人们所认同，其生态功能也在进一步退化，古城湿地原有的蓄积雨洪、净化水质以及作为乡土动植物栖息地等功能在其转变为人工湖后不同程度地削弱了，其水源、水量、水质等比以往更加依赖于人工调节 [3]。由此带来的结果就是城湖面积逐年减少，而城市建设用地迅速扩张（图 6-1-1）。

（二）护城堤之剥蚀

护城堤上的城门是在新中国成立初期被拆除的。在 1957 年洪水中，商丘县城依赖旧有较为完整坚固的护城堤，成功抵御了洪水包围；灾后商丘县城坚持沿用传统的城市防洪体系，即重建、强化旧有护城堤的防洪功能，以 1957 年护城堤外最大洪水位 49.5 米为依据，将堤顶普遍加高至 50.5 米，堤顶宽不足 4 米的一律加宽至 4 米，同时建立了每年进行加高、加宽、加固的责任制度 [4]。护城堤直到 20 世纪 80 年代仍然作为城市防洪设施完整保留。但随着古城旧有的防洪体系功能渐趋削弱，逐渐破坏消失。90 年代后随着环湖公路的修筑，护城堤北段、南段先后被作为路基，东南段则在康林沟古城段的河道治理中被破坏，目前已难以辨识，唯护城堤东北、西

[1] 商丘地区计划建设委员会. 商丘地区城乡建设志 [M].1989.
[2] 商丘县水利局. 商丘县水利志 [M].1985.
[3] 张蕾. 黄泛平原古城洪涝灾害经验与适应性景观——以明清归德府七城为例 [D]. 北京大学，2008.
[4] 商丘县水利局. 商丘县水利志 [M].1987.

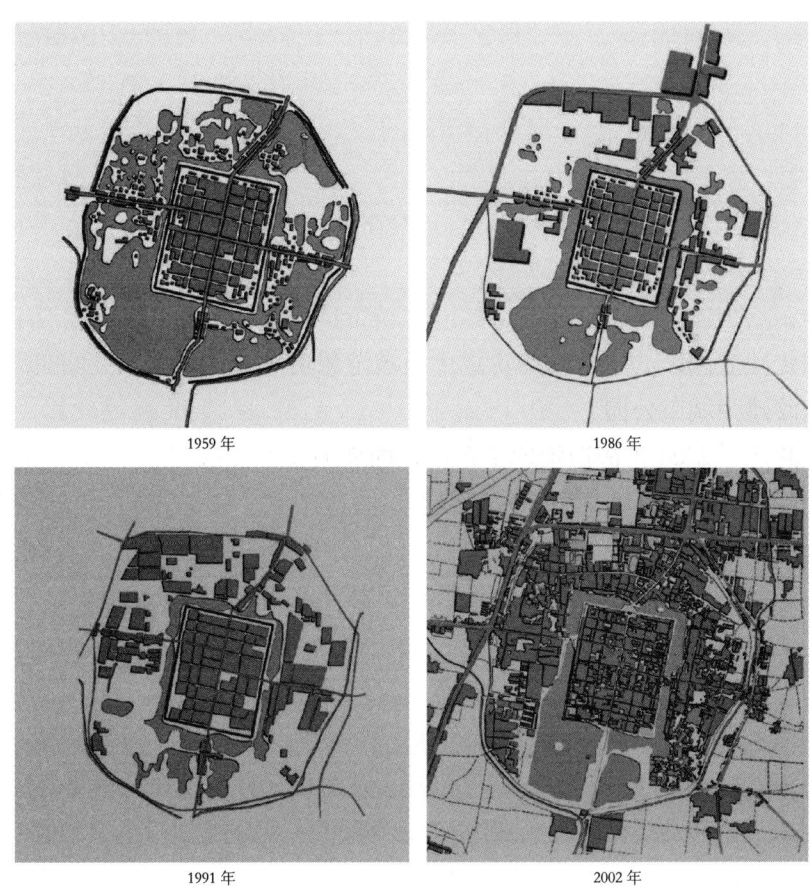

1959 年   1986 年

1991 年   2002 年

图6-1-1 商丘县坑塘缩减及城市建设用地扩张示意图
（资料来源：陈曦. 河南商丘地区古城洪涝适应性景观研究 [D]. 北京：北京大学，2008：37）

北因公路选线略偏其外，目前尚存残段，东北约 1100 米，西北约 800 米，局部仍有原护堤植被，但大部分由于不少民居紧靠其建设，已非堤防原貌，西北一段更有民居直接建于堤上，致使局部不能通行。

（三）城墙之人为损毁

1. 军事设施被拆除

尽管因清末至民国年间的战乱，各古城城墙普遍得到了修葺、加固，然而战争、洪涝以及战后人为破坏更为严重。至中华人民共和国成立初期，各古城城墙普遍坍塌倾圮、残缺不全。商丘城墙新中国成立初期原有的城楼、角楼、敌楼和垛口女墙全部坍塌不存，四城门、四角台亦严重破坏，四门外的瓮城于民国年间拆除，仅南瓮城尚余部分夯土遗迹，护城堤上的城门也在新中国成立初期被拆除[1]。

2. 城建对城墙周围环境的破坏

古城城墙的毁坏，主要在抗战时期、中华人民共和国成立初期。中华

[1] 河南省文物建筑保护设计研究中心. 商丘归德府城门维修保护工程说明书 [Z].2005.

人民共和国成立初期，商丘地区经济窘迫而百废待兴，由于大量城市建设的需要，古城城墙的砖石、夯土逐渐被掏挖挪用。根据各县志的记载，古城的城墙基本都是在这个时期被铲毁的。到了20世纪70年代末，返城人口剧增，夯土墙彻底损毁，地基被民房占用。到了80年代初，城墙只剩下一张破损的外墙皮，登城眺望已成往事不复存在。

3. 居民在古城内的私搭乱建行为

特别是1979年下放居民回城时，城市住宅紧张，居民开始乱建住房，居民私人建造的住房约占80%以上。这些住房多为见缝插针，布局混乱，形式简陋。有的把住宅建在了古城墙边上；有的地方，古城墙倒塌，有人就干脆把住房建在古城墙上；有的住房建得离古建筑太近；有的在民居四合院内乱增建、乱改建；有的把住宅建在土城堤上或保护区内。这些乱建的住房，严重影响了名城风貌。由于居民的住宅建在了古城墙上、城湖边上、土城堤上或重点保护区内，乱倒污水、乱倒垃圾的现象十分严重，这些地方不仅名城风貌丧失，而且杂乱无章、环境恶化[1]。

值得庆幸的是，政府及时地对城墙进行了抢救性修复。商丘归德古城因其重要的文物价值，城墙修复和维护情况较好。商丘归德古城城墙在20世纪80年代已经破损大半，墙体根部掏蚀及风化酥碱严重（图6-1-2）。商丘县委自1982年筹集资金进行城墙的保护维修工作，拆迁四门外的企业和民居，拆迁面积达32000多平方米，并对城墙四周城湖进行清淤治理，修复城墙一周护坡，保护城墙根基（图6-1-3）。维修外檐砖墙近3000米，补填夯土1000余立方米[2]。1990年恢复重建北城楼，2001年恢复重建南城楼[3]。保护维修工作持续20余年，归德古城城墙基本完好复原。

图6-1-2　未修复之前城墙　　　　图6-1-3　修复之后城墙
（资料来源：图6-1-2、图6-1-3均引自《商丘归德府城墙南墙东段及东墙南段现状勘察及维修设计说明》）

[1]　中共商丘市睢阳区委，商丘市睢阳区人民政府等.商丘古城申报世界文化遗产资料集锦 [R]. 2006.
[2]　河南省古代建筑保护研究所.商丘归德府城墙南墙东段及东墙南段现状勘察及维修设计说明 [Z].2001，6.
[3]　河南省文物建筑保护设计研究中心.商丘归德府城门维修保护工程 [Z].2005，10.

二、当前面临之危机及现实

近几十年来，城市化高速发展造成的城市人口增加和城市用地扩展是前所未有的，这几乎是每个城市必须面对的现实。明清商丘古城曾经赖以生存的诸多要素正在逐步退出历史舞台，成为真正的历史。表现在以下几个关键问题上。

（一）城市扩张对空间格局的无序占有

由于商丘古城为封闭的城池，城市面积仅为 1.13 平方公里。这种扩张造成的结果就是，城内单位面积的居住密度过高，平均每人用地仅 50 平方米；城内道路狭窄，交通拥挤，居住房屋多为平房，质量很差。曾有的优美城市风貌受到很大的破坏。不仅如此，居民的住宅还建在了古城墙上、城湖边上、土城堤上或重点保护区内。从城湖水体的大幅度消失上，可以看到这种扩张对空间格局的人为破坏。

（二）城市防洪体系的转型引起城市排涝系统的巨大变化

由于新的城市防洪排涝体系更多地依赖区域水系治理和工程措施，传统古城原本自身具有的防灾和调节洪涝的能力正逐渐成为区域水系的负担。如传统古城主要依赖护城堤、提高城市地面标高应对洪水，依靠城市内部大量的湿地调蓄积涝，而新的发展中古城防洪更加依赖区域水系，而城市尺度的防洪设施、防洪策略逐渐被废弃、遗忘，城市排涝则更加依赖工程性排水措施，改造地形以及湿地蓄调等非工程措施应用不足。如古城的护城堤因防洪功能丧失而渐遭严重破坏，城市建设中忽视地面高程的控制，大量新城区建立在低洼地带，与之相伴的是能够调蓄洪涝的湿地被大量侵占，受洪涝灾害威胁的城区面积不断增加，在这种情况下，城市更加依赖泵站抽排等强制性排水措施，其有限的排水能力既不足以应对暴雨造成的城市内涝，又加重了下游水系的负担。总之，城市抵御洪涝灾害的能力也随之退化[1]。现状就是三位一体古城格局的御灾系统正在退出历史舞台。

（三）规划保护的落实效果不理想

阮仪三教授在 20 多年前为商丘古城做过详细的基于文化名城保护的规划[2]。从这张 20 年前制定的规划图（图 6-1-4）上，仍可以看到他对商丘

---

[1]　张蕾. 黄泛平原古城洪涝灾害经验与适应性景观——以明清归德府七城为例 [D]. 北京大学，2008.

[2]　阮仪三教授曾这样评价商丘古城："商丘的优势是古城格局完整，护城河、土堤、城墙、道路系统未遭破坏，且有众多文物古迹和特色民居，弱点和劣势是缺少大型的声震中外的古迹胜景，因此应扬长避短，不能在一两处古迹上作文章，而应把整个城市作为一座古迹，全盘保护、整理、开发。因此要注意保护现状格局，保存、开发特色，加强古迹和特色民居的维修，增加现代设施，适应现代生活要求"。阮仪三. 商丘县历史文化名城保护规划 [J]. 城市规划，1988（5）：54.

古城未来发展所做的正确指导。关键是 20 年过去了，这个规划目标实际上实现了多少？古城内，至少有一个关键问题没有解决。城墙只保留有外城皮，城墙内壁部分及四周的马道依然被违章民房占据（图6-1-5），影响到城墙的真正修复。城湖问题，暂且不说对城湖（图6-1-6）进行新的开挖，连旧有城湖的维护都没有做好。护城堤成为公路的现实虽然无法改变，但护城堤的林带培育没有列入计划确是事实。

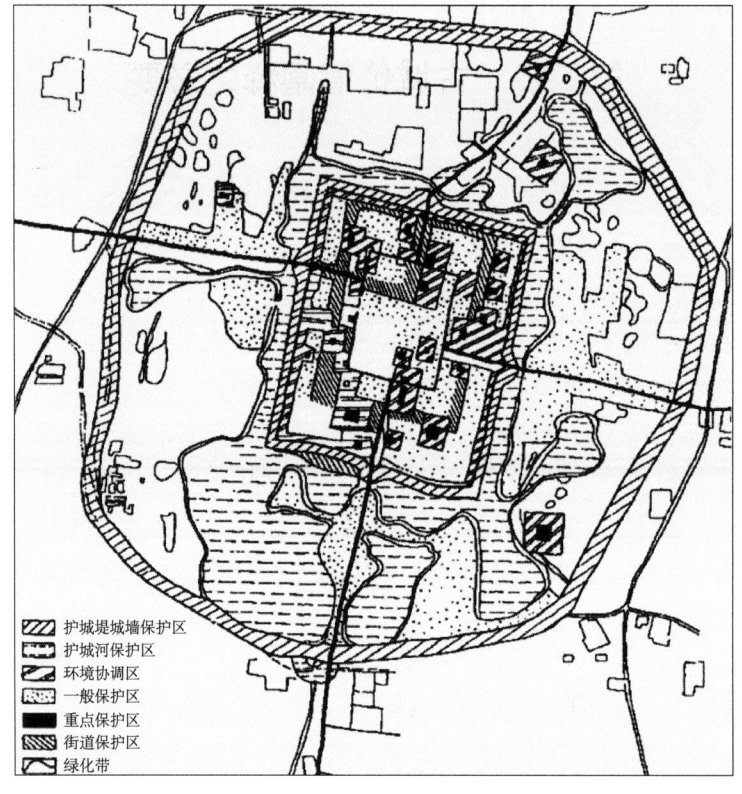

护城堤城墙保护区
护城河保护区
环境协调区
一般保护区
重点保护区
街道保护区
绿化带

图6-1-4　商丘古城保护规划保护等级分区图
（资料来源：王景慧，阮仪三，王林. 历史文化名城保护理论与规划 [M].
上海：同济大学出版社，2009：141）

图6-1-5　城墙内墙的现状　　　图6-1-6　城湖上的南湖公园

古城旅游热火朝天，但城市风貌显示更像集市，而非拥有 500 年悠久历史的古城。城内除了规划出来的景点以外，其余部分非常不协调。这些现象值得我们思考。以旅游为导向的规划部分虽完成较好，但是整个古城呈现出游客匆忙参观，没有足够文化氛围让人长久驻足的现象。政府也在实施城内居民搬迁的计划，但古城内留驻的究竟应该是什么样层次的群体是个值得深思的问题。它究竟缺失了什么？

第二节　古城价值阐释之必要

商丘古城作为中国现存的唯一一座集八卦城、水上城、城摞城的大型古城遗址，文化内涵深厚。但从目前商丘古城的保护状况来看，其体现出来的景观及风貌却距离其本身所具备的文化底蕴相差甚远。这里有必要澄清八卦城、水上城、城摞城所蕴含的历史文化及科学价值，以及其应该展示出来的古城特色。

一、城摞城：阏伯台与宋国故城对商丘之重要性

阏伯观星台是商丘目前现存最早的地面历史遗存。在对商丘古城的选址研究中，由于宋国故城这个地下遗址的发现，使得阏伯台成为商丘早期选址的突破点。在对阏伯台内涵的揭示过程中发现：阏伯为仰韶文化晚期至龙山文化时期活跃在商丘本地来自帝喾族东夷人的某一分支首领；阏伯台是专为观测大火星而特意选取的地点，由于该地区具有适宜大型聚落的地理条件，也随之成为族人的居住地，阏伯台成为此地的地标，其选址体现了中国上古文明的天学成就；居住在此的阏伯氏族与有娀氏族的联姻而形成的支系，在帝舜时代渐渐成为该地区具有支配地位的氏族，名为商族。商先祖之第三代相土继阏伯而祀大火星，大火星后又被称为商星，以表明大火星为商族的族星。

对商丘早期选址的探研，也是对商丘上古历史背景及文明发展的梳理过程，是对商丘文明来源的深入认识。如果有更大胆的推测，观星台甚至先于阏伯而存在。因为大火星观测可以追溯到早于帝尧时期。火星纪历的年代，商丘这个地方就有古老的族团居住。但是有一点，能够有资格观测大火星的族团，在当时一定是具有影响整个文明发展的影响力的族团之一。因此，在上古时期，商丘在中华文明的发展过程中也扮演了较为重要的角色，夏商周三代的历史已经可以证明。在这个认识基础上来看商丘古城的价值，来到古城及阏伯台是应该带着一份敬畏之感。这是中华民族发源地

203

之一，真正的老祖宗族居地，华人寻根的地方。

周代宋国故城，是西周初分封的诸侯国宋国的都城，更重要的是，是作为殷商后裔的封国。而对宋国故城的考古挖掘成果及夏商周三代文献资料的进一步研究，也表明周代宋国城的营城历史：在商丘的上古时期，以阏伯台为地标，聚族而居；商代宋邑出现；西周初宋国城的建设及此后春秋战国时代的不断发展，至少至汉。宋国故城作为国家文物保护单位，虽然是地下遗存，但由于它的存在，其城摞城的表现，更细致的是使得各个历史时期，不相干的各种地面文物古迹之间呈现出了历史发展与传承的连续性，城市的叠压其实就是文明的叠压，这对于揭示古城地域文化的独特性至关重要。"城摞城"现象为对比研究中国各个历史时期的城市变迁提供了丰富的资料。

因此，谈商丘古城的保护，宋国故城的地下遗址必须以合适的形式呈现在可见的古城景观保护之中。"城摞城"的特色更是黄河沙灾留给中国古代沿黄城市的历史纪念，它见证了城市的兴起、发展和衰亡。从另外的意义上说，"城摞城"对于研究黄河的泛滥、泥沙的淤积和灾变现象等等，都提供了大量材料。

二、水上城：三位一体格局对今后未来发展的重要性体现在哪里

水上城体现了商丘古城在应对洪涝灾害上的适应能力。由其营建的历程可知，"商丘古城独特的空间格局是由城堤、城墙、水体等物质要素在历史条件作用下逐渐演变形成的，与商丘历史的发展和社会的变迁息息相关，表面上看是各要素的简单叠加，而本质上则是各要素之间相互影响、协同共生形成的复杂生态系统"[1]。黄河与隋唐大运河故道遗产是与之相辅相成的。在奠基这座城市的文化基因里携带着黄河对它的深刻影响。整个古城的历史也与二者息息相关。

商丘古城的防洪体系是历史时期黄河泛滥和古代先民治水实践经过长期相互作用形成的智慧结晶。其浑然一体的城池、城湖和城堤是先民丰富治水经验的物质体现，是人们在严酷的自然环境下，以生命为代价换取的"生存的艺术"。防洪御灾体系的研究中需要对古城军事防御与防洪体系的三位一体功能的价值进行全面分析，以获得对它的正确认识，在此基础上才会有正确的保护利用途径产生。"中国古城是军事防御与防洪工程的统一体，古城的水系是多功能的统一体，为古城的血脉，这是中国古城的重要特色"[2]，这一特色在商丘古城上得以充分体现。

---

[1] 许继清，张庆 . 商丘古城坑塘水系探微 [J]. 山西建筑，2010（24）：4-5.
[2] 吴庆洲 . 荆州古城防洪体系和措施研究 [J]. 中国名城，2009（3）：34-40.

三、八卦城：明清商丘古城的人文价值

商丘古城自春秋以迄清末，皆为军事重镇。其地理位置对河南的战略影响，使其成为历代政权的政治军事文化中心，因而具有普遍意义的中原传统官属城市特征，也最能反映中国历史上社会经济发展的总体历程和典型的文化内涵。在古城规划的布局上：棋盘道路系统，城池方正，排水泄洪系统合理有序，城墙、城门、城湖、城堤四位一体，不仅体现了我国古代城市规划的科学性，而且其规划思想体现了中国古代阴阳五行八卦的宇宙观。古城坐落在向南微倾的龟背上，暗示了龟文化的意向流露[1]。龟文化所蕴含的人文和生态理念，是商丘古城保持原貌的可行性理论根据。以上是关于明清商丘古城城市规划的个性因素。

通过对其历史发展的梳理，发现作为典型的官属城市，其优越的地理位置和政治优势，面对长达700余年的黄河泛滥都没有影响到它的繁荣昌盛。但是当1902年政治中心转移，甚至主要交通工具的改变，却导致这个城市衰落了。有一个非常重要的问题要提出来，那就是究竟哪些因素决定了这个古城的发展？重振古城从哪里做起呢？

通过对明清商丘古城规划营建的梳理，发现人文因素对该城的规划及发展有着深层的影响。分析可知，古城的性质为商丘地区的行政中心，从其营城面积可推知城市内除了各行政机构，居民层次应以行政人员家属及当地社会中坚力量家属为主体。这就是为什么商丘古城文化底蕴深厚的原因所在。虽然没有史书可查证古城规划的细节，但规划中所包含的深刻文化含义确实是实际存在的，因为这些是中国古代文人文化特征的反映。本书在揭示古城营建的历史中，曾多层面探讨了影响当地发展的社会势力，这是揭示商丘古城地域文化及影响力的关键因素。

由此来切入针对古城层面的保护问题。早在1987年，阮仪三教授就对商丘古城做出了切实可行的保护规划方案。27年过去了，从古城外在的几个所谓物质要素指标来看，它称得上建筑史意义上的历史文化名城。但从现实意义层面来看，商丘古城在城市现代化进程中的危机现状令人担忧。古城也制定了迁出政策，但关键是，这个古城将有什么样的人群来居住，形成什么样的核心发展力量。曾有学者对日本京都作为首都迁都导致衰败尔后又振兴的古都案例进行研究，其结果值得我们深思[2]。人

205

---

[1] 陈道山. 商丘古城：地平天成的龟城 [J]. 电子科技大学学报（社科版），2013（4）：70-77.

[2] "京都的发展模式，可以归结为法律法规保障历史文化遗产；文化自豪感造就普通百姓对文化的理解和保护意识，并形成良好的教育与研究氛围；传统文化与时代相结合，融入生活并产生新的生命力。总之，以文化为竞争力，造成京都独特的城市气质和文化环境，成为城市发展的原动力。"黄婕. 从日本京都看古都文化环境与地域经济发展 [J]. 洛阳师范学院学报，2013（3）：84-87。

是古城可持续发展的重要因素，这值得认真慎重思考。这也是今后发展面临的重要课题。

第三节 保护再利用方案之提出

一、保护原则之构建

其保护利用应在构建生态小系统的环境背景下，以遗产保护网络和洪涝调蓄网络相结合为原则。

（一）利用大自然的调节能力构建生态小系统

中国古人强调道法自然、天人合一，这是对大自然的一种敬畏态度。而在科技发达的今天，我们更多的是发挥主观能动性去征服自然，而自然本身的能力被搁置了，来自科学的各个领域都在意识到一种未来的生存危机。历史及科学也不断在证明，人类在整个生存环境中的局限。因此，一种意识必须被唤醒：请尊重大自然的调节能力。通过对商丘古城军事防御与防洪体系的深入分析，纵观商丘古城在历史时期与自然环境的相处，其成功之处得益于对自然的适应与尊重。今天，虽然环境条件发生了巨大变化，但是作为对自然尊重的出发点是永远不变的。因此，分析现今古城的生存现状，为之提供可持续发展的方案是必要的。

营建生态小环境，是指以设定标准所围护的区域为一个单元，通过自然手段的调节实现生态健康的生存环境。自然手段指运用规划手段来引导大自然的能力得到最大程度的发挥，如"在各种空间尺度上优化防护林体系和绿道系统，使之具有高效的综合功能[1]"。针对商丘古城，有这样几种生态小系统可以营建。它们之间既有联系又各自独立，如，较大尺度，黄河、运河故道湿地所围护的区域、遗产保护网络区域，以圆形护城堤围护的洪涝调蓄网络区域、古城内部。

（二）构建城市规划尺度上的遗产保护网络

城市规划尺度是指经过论证明确划定的遗产保护网络要纳入城市可持续发展规划之中，即使没有确切的建筑标识，设定的此区域内部不得有任何原因及条件的占用。针对商丘古城，建议可识别的遗产保护网络为以宋国故城地下遗址所对应的地面区域。

---

[1] 俞孔坚，李迪华，刘海龙，北京大学景观设计学研究院."反规划"途径 [M]. 北京：中国建筑工业出版社，2005.

（三）恢复和完善小尺度城市洪涝调蓄网络

通过数据对比对古城防洪体系的防洪排涝能力进行评估，得知：

（1）若按照每平方米可提供一个人避险，在洪水灌城的情况下，城墙上可容纳 21702 人避险（相当于整个城池内的总人口）；则在洪水没堤的情况下，护城堤可容纳 45432 人避险，这些对于抗洪抢险是非常可观的数据。

（2）商丘古城没有排水沟渠，仅在营造城内龟背地形及简单的引水沟情况下，数据分析显示，其排洪能力超过历史上除明清紫禁城的其他都城。这是利用地形重力高效排水的范例。

（3）城湖在调蓄特大洪水方面也是效果显著的。根据计算，商丘古城在遇到极端大暴雨情况下的调蓄能力：当城外有洪水困城，城湖无法排水出城外，城内径流全部泄入城湖，也只是使城湖水位升高 0.12 米。其蓄水容量相当于一个小型水库。在面临城外洪水困城，城内积水无法及时外排时，其表现出来的蓄水能力对避免内涝之灾具有决定性作用。

由此，在小区域内，营建龟背地形，加上城湖的巨大蓄水容量，是自然状态下的适灾措施。当今城市不断出现暴雨后严重的内涝问题，商丘古城的面积为 1 平方公里左右，相当于明清北京城的 1/50。作为小区域，其防洪经验值得现代建设部门思考。在城市中遇到局部区域无法开发地下排水管网，规划营建地上雨水调蓄池不失为一个出路。

（四）对待保护中遇到问题之态度

在遗产保护方面，我们还有许多认识上的局限。比如，如何把握眼前与长远、保护与开发利用的度的问题等。这些都要求我们真正去了解历史文化遗产的内涵与价值，从人文以及科学的角度。更重要的是，要把我们自身作为历史人而融入其中。想一想，若干百年、千年之后，我们的后代看到这些历史遗产的时候，在我们生存的那个年代，我们又为这些遗产添加了什么样值得留存的价值呢？这样的逆向思考，一定会为我们的遗产保护打开新的视角与思路。

二、可持续发展方案之提出

本方案提出的出发点从商丘城市宏观、中观及微观三个层面着手，旨在突出营建生态小环境以及具有明显地域文化特征的景观标志[1]。

（一）黄河、隋唐大运河湿地所围护区域

曾经流经商丘境内的黄河故道和隋唐大运河故道，是商丘整个地域文

_207_

[1]　周年兴等.关注遗产保护的新动向：文化景观 [J].人文地理，2006（5）：61-65；朱强，李伟.遗产区域：一种大尺度文化景观保护的新方法 [J].中国人口、资源与环境，2007（1）：50-55。

化赖以生存的物质文化遗产。标识出它的存在，让后人不断缅怀，就像长城之于中国历史文化的重要一样。简单做法可以将两条横贯商丘的故道营建成两条湿地护林带，就像它当初流经商丘一样。用另一种涵养环境的方式，重新滋养商丘。这样既可以改善环境生态，又突出了商丘的历史文化特色（图6-3-1）。

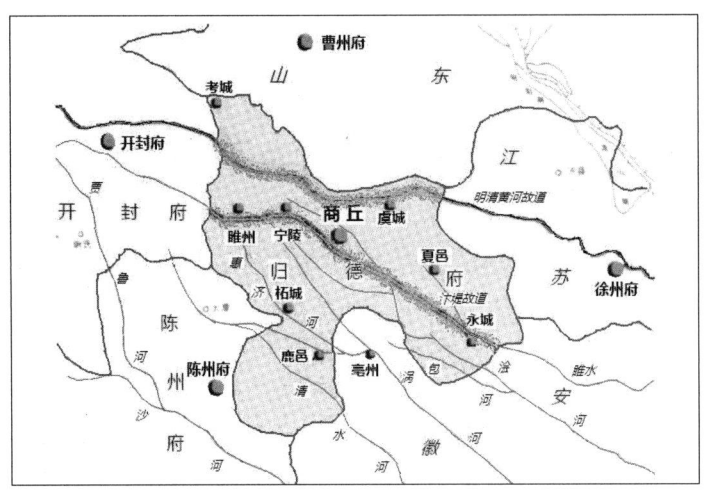

图6-3-1　商丘古城保护规划之黄河及运河故道湿地护林带规划示意图
（资料来源：作者自绘）

（二）宋国故城遗产保护网络区域

作为深埋在地下的宋国故城，有两个文化内涵比较突出。黄河泛滥、泥沙淤积造成了真正意义上的城摞城，古城的城墙特色。最基本的做法是，沿着宋国故城的城墙做出环形绿道，以作标识，作为步行通道，修建成古代城墙通道一样。走在上面，其实也几乎是地下故城原来的城墙之上，犹如真正回到历史原境，这是一种很好的文化体验。甚至在挖出城门的地方将遗址真实展示。其余在区域内的地面文物遗存，也通过廊道的形式连接（图6-3-2）。设想一个城市，有这样一个步行区域来缅怀历史，这种文化教育胜过说教。

（三）明清商丘古城三位一体洪涝调蓄网络区域

以三位一体的古城格局为例，设想在不改变堤内城湖及城建部分的情况下，来做这个可持续发展的方案[1]。目前，沿古城城墙外围与城湖之间有一环城通道，护城堤上已成为环城公路。这些远远不够。护城堤及城墙

---

[1]　还有很重要一点，本方案提出的设想要付诸实施，需要环境及规划各方面专家共同论证具体细节。如护城堤的防护林带究竟要达到多大宽度及密度，才能达到改善环境的作用，甚至树种的选择，林带预设定的成长周期等具体细节，但是这些一定是有效的做法，这也是本书营建论证的结果。

遗址是商丘古城文化遗产的重要标志物。绿道的设置既要做到减少对遗址的破坏，又要改善城区生态环境及为市民和游客提供良好的休闲场地。应该从外向内层层规划（图6-3-3）。

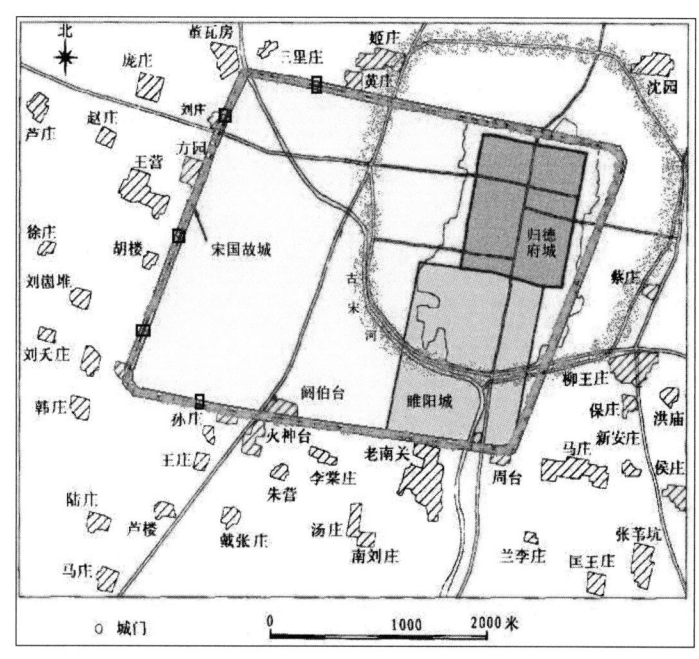

图6-3-2 商丘古城保护规划之宋国故城城墙步行绿道设计示意图
（资料来源：作者自绘）

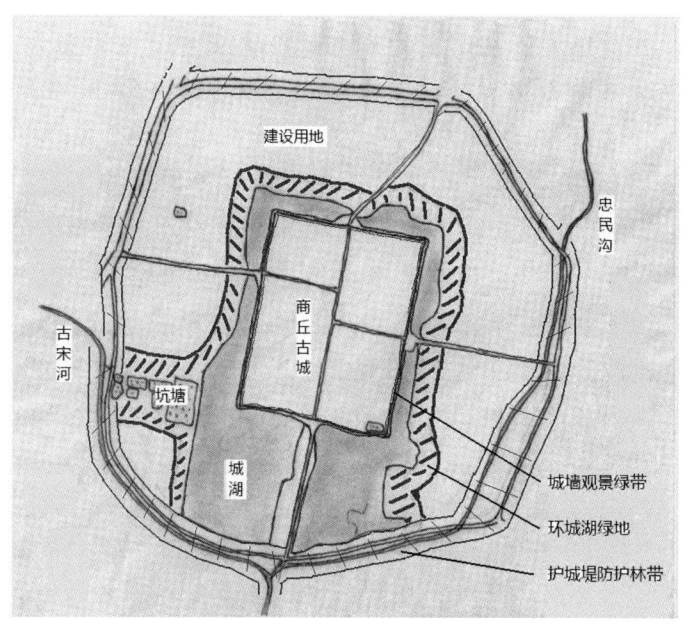

图6-3-3 商丘古城绿道规划示意图
（资料来源：以实测图为底图自绘）

作为护城堤遗址的重要部分，两边的护坡要保留；护城堤上公路两侧的林带，要时刻注意它们作为小环境的防护林的重要作用，必要时在护坡部位也要分层种植各种树木。在护城堤内与城湖之间，要规划设计一条基于生态学的水系绿道[1]，此绿道的宽度随着地形变化来确定，主要是与沿河植被及水体达成一致。在环城墙外通道与城湖之间，取消硬质护岸，要加强树木或植被的种植，减少对水体功能的局限。

恢复原来城墙上的通道作为观景通道；恢复城内环城马道，并在马道旁种植树木。这一环节在整个方案之中，落实难度最大，它涉及拆迁违章住宅建筑，而违章建筑在古城内比比皆是，这也是古城整体风貌无法真正改善的原因。而占据城墙内墙及马道的违章住宅拆迁更是棘手，但却是影响古城发展的关键因素。

本章小结

商丘古城的军事防御与防洪体系，在中国古城营建史上是一个独特的范例。其三位一体的古城空间格局是由城堤、城墙、水体等物质要素在历史条件作用下逐渐演变形成的，与商丘历史的发展和社会的变迁息息相关，表面上看是各要素的简单叠加，而本质上则是各要素之间相互影响、协同共生形成的复杂生态系统。其御灾功效最大程度的发挥，得益于圆形护城堤、宽广的城湖及坚固的城墙三者完美的配合。在当今城市化进程的过程中，这种功能依然发挥着它的作用。如在小区域内，营建龟背地形，加上城湖的巨大蓄水容量，是自然状态下的适灾措施，值得现代建设部门思考。因此，商丘古城的保护利用应在构建生态小系统的环境背景下，以遗产保护网络和洪涝调蓄网络相结合为原则，并针对现状提出可行性方案。本方案的出发点旨在突出营建生态小环境以及具有明显地域文化特征的景观标志。针对黄河、隋唐大运河湿地所围护区域，将两条横贯商丘的故道营建成两条湿地护林带；针对宋国故城遗产保护网络区域，沿着宋国故城的城墙做出环形绿道，以作标识，作为步行通道，修建成古代城墙通道一样。在挖出城门的地方将遗址真实展示。其余在区域内的地面文物遗存，也通过廊道的形式连接。针对明清商丘古城三位一体洪涝调蓄网络区域，在不改变堤内城湖及城建部分的情况下，从外向内层层规划，沿护城堤、城湖、城墙依次规划护林带及绿道、观景通道。

---

[1]　苏珊.基于生态学角度浅谈城市滨水区水系绿道设计 [J]. 南方建筑, 2013 (1): 41-43; 周年兴等.绿道及其研究进展 [J]. 生态学报, 2006 (9): 3108-3116; 朱强, 刘海龙.绿色通道规划研究进展评述 [J]. 城市问题, 2006 (5): 11-16。

结　语

本书从中国古代城市营建史的学术视角研究了国家级历史文化名城——明清商丘古城的营建技术及历史文化特色。通过考察明清商丘城之前的城市变迁历程，梳理了"城摞城"、"水上城"城市格局的历史形成；在将商丘置于中原腹地、黄泛区的区域背景之下，论证了商丘古城对兵患、水患的防洪及军事防御体系的科学价值；通过对"八卦城"文化内涵特色的探析，揭示了城市规划的营建特色；最后从中提取城市营建思想中有生命力的部分，运用到古城的当代发展上。研究表明明清商丘古城是中国古城营建的典范和活教材，体现了中国特色的营城思想。

一、主要结论

通过研究工作的展开，主要系统研究了以下 4 个关键问题。

（1）针对商丘古城"城摞城"特色，主要考察了明清商丘古城之前城市历次变迁的历程，重点探明了两个问题：商丘城市选址的特色和不同时期商丘城市的营建思想及影响城市发展的内在因素。

通过对商丘古城变迁的考证，发现商丘城市选址最早可追溯到上古时期。阏伯台是选址的肇始。首先，在对上古时期阏伯台的梳理过程中发现，商丘在上古时期是联系中原与东夷地区的纽带，商丘与鲁西南平原由于地理关系形成了文化上的血缘关系。龙山文化时期，阏伯氏族作为帝喾族较早的一支分支，在帝喾时代的早期，整个氏族生活在商丘这个地方。阏伯的身份不仅仅是中央政府的官员，而且是某一方的国族领袖，与尧的国族有亲缘关系。阏伯台是阏伯观测心宿二大火星的灵台。阏伯台的选址首先是出于观测天文而考虑在中央天齐线上。其次以观测大火星的最佳位置来定点，因此它的选址体现了独一无二的特性。商丘城市选址与古代天文的关系密切，也由此成为观测大火星的商族的族属地，也论证了商丘是商族的族属地及商文化为商丘的源文化。再次，针对周代宋国故城进行了田野考察加文献考证的梳理，得出商丘城市的起源初期是以阏伯台为地标聚族而居，商代时作为一个封邑存在，此后阏伯台作为周代宋国城的标志建筑出现在宋国城池之中，可见宋国城的选址遵循了商移民"以续殷祀"的殷礼礼制思想，其营城规划与布局又体现了周礼的礼制营国思想。阏伯台在宋城的规划中，占有地标一样的位置。随后直到现代，历经四千多年的岁月洗礼，阏伯台依然作为地面遗存而存在，这种选址包含一种文化的承载。

商丘历史时期经历的三座城池，它们均承担了国家赋予的不同层次的文化职能，体现了不同的营城思想。周代宋国城作为周代诸侯国之国都，体现其礼制营国的思想，周代城池营建的内在营力，是成就政治权力实现的军事防御及战斗能力。唐宋至明前期的睢阳城城市建设受到北宋时期作为国家陪都身份的营建思想影响最为直接。政治经济文化的发达，造就了城市的繁荣，并为商丘城市后来的发展奠定了深厚的文化基础。明清归德府城的规划营建，更是充分体现其作为府县级职能城市的营建思想。

不同时期影响古城发展的内在营力仍有不同。礼崩乐坏、军事扩张及政治因素是周代宋国城发展的内在动力；改朝换代、军事作用、地理位置以及水患是睢阳城变迁的主要因素；黄河水患及府级职能城市身份决定了明清归德府城的变迁与发展。

（2）通过深入探究发现，商丘古城的"水上城"格局是它在与地理环境、自然灾害及战争持续不断的对抗与适应的过程中逐渐形成的。"水上城"格局的营建特色主要体现在它的防洪排涝体系与军事防御体系。

黄河引发的沙灾是形成黄泛区古城"城摞城"现象的重要原因，而在应对洪灾及沙灾的过程中，"水上城"的城市格局逐渐形成。洪灾对商丘地貌的影响最早肇因于隋唐大运河时期，至南宋黄河南流之际，商丘的地貌呈现黄河与隋唐大运河两条悬河夹在商丘之中的状况，这是造成黄河在商丘漫流的主要原因。商丘诸古城的频繁迁城是对付洪灾的无奈之举，此后在加固原有城墙的基础上，在城外修筑了圆形护城堤以抵御洪水入城，但同时沙灾造成了城市洼地的形成，为解决城市积水造成的内涝，古城的防洪排涝基础设施体系逐渐发展完善。措施包括精心地选址，营建城内的龟背地形以利用重力排水，以及城墙、城湖、圆形护城堤组成的三位一体的防洪排涝体系，明清对防洪的行政管理等方面，尤其是三位一体的防洪排涝体系，在当时有效抵御了黄河洪灾，成为黄泛平原城市的模式。通过对其防洪排涝能力的数据对比评估发现，由于城池与城湖的依存关系，城湖的调蓄能力对避免城市内涝效果显著。当今城市不断出现暴雨后严重的内涝问题，商丘古城面积仅为1平方公里左右，作为小区域内涝问题，防洪经验值得现代建设部门参考。纵观防洪营建历史，可以将其防洪的实践经验与教训做一科学的理论概括，择"高"而居、避害思"迁"、"坚"城以"防"、兼"导"并"蓄"是它所体现的古城防洪方略。商丘古城的防洪排涝体系体现了中国特色的营建思想，对于当代城市建设有借鉴意义。

从对历史时期商丘城池的军事防御营建中可知，不论是周代宋国城时期还是唐代睢阳城时期，在没有天险可依的情况下，周代宋国城体现了城池营建技术的高超水平及对周代"城守"理论的应用，而唐代的睢阳城更多地体现了古代城邑保卫战以少胜多的军事对抗能力及守城将帅卓越的指挥能力及随机应变能力。明代是我国古代军事工程高度发展的时期，城墙城池式军事筑城已经发展到相当成熟的阶段。归德府作为明代内地的军事重镇，布有两个军事卫所。归德府城历经新建、修缮与改造，更是经受住了明以来的历次兵患及水患而有"坚城"之称，特别是护城堤和城湖为天堑的城二重壕二重的军事防御格局，对军事防御能力的增强起到了决定性作用，这是商丘古城军事防御的重要特色。古城的军事防御营建，不仅体现在圆形护城堤、城湖和城池三位一体的古城外部格局的形胜及城墙军事筑城设施的完备，还包括城墙、瓮城、城门、城台及城门楼、马面、敌楼、警铺、角台和角楼，而且它的完备还与古城不断与及时的维修管理分不开。其中不容忽视的是归德府地方人士对于地方城池防御的策略与具体措施方法的研究，吕坤的《救命书》是归德府对于中国古代地方城池防御理论的重要贡献。

（3）通过对商丘古城"八卦城"的规划与营建特色的细致梳理，进一步发现明清归德府文教事业的兴盛直接造就了商丘古城性格中显著的文化特质。

"八卦城"是指明清商丘古城的城市布局是依据"阴阳五行八卦"的古代哲学思想营建的，暗指古城性格中的文化特质显著。

商丘古城的营建是伴随着其防洪的历史而发展变化的。先有方形城池的逐渐完善，至嘉靖十九年（1540年），环形城堤的修筑，归德城开始出现外圆内方，城墙、城湖、城堤三位一体的完整格局，构成了一个完整意义上的古城防御构架。商丘古城的街道规划始于建城，作为一个地形完整的新建城市，道路系统采用均齐方整的网状布置方式，至今基本完整地保存着，规划建设完全遵守"阴阳五行八卦"观。城市大致的功能分区完全遵循明代府州级城市的标准城市形制，有效地发挥了它的城市管理职能，这种功能分区至少保存到民国之初。随着城市发展变化的是城市建筑群的不断增加与修缮。

通过对明初归德地区社会历史的梳理发现，明初初建时的迁民、设置卫所及军屯开发等一系列政策，使得军事权贵在商丘军民杂处的环境中逐渐占据了支配地位。旧城址的毁坏性淹没是归德府新城营建的肇始。它面临的新城规划问题有三个：新的防洪营建；协调关厢地带的居民安置与道路的重新开辟；新城内职能空间的合理分配。归德府城作为一个地形完整的新建城市，通过对古城街道规划布局、城市空间结构所体现的城市职能及城市建筑体现的城市风貌等三个不同层次特色的分析，发现新城是一座具有典型地域风格的明清府级行政城市。古城文教事业的兴旺得益于归德府地区官学私学的发达，而民众的教化更离不开祠祀礼制空间的约束，促成这些也离不开明清两代归德府官员及地方士人对传承北宋应天书院精神的执着与坚持，所有这些因素成就了明清归德府城的人文之盛。没有比文化的传承对商丘社会有更为直接和深刻的影响，这就是商丘古城"八卦城"的文化底蕴。

（4）"三位一体"格局基础上的古城价值的可持续发展与利用建议。

三位一体在这里有两方面的含义。一是指营建技术层面的护城堤、城湖、城池三位一体的古城格局；另一个则是指"城摞城"、"水上城"、"八卦城"三位一体的历史文化遗产价值。通过对商丘古城营建历程深入系统的探究，商丘古城三位一体格局是其营建技术水平的卓越体现，它们是不可分割的整体。护城堤、城湖与城池之间，不仅有历史上的防御关系，更为重要的是，这三者已经在城市漫长的发展过程之中，由于共同抵御灾害，形成了生态上的依存关系，共同塑造了商丘历史文化名城的地域特色及历史价值。

鉴于此，提出商丘古城可持续发展的原则：利用大自然的调节能力构建生态小系统；构建城市规划尺度上的遗产保护网络；恢复和完善城市洪涝调蓄网络。并针对现状提出以下可行性方案。①针对黄河、隋唐大运河湿地所围护区域，将两条横贯商丘的故道营建成两条湿地护林带；②针对宋国故城遗产保护网络区域，沿着宋国故城的城墙做出环形绿道，以作标识，作为步行通道，修建成古代城墙通道一样，在挖出城门的地方将遗址真实展示，其余在区域内的地面文物遗存，也通过廊道的形式连接；③针对明清商丘古城三位一体洪涝调蓄网络区域，在不改变堤内城湖及城建部分的情况下，从外向内层层规划，沿护城堤、城湖、城墙依次规划护林带及绿道、观景通道。

二、主要创新之处

通过对商丘古城的系统研究，有如下四个创新点：

（1）通过对商丘古城变迁的考证，发现商丘城市选址最早可追溯到上古时期。阏伯台是选址的肇始。阏伯台的选址首先是考虑在中央天齐线上。其次以观测大火星（即商星）的最佳位置来定点，它的选址具有独一无二性。此地为商族的族属地，阏伯台为灵台。周代宋国为商族的后裔，这也是选址以阏伯台为南城边界的重要原因之一。从思想上，古时期阏伯台的选址充分体现上古文化精髓的天文学与族属首领的权威性；从环境角度，城南外的古睢水体现了"在河流之南岸及河床稳定的地方"的选址思想。周代宋国城的选址，阏伯台在城内，对于商移民的"以续殷祀"的使命当有密切关系，这体现了阏伯台对当地文化的决定性影响。因此，阏伯台在宋城的规划中，占有地标一样的位置。随后直到现代，历经四千多年的岁月洗礼，阏伯台依然作为地面遗存而存在，这种选址包含一种文化的承载，它对于商丘古城的意义重大。

（2）系统总结了商丘古城在地理环境恶化、黄河泛滥及频繁战事影响下，城市应对洪涝灾害及战争灾害的实践活动和经验，主要体现在护城堤、城湖与城池三位一体的防洪排涝体系及军事防御体系的修筑。进一步发现三位一体格局作为古城营建技术水平的卓越体现是一个不可分割的整体。护城堤、城湖与城池之间，不仅有历史上的防御关系，更为重要的是，这三者已经在城市漫长的发展过程之中，由于共同抵御灾害，形成了生态上的依存关系，共同塑造了商丘历史文化名城的地域特色及历史价值。同时通过对其防洪排涝能力的数据对比评估发现，由于城池与城湖的依存关系，城湖的调蓄能力对避免城市内涝效果显著。当今城市不断出现暴雨后严重的内涝问题，商丘古城面积仅为 1 平方公里左右，作为小区域内涝问题，防洪经验值得现代建设部门参考。

（3）归纳了明清商丘古城营建的三个重要城市特色"城摞城"、"水上城"及"八卦城"所蕴含的历史文化价值和科学价值，并在此基础上提出古城的可持续发展方案。本方案提出的出发点旨在突出营建生态小环境以及具有明显地域文化特征的景观标志。具体包括：将横贯商丘地域的黄河故道和隋唐大运河故道营建成湿地护林带模式；将宋国故城的城墙建为环形绿道以标识出历史遗产保护网络的区域；以明清商丘古城护城堤为围护区域的洪涝调蓄网络的恢复与完善。

（4）通过对明清商丘古城营建史的系统研究可以得出，明清商丘古城的护城堤、城湖、城池三位一体的古城防御格局的营建，不仅是黄泛平原古城抗洪防涝体系的典范，而且是中国古城军事防御体系的杰作和中国古城营建史上的一个典型范例。古城历史变迁留下的上古时期的阏伯观星台、周代的宋国都城、唐宋的睢阳城遗址和较为完整地保存下来的明清归德府城池、城湖与护城堤以及城内古街巷布局原理都是十分珍贵的历史文化遗产，是中国城市营建史的一个博物馆。

三、研究不足及未来展望

在整个写作过程中，不断有问题涌现，也不断在梳理与解决。但还是看到了许多研究中的局限实实在在存在着，值得笔者去反思研究之路。

城市营建史的研究范围涉及方方面面，当我们对具体城市，特别是历史在夏商周三代之前的古城展开研究时，其超长的时间段，反映出在不同历史时期，其城市营建的侧重点会随着当时的具体情景而有很大不同。不能用某一个特定的固定角度去看待。比如，研究古城的防洪问题，但在历史的某一时段，根本不存在洪水泛滥的情况。研究古城内部的规范布局，整个城市掩埋在地下 10 米的冲积泥沙中，这个时候，根据城市当时最重要的考古及文献证据，来选择其营建从何种角度切入。这样，不同历史时期本地最具特色的城市营建思路才会真正展示出来。从整个历史时段来看，营建的方方面面从不同的领域活生生表现出来。

对一个时期的深度挖掘，还取决于对古城整个历史发展的全面了解，才会知道究竟是历史哪个时期的文化影响了本地的基本发展。对于历史研究的挑战，在目前阶段，来自许多已成定论的研究结果和思路，在考古及科学发展面前，出现了瓶颈及缺陷。史学观的重新确立，是一个有挑战的学术方向。用新的眼光来重新审视研究对象，从另一视角切入问题，都会是对学科的进一步发展的尝试性探索，结果并不重要，重要的是，一条这样道路的开辟。

吴庆洲先生在为城市营建史做学科定位时，一个很重要的观点就是，城市营建其所指不仅是建造，也同时有形而上的意涵。从今天科学史发展的趋势来看，对"形而上"意涵的重新认识，是本质深度上的突破。不仅是简单地引用文化的观点，而是要对文化人文方面做较为系统的了解。就像研究断代史，其通史的扎实程度会促使其对断代研究的深入及促进其问题意识的灵敏度。营建史的基础还在于扎实的史学功底。有了历史的眼光，看建筑与城市，会看到更深入的层面，揭示出更深刻的可资借鉴的宝贵经验。

对于商丘古城的研究笔者会一直做下去，当一步一步认识到古城价值时，对商丘古城今后的发展就有一种冲动想去表达自己的看法。这种责任感来自于对古城价值内涵的认知，也使得自己在学术研究的起步中，感受到学以致用的那种知识分子的使命。这个城市仍会在城市化进程中发展，笔者会继续关注它的成长，特别是从营建中看到它的三位一体城市格局的潜力之时。在此，笔者想呼吁的是，为了可持续发展，把城市交给专业的规划者团队吧，这些规划者一定是多领域专家形成的智囊团。笔者提出的这个方案，哪怕只是对商丘的城市建设发展提供了一个可以进一步讨论的空间，也期待各领域专家进行专业测试与可行性评估，这样才会有社会各界努力去付诸行动的可能性。

附　录

附录1 《救命书》全文

一、城守事宜

1. 县父母当平居无事，宜先将本县乡居土民，作有柄手牌式一面，宽六寸、长一尺二寸，白粉油面。每家照样做来，上书本家某人年若干岁，面色红白，有无疤麻，男几口，孙男几口，官票字样，各家领去。待声息将近，四面各照四门进入，守门官吏于门外照牌点查，妇女只验两足。若有面生之人，牌上无名，或年貌不同，实时擒挐送审，以防奸细夹杂进入，为贼内应。

2. 城外居民，年五十以下、十八以上，各以方面，分记姓名于城垛粉壁之上，以备临时各认信地。此事仓卒做不得，须预安排。

3. 城门将闭之时，守门官将城中流来闲人，仔细搜索。除各家正身及有力家仆深信同心者不妨留用外，其余三年内寄住佣工作仆，及老幼不堪费人养活，应逐出者，尽数逐出。盖贼欲攻城，每每先托心腹之人，与佣工作仆，探听消息，默观道路，预备开门，发火放监。师伍之陷归德，可鉴已。贼无内应，虽开门不敢径入，此守城第一紧要者，慎之慎之！

4. 本县仓积，须有谷豆二万石以上，方为宽绰，虽遇凶年，人不至相食。决不可一半在外，即放在外，许借不许赈，救死不救饥。即借，春出秋必收；即收，利必加三还。县仓名为预备，非但救荒年也。城一被围，缺食五日，岂能食纸煮靴，罗雀掘鼠哉！安庆绪据邺郸，郭子仪与九节度围之，城中食尽，一鼠值钱四千。仓廪万分要务，此围城第一紧急者。但遇小民告赈，衙蠹开端，一时申请赈借，放出再不催还，到那兵荒马乱之时，百姓死活，谁能相顾？但遇小饥中饥之年，上司轻动仓粮，本县士夫不可不以此意强止之。万历甲午春，斗粟百钱，江夏刘初阳父母以失意去任，犹叮咛云："无开仓。"署印吴二守至，在官三月，不敢指言，却将仓谷六千尽散于人，甚者馈送缙绅，不分贫富。仓廪一空，奸贪小人，十分欢喜。明年大饥，人相食，谷至今未完，余纪之以志感恨。

5. 城中寺庙空闲之地，或有甜水之泉，务须添井三五十眼，以备城上城中缓急之用。

6. 贼入境先抢乡村，一则烧毁房屋，奸污妇女；二则杀其老幼；三则抢其财帛粮食，资其供给食用；四则驱逼丁壮男子攻城。乡村集店之人，既无山庄，又无地洞，何处逃生？若贼在五七百里外，听得声息，速谕乡民，早将家中用度粮食、柴草、牲口、家火、箱柜，尽数搬入城中，不止救了全家老小。贼见四野无粮，岂能四五十里外抢别县之饭食，攻我县之城池哉！即使锁房埋窖，不过为穷人掠抢之资，一入城中，谁能救久围之性命乎？早见豫待，清野招民，在敏果之县主耳。若催到不从，门闭不许放入。

7. 富足人家闻有声息，将各庄积聚收入城内。城困之时，但有不足者，不分亲疏，除自己足用外，尽数借贷与人。救紧急之性命，百倍阴骘；借众人之精力，万分保障。仍将所借记一簿籍，令本借亲笔画押，人有良心，得命之后，谁不补还？如不补还者，官为加倍追偿，决不相负。不然，自己亦不得受用也。

8. 贼一近城，四关民居，先受其害。房屋得拆毁者自行拆毁，可焚烧者送入城中，贼去之后，尚得再盖。若舍弃以为贼资，彼拆其梁檩填架海壕，取其草束攻烧城门，内外不便。古人守城，先将城外积聚一切焚毁，正恐借资也，万万无忽！

9. 父母官为主守，居中调度。城上分为四面，一面守正一人，守副二人，俱以佐贰丞尉。或大小乡官举监老成练达，执法严明者为之，处断一面之事。练成民壮二十人，督率城众，教演守法。守城原是军法，欲救一城性命，难做一些人情，主守者须借之威权，以便行事。宽缓柔懦，避事徇情之人，决不可用。盖一面稍疏，三面虽严，何救于一面之失？一城万口之命，付于守城之人；守城数千人，付之十数个守者，何等关系，可不择人？

10. 贼之攻城也，有七乘：乘我之倦，如日夜劳苦，神疲力竭之类；乘我之怠，如日久心安，官不戒训，民不恐惧之类；乘我之忽，如风雨雪夜，贼远贼稀，思想不到之类；乘我之无备，如兵刃不利，矢石不足，火炮缺乏之类；乘我之疏，如城有单薄，地有平陂，外有攻冲之资，内有不备不具之类；乘我之缓，如往日迟心怠意，一时招架不及，手忙脚乱之类。此七乘者，城之安危所系，不可不慎也。

11. 贼在城外屯聚，以逸待我之劳，以饱待我之饥，以宁耐挫我之锐，以优游懈我之心，声言解围以安我之意，声言增兵以寒我之胆，乍动乍静以疲我之精神，缓进零冲以耗我之气力，忽散忽聚以老我之智谋，筑垒增栅以示彼之持久，我意已定，一切勿动。内门须闭，须留瓮门，不时开闭。练就敢死士三、五百人，重加赏犒。三更以后，我军与贼一样打扮，自有暗号，乘其困倦，密砍其营。放大炮、鸟铳，令其惊起，自相乱杀，吹角声而散。五鼓点名，令队长认进，谓之鬼兵。鬼兵三两行，贼已防备，后却用排灯，将炛炮、鸟铳、佛郎机前棘大挠扰之。若有积聚，乘顺风用油薪纵火焚之。如此三两番，贼自不能存也，其委曲不具详。

12. 贼欲攻西，先在东面热混，撤得人护东门，则西面必松，他却一支兵乘机一拥，自西登城，谓之声东击西。声南击北，声昼击夜，声晴击雨，总是出其不意，攻其无备八个字耳。兵法：擅离信地一步者斩，城上之人，分定人数，各照粉壁，日夜防守，不许越过一垛。面目只向外边看城下，贼如攻东，虽十分紧要，三面之人，安定不移。城中有游兵，多者千人，少者六、七百人，最少亦不下三、四百，立一中军统之，常在隔首屯聚，以防策应。东面紧急，放大炮三声；南面紧急，擂大鼓；西面紧急，急撞钟；北面紧急，速鸣锣。游兵火速向紧急之方齐力防护，一千者分为两应，以备两面受敌。六百、四百人少难分，看贼势缓急，缓者六百、四百亦可分为两应；急再行催促，全调专守一面，极力防护。若更有余人，一城楼屯聚三、四百。贼急而人不足，再调一枝，似更便也。

13. 每五十人，用有身家精壮勤谨男子二人，作为巡警，亦令分番歇息。但查有怠惰豪强执拗败群之人，违乱纪律者，报知守正，转报主守，甚者以军法从事。如有宽纵通同，一例治罪。

14. 每垛定要二人，乡县各一，预写垛上。一人歇息、吃饭、解手，一人常川瞭望。昔刘大王守宁陵时，令其甥在西北隅凝目外望，不许回头，其甥回头内顾，王即斩首示众。守城四十日，无人敢犯，城赖以全。

15. 城上夜间最要安静无声，以听贼之消息。四城门俱有更鼓，每交一点，放炮一声，高声人大叫一声云："大家小心！"城上众人齐喊一声。余时俱不许动一些声色，使贼不得以掩彼之形声，探我之消息也。

16. 悬帘万分紧要，或毡条褥子亦可。两角缀两鼻，挂于垛边，勾头钉上。中间亦缀两鼻，将丁字木桄入鼻内，丁脚辖于垛口之斜坎。夜卧则取以盖霜露，昼悬则取以招炮箭。丁木桄柱高下随便，下阚登城之贼。

17. 夜间城上灯笼，万不可无。但悬之垛口，是我在城上不能看暗处之贼，贼在城外却能见明处之我。只可用油纸悬灯，縋于城下，离地八尺，以观贼之远近。

18. 旗帜按四方颜色，每十垛树一竿，竿高垛三尺。临时用妇人裙幅铺盖表里皆可。

19. 守城男子务要十分饱暖，妇人小口，但不饿死足矣。知城围到几时，男子日夜要气力精神，万万不可忍饥受冻也。

20. 城上锅灶不便，城下各照所分人口，二十人属一火头。一日三饭，早饭面食，下晡干饭，三更时面食。火头各照所管之人，以器盛饭，城上人用索拔取。每盐菜总一盘，有送私食者不禁。

21. 兵贵如山，千摇不动，百震不惊，庶乎贼智自穷，我守可固。昔曹成攻贺州，日久不下，忽有一人登城，大呼曰："贼登城矣！"守城之人都滚下城来，贼遂登城。原来只是曹成用了个恍营计。一人讹言，万人惊走，以后守城，叮咛此令。但有一人谣言惑乱人心者，守城之人寸步休移，抵死莫动，只将谣言之人与先动之人，当即斩首，悬在高杆示众。

22. 贼挖城根，常顶卓子门扇，须用捶帛石磨扇下击之，或用油铁索缒下油薪焚之。如果剜挖不止，当记对挖之处，将穿透内城穴边，备五十余人，执利枪、快口、鸟铳戮打之，或用积薪当穴续添不断，令不可入。

23. 守城之人城上作秽屎尿，盛一木桶，或缸或瓶。贼在城根，以粪箐喷之，或劈头浇下，令其遍体，且城滑亦不可上。

24. 守城缓急应用之物，偶有缺乏，何处置买？凡城中大家小户，果有收藏，争先送出，父母官即记一簿，各家器物，各记一号。事宁之日，除义施外，照其原数，或领价，或还物，必不相负。若奸吝不与，致误大事，贼一入城，汝父母身家妻子，尚不知属之何人，况财物乎！石州张乡宦家、兴化各乡宦家，可为万古千年悔祸之鬼矣。

25. 城东南无池而地宽平，可容万寇。守此面者，人须倍于三面，而委任择有胆有智之人以统率之，或县主坐镇此面。不然，此处失机，三面虽坚，无救于败矣。

26. 贼至城根扒城、挖城，守垛之人只用礧石、灰瓶、粪箐之类。箭不得加，全凭墩台箭手两下交射，故墩台只可五十步一座。今既太稀，须用有力量挽强弓、发劲弩者守墩台，否则远不相及矣。

27. 守城之人见贼远处放箭，即以草人当之，可收其箭。切勿张弓对射，对射何益？贼到城根下，用梯扒城，也不须动手，只等两手爬住城口，奋力用锛斧见手则断其手，见头则断其头。此是要紧一着，胜败关头，手眼万分留心，不可迟缓一刻，其余任他千轰万乱，呐喊摇旗，只要眼力观看，不可一毫动心。此个筋节，譬如生产。虽腹痛下迫，产妇听其自然，全休使一些气力，待儿头向下，努力要出，母就其力一努，则生矣。近日坐婆，一见努阵，便劝使力，不知早一刻不得，晚一刻不得。使力既早，不但逼儿横到，迷失产门，到将产用力之时，却反无力，奈何！

28. 守城必用之人：铁匠、木匠、泥水匠、纸札匠、（裁）缝、漆匠、编竹匠、（练）成民壮。必用之物：羊油槽油烛、油、三眼垂头炮、锛斧、斑猫、焰硝、柳灰、四门将军炮、连滚架枕坐、丁字架、碎砖石、石灰、石炭、大杆、围杆、板、棘针、长枪、捍卫火车每门、狼筅每门、搭钩鎗、铅铁子（以上系官备）。杂粮、灯笼升口大斗口大、谷乱杆、席、苇、麻、弓、箭、铁杴、杵头、杂柴、捶帛石、草苫、屎尿桶、水缸、高牌纸、笔砚墨卓、眉齐榆槐桑枣棍、铁（以上系民备）。

二、遇变事宜

1. 闻有声息之信，四城门内十数步间，挑拦路赚坑，阔五尺，深一丈。坑中铺板，钉以长钉，坑面钉席，覆以薄土。每坑边用三眼鸟铳十杆、硬弓十张、盾车五辆，以备巷战。贼若径入，必坠坑中。贼欲前行，急发箭铳，二十步外再掘一坑，如上法。贼未入，以板棚坑，人在板上行走，庶不失脚。

2. 贼若尽数入城，先抢仓库狱囚，次及居民财物。此时家口得一刻空隙，不早出城远避，第二日再不得出城，惟有投井悬梁，可免杀辱。若得空出城，身带五六日干粮，急投烧残小院人家，暂且寄身，昼伏夜走，直向贼曾残破州县逃命。贼无经月恋一城之理，亦无又攻残城之理，食尽财空，自攻别处，然后慢慢搬取回家，亦死里逃生之一算也。但怕乖贼先守四门，则无路矣。妇女不死，无以免辱，早寻求死之计。

3. 贼将入城，官先督催各家将桌椅、床凳诸物塞满街衢，令碍贼行。里面用枪炮拒战不住，以火焚路，陆续添薪，令不得前。

4. 贼入城，多先扑人后门，家后多挑壕堑，宅内道巷，多垒窄隘，得格斗者，舍死尽力。或曰：恐益甚其怒。予曰：但恐胆落气丧，钻穴逾墙，闭户蒙头，逃命不得耳。贼既入城，纵叩头叫爷，岂有饶命之理？富者献金银衣服首饰，乞令箭以防后来，是或苟活之计；士君子素患难，自有道理，死则死耳，决不卑污乞命也。

三、预防事宜

1. 城中城外居民修盖房屋，托坯烧砖和泥，听于城根五丈外、三十丈内取土。其官府修理公廨，责令徒夫托坯，减日带镣作工。贫民犯罪轻者，量罚推土几百车，入垫城角，免其笞杖。务令数年之间，池深及泉。凡遇阴雨，城内之水，尽令入海壕中，虽旱不滞，方为长计。古谚云：池深一丈，城高一丈。池深及泉，城高触天。

2. 城根边土宜栽盘根诸草以固土，近里宜栽酸枣枸橘以拒贼，其海外百步之内，切不可栽树，遮城上望眼，藏城外贼身。若堤上栽柳，则不妨矣。

3. 城堤既完之后，宜于城上委在城有才望义民，或修城官民子孙，或候缺吏各一名，专管巡城。于关厢内照上选委二人，并快手一名，专管巡堤。每月朔望递结，如城堤照常，则结云："并无獾鼠穴窟及雨水坍塌，奸民盗掘取土，折损草木等事，如虚甘罪。"至于伏秋多雨，一雨一报，城上自有传箭之人，即日报与巡城，具揭报官。如有损坏，则云："某处因何损坏，若干丈尺，若干深浅，原系某人监筑。"除责罚外，即命在官应拨闲人及城内火夫，及守城堤夫作速补筑。堤坏则巡堤人吏，具结到官，用四关火

221

夫作速补筑。巡守之人如有偷安废弛，虚应故事者，重责枷号。此城池第一重务，贤父母必留意焉。

4. 城堤两傍于四、五、六、七月，觅十岁以上小儿，倒栽连根结爬草、菅茅、马兰等物，务令固结盘据。其堤内外，栽插柳树，一丈一株，每年刈取椿梢以备水患，砍伐椽柱以修官房，省扰乡村小民。但有盗伐及私自折损者，除十倍加罚外，仍重责枷号。

5. 城下池中须有暗深暗浅之处，浅不过及腰，阔可一丈；深则池中掘为土井，口阔一丈，深须及泉以陷贼。浅处用暗识表道，以救缓急出城之人，插杖可过，此最万分紧要者。

6. 护守城池，盘诘奸细，两牌四城门上都有，两京十三省所同，盖祖宗旧制。近来城门大开，看城之人，只是一二老幼替身，常常不在门下，个个不知盘门。假使三五十反人骑马提（刀），忽然自四门如飞而至，进县堂劫库放囚，封了四门，一城生灵，何所逃命？纵有救兵，三两个月调到，贼仍驱我百姓上城严守，谁敢不从？太平日久，大家只是靠天命耳。李密欲据桃林县，县官不从，乃托言奉旨入洛阳，暂送家眷入县衙一寄。却以强兵戴妇女幂口，乘车而入，遂夺桃林。

7. 平日城堤之上，作秽招蝼蝈，小儿擅自登扒，挖铲脚踪，及猪羊牲口缘上吃草者，看城之人禀知，重责枷号。责令补筑，猪羊牲口发养济院。此法若轻，城堤速坏，万分慎之。

8. 方今天下无真兵，人人不知兵，才说练乡兵，个个气恼死，不管他日死活，且怨眼前骚扰。守上者离任之后，各有职业，只我乡井人家，坟墓亲戚，房舍田土在此。千年离不了故园，奈何不为久长之计也。自今以后，务要各乡随个性命会，十月初一日以后，三月初一日以前，共四个月余。除六十以上，十五以下，残疾衰病之人外，每一保甲，务选强壮百人，或长枪、火枪、锛斧、骨朵、眉齐棍、弓矢、腰刀、火铳、绳鞭、铁梢之类，各认一件。每日清晨晚上，挈喊鸣锣，彼此配对，习学敌斗。每遇酒席，以此为输赢赌酒，如猜枚投壶一般，振作一番。四乡四关，几千人讲武，如有武艺精通能为领袖者，公举到官，给免帖一二张，如有犯杖笞，纳帖准免。如此不止鼠窃狗偷，虽三五十强盗，不敢打家截道。纵使流贼攻城抢寨，亦知此处兵强人练，不敢生心，就来临城，亦自胆怯，不敢持久而去矣。此事民间可以自为，有司但可每月试聚校艺，行赏罚以鼓舞之耳。

9. 城上所积器物，申上造入查盘。父母官督责典守者，每遇五月初一日以后，九月初一日以前，每月晒晾一遍，不许抛撒。典守之人，三年更替一番，坐审（殷）实人户，与仓库相同，照数承接，其交代簿籍，官用印信。查盘官到比照边堡事例，申造查盘，损失者赔赏，窃取者坐赃，庶平居不至仓皇。若不如此，虽置何益？

余昔巡视三关，委太原赵同知将城中人丁，王府除府第，士大夫除住宅及仆隶流民不派外，其在城居民，尽数报丁，各就四面近处，将丁名、兵器书于垛粉壁上。城外四乡居民丁壮，除在近堡保聚不愿入城者不开外，其情愿避乱入城者，亦就四面近处，将丁名、兵器书于垛上。务要一垛二名，平居各认信地，庶有声息，火速上城，不致紊乱争让。仍有密檄，委太原何知府应变城守之法，然后出巡。赵同知查点无法，人情稱扰。秋防完日回省，郡王谢劳，一王曰："老先生防守尽密，达贼安在？"余应之曰："待殿下见达贼，今日安得此座？"明日晋府闻之，责让言者，差长史来谢，人情大抵如此。本县城垛，亦须平日如此认识。十月后，三月前，歇三操五，演成数次，务练城守之法，庶登城不致仓皇，守城不犯法令。不然，高城深池，祇为盗贼之资耳。

10. 堤口要一年一修垫，与梢栏门闸板相平。若一年不修，堤口必减三四尺，倘河水昼至，垫已仓皇，夜至奈何？昔曹县堤高几与城平，城中地下如沼，四堤口终日车马，岁久无人看问。一（日）巡堤老人请派夫修垫，通学递呈称堤高不便车马行走，老人指称修理骗钱，令怒杖而止之。是年秋夜，河水暴发，自堤灌城，县令一家升屋而免，止伤一女。次日募取河舟，令曰"活一人者钱一千"，虽救出颇多，三日后城中浮尸已数千矣。出水之民，庐居堤上，后来者添筑大堤，重重如山，虽补亡羊之牢，何救于陷溺之鬼哉！愚民图目前之便，忘不测之忧，以后巡堤人役，但有获挈梢路破堤之人，及折柳拔柴之众，准越城法，除重责枷号，仍罚土垫城。又于犯人名下，追赏能捕之人。

附录2 明代府、县城的基本结构及基础设施一览表

明代府、县城的基本结构 　　　　　附表2-1

行政名称		职能	机构设施简介
行政机构	府治	地区行政首脑机关	作为地区行政首脑机关，多位于城中心地段。其内容为：知府、知县理政用的大堂、幕厅和他们的官邸、僚属的住宅、吏舍、谯楼（报时更楼，或称鼓楼）、监狱、仓库、土地祠等，形成全城中心建筑群。府治与县治的格局基本相同，只是规模大小、房屋多少有所区别。府治的规模比县治稍大：正门五间，与谯楼分开独立成座；仪门、正堂、后堂多作五间；属官的住宅曾至七座，即同知宅、通判宅、推官宅、经历宅、照磨宅、知事宅、检校宅。其他设施和县治基本相同，只是房屋数量较多。有的府治内设有候馆，专供县级官员来府办事晋谒时等候休息之用

行政名称		职能	机构设施简介
行政机构	县治	地区行政首脑机关	一般县治的规格是：大堂三间，是举行典礼、发布政令、审理案件之处；左右两庑设六房属吏的办事处（东庑是吏、户、礼三房与勘令科等，西庑是兵、刑、工三房和承发司等）；大堂之前为戒石亭，亭设戒石，刻皇帝颁赐的警戒地方官的铭语和"公生明"三字；戒石亭之前为仪门三间，新官到任，至仪门下马，平时此门不开，上司到来才开此门迎接；仪门之前为正门三间，谯楼就设在正门之上，形成过街楼形式；正门外两侧设旌善亭、申明亭和榜棚，是揭示公告之处（旌善亭表彰善行，申明亭公布处罚、判决）；正对正门还往往设立牌坊和照壁。大堂之后有穿堂与后堂三间相连，形成工字形平面，后堂即所谓"退思堂"，供审理公事退商议之用。后堂之后是知县官邸（称为廨或宅），官邸两旁是三位僚属的住宅，即县丞宅、主簿宅、典吏宅。在大堂两边的跨院里，还分布着吏舍、牢房、仓库、土地祠等建筑。这是明代县衙的标准格局
行政机构	察院	驻节、致政	是监察御史院的简称，供御史来府、县驻节致政之用。其建筑形制有正门、仪门、正堂、穿堂、后堂、东西书吏房、吏舍、庖厨和皂隶房
	税课司（局）	税收机构	府称司，县称局，设有大使及属吏。明初称为官店，后改称税课司（局）
	巡检司	警察机构	负责缉捕盗贼，盘诘奸伪
	仓储	政府贮粮	有预备仓，便民仓，平籴仓，东、南、西、北仓等
文化与恤政机构	儒学	府、县官学	学生有廪膳生（公费）、广增生和附学生三种。儒学包括文庙和学官两部分。学宫以明伦堂（大教室兼礼堂）为中心，后面有教授、学正和教谕的住宅（府的学官称教授，州称学正，县称教谕），周围还有敬一亭、尊经阁、射圃、名宦祠和生员斋宿等用房
	书院	私学	各府、县或多或少，或有或无，决定于当地经济、文化的发展程度
	阴阳学	官学	掌昼夜刻漏及境内灾祥申报的天文、气象部门，多设在府、县的谯楼上，府设正术一名（从九品）、县设训术一名
	医学	官学	医学掌方药医疗及狱囚疾病事宜，府设正科（从九品）、县设训科各一人，常与惠民药局结合设置
	僧纲司	管理佛教	府僧纲司设都纲一名（从九品），不给俸禄，也不建署，附设于某一佛寺中
	道纪司	管理道教	府道纪司设都纪一名（从九品），不给俸禄，也不建署，附设于某一道观中

行政名称		职能	机构设施简介
文化与恤政机构	惠民药局	官办慈善机构	提供医药施舍（以下三者虽属宋代城市建设的遗规，但明代实行较为普遍）
	养济院		负责收养孤儿和无人抚养的老人
	漏泽园		收瘗贫民死无所归和无主尸骴的场所
礼制祠祀场所	山川坛	官办郊祭	山川坛实际上包含山川和风云雷电两个方面的内容，简称山川坛，按阴阳五行理论，风云雷电山川之神，属阳性，所以坛的位置在城南郊，俗称南坛。各府、县均设有这三坛
	社稷坛		社稷是五土五谷之神，属地神，是阴性，所以设在城的西北郊，俗称西坛
	厉坛		厉坛祭祀无祀所的游神杂鬼，设于北郊，俗称北坛
	里社坛		农村各乡中设有，到明代后期，里社坛已很少
	城隍庙	庙祭	宋代起城隍庙开始普及于府、县，明朝对此特别重视，列入祀典，并规定其建筑和室内陈设都仿照府、县同级衙署的规格。明初，凡功臣死后无嗣则被封为某府或某县的城隍神，以享祭祀
	八蜡庙（坛）	祭祀	每年十二月农事结束，在此祭祀八种与农业有关的神：①先啬，即神农；②司啬，即后稷；③农神，或谓古之田畯，曾有功于民；④邮表畷，即田间庐舍道路分界之神；⑤猫虎之神，专食野鼠害兽；⑥坊之神，即堤防之神；⑦水庸，即沟洫之神；⑧昆虫之神，祝其勿为农害
	先圣与先贤祀所	祭祀	这类祠宇在每个府、县城中都有不少数量，各地根据当地的文化传统和历史人物而立，各有千秋。其中唯有孔庙是每城都有，毫无例外，且规制恢宏，等级很高，一般作五间或七间的殿堂
军事机构	都司	军事衙署	凡府、县城设有都司、卫、所等军事机构，则有相应的军事衙署。"都司"是都指挥使司的简称，相当于省一级的军事机构
	指挥使司		卫设指挥使司，指挥官阶三品，品位高于知府（四品），其衙署规格相当于府治
	千户		所设千户，官阶五品，衙署有正门、仪门、正堂及吏舍等建筑，相当于县衙
	教场		
	草场		
	军械库		
	粮仓		
	成造局		含制造军械的作坊、库房、官厅及金火元炉神庙
	旗纛庙		

225

明代城市基础设施一览表　　　　　　　　　　附表2-2

基础设施		设置状况
城防工程	城墙	一般县城的周长从一里余到十余里不等，但多数在4—6里之间，城墙高一丈到三丈，四面辟门，城隅设角楼。府城规模稍大，周长九里左右，长的可达二十余里，城门也相应增加，但仍以东、西、南、北四门为主
	城门门楼	是守卫重点，一般都要在门上建造雄伟壮观的门楼，门外加筑一道瓮城（或称月城），作为城门的屏障
	瓮城	瓮城平面或圆或方，随地形而异，其城门常与主城门成90°转折。瓮城上建箭楼，城外设吊桥，这些措施都是为了提高防御能力
	角楼	也是城防重点，明代北方府、县城普遍设有角楼
	敌台	角楼城墙每隔一定距离建有敌台（亦称马面），上建敌楼
	窝铺	又称更铺、冷铺、窝铺楼，供军士值夜之用，窝铺的数量少则一二十座，多则六七十座
	雉堞	又称女墙、垛口、俾倪，其目的是为了在守城时遮蔽自己，窥视和攻击敌人，因兼有拦马防坠的作用，所以又称拦马垛口。为砖砌
	女墙	城上内侧砌平直的女墙作为护栏
防洪工程	城墙	城墙虽然主要是为军事防卫而筑，但也是重要的防洪工程，历来都在抗御洪水中对保护城市居民起着重要作用
	水门	北方府、县城市街道较宽，路面为素土，一般在街侧开沟泄洪。其"水门"往往并不具有城门的作用，只是排水沟渠穿过城墙所设的涵洞
	城濠	兼具军事防御及防洪功能，其对保证城市内泄洪调蓄作用显著
	护城堤	在城墙之外再加筑护城堤以防水患，形成双重抗洪屏障
交通邮递设施	道路	一般府、县城市规模较小，城内陆路、水陆交通组织比较简单。道路以通向四面城门的大街为主干道，由此向全城引申次街和巷子
	桥梁	元、明时南北府、县城内城郊桥梁已普遍采用砖石砌筑
	驿站	各驿站之间的距离大致在60—90里之间。驿站设有大门、仪门、正堂、后堂、上房、厢房、厨房、马房和驿丞住宅等建筑，建筑物多少视驿站的重要性与客流量而定。驿站对投宿者视驿站的重要性与客流量而定。驿站对投诉者提供食宿，并根据官方签发的"驿关"（即关券）提供船只、马匹和夫役。按官品高低提供不同的接待规格是官办驿馆的特色。驿站除上述大批房屋外，还往往在附近设有"接官亭"，作为迎送过往官员暂憩停留的场所
	公馆	除驿站提供官员食宿之外，各府、县还设有公馆（或称府馆），用以接待赴当地公干或停留的官员。地处交通要冲的城市，这种公馆较多
	邮铺	是专司递送公文的机构，明代称邮铺、邮舍或仍沿袭元代称急递铺，自京城至全国各地府县，每隔十里一铺（县至乡镇之间或二三十里一铺），各铺之间接力快递来往公务要件。府、县衙前设总铺，其余为中途铺。每铺有门、堂等建筑，由铺司主管其事，铺兵2—4人负责递送。邮铺也由驿丞管理，邮路和驿路一般是重合的

图　录

231

表　录

参考文献

一、历史文献类

[1] （西汉）司马迁 . 史记 [M]. 北京：中华书局，1982.

[2] （东汉）班固 . 汉书 [M]. 北京：中华书局，1962.

[3] （元）脱脱等 . 宋史 [M]. 北京：中华书局，1977.

[4] （元）脱脱等 . 金史 [M]. 北京：中华书局，1975.

[5] （明）宋濂等 . 元史 [M]. 北京：中华书局，1976.

[6] （清）张廷玉等 . 明史 [M]. 北京：中华书局，1974.

[7] （清）龙文斌 . 明会要 [M]. 北京：中华书局，1956.

[8] 中央研究院历史语言研究所校勘 . 明实录 [M]. 上海：上海古籍出版社，1983.

[9] 中华书局影印 . 清实录 [M]. 北京：中华书局，1985.

[10] （万历）大明会典 [M]. 台北：台湾文海出版社，1987 影印本 .

[11] 钦定大清会典 [M]. 影印文渊阁四库全书，第 619 册，台北：商务印书馆，1986.

[12] （民国）赵尔巽等 . 清史稿 [M]. 北京：中华书局，1998.

[13] （民国）柯劭忞 . 新元史 [M]. 上海：开明书店，1935.

[14] （晋）杜预 . 春秋经传集解 [M]. 上海：上海古籍出版社，1978.

[15] 杨伯峻 . 春秋左传注 [M]. 北京：中华书局，1981.

[16] （西汉）刘向 . 战国策 [M]. 上海：上海古籍出版社，1995.

[17] （清）孙星衍 . 尚书今古文注疏 [M]. 北京：中华书局，1986.

[18] （春秋）管子 . 诸子集成本 [M]. 上海：上海书店出版社，1994.

[19] （宋）司马光 . 资治通鉴 [M]. 北京：中华书局，2005.

[20] （北魏）郦道元 . 水经注 [M]. 成都：巴蜀书社，1985.

[21] （唐）李泰 . 括地志辑校 [M]. 北京：中华书局，1980.

[22] （唐）李吉甫 . 元和郡县图志 [M]. 北京：中华书局，1983.

[23] （宋）王应麟 . 地理通释 [M]. 四库全书本 .

[24] （宋）乐史 . 太平寰宇记 [M]. 北京：中华书局，2000.

[25] （宋）沈括 . 梦溪笔谈 [M]. 北京：中华书局，1957.

[26] （清）顾祖禹 . 读史方舆纪要 [M]. 上海：上海书店，1998.

[27] 戴震 . 考工记图注 [M]. 花雨楼丛抄，光绪刻本 .

[28] 郦道元 . 水经注 [M]. 四库全书本 .

[29] 李诚 . 营造法式 [M]. 四库全书本 .

[30] 傅泽洪 . 行水金鉴 [M]. 北京：商务印书馆，1936.

[31] 黎世序，潘锡恩 . 续行水金鉴 [M]. 北京：商务印书馆，1936.

[32] 刘天和 . 问水集：附黄河图说 [A]. 中国水利工程学会主编 . 中国水利珍本丛书 [C]. 南京：中国水利工程学会，1936.

[33] 欧阳玄 . 至正河防记 [A]. 中国水利工程学会主编 . 中国水利珍本丛书 [C]. 南京：中国水利工程学会，1936.

[34] 潘季驯 . 河防一览 [M]. 四库全书本 .

[35] 水利电力部水管司，水利水电科学研究院 . 清代淮河流域洪涝档案史料 [M]. 北京：中华书局，1988.

[36] 水利电力部水管司，水利水电科学研究院 . 清代黄河流域洪涝档案史料 [M]. 北京：中华书局，1993.

[37] 周魁一等 . 二十五史河渠志注释 [M]. 北京：中国书店，1990.

二、学术专著

[1] 程存洁 . 唐代城市史研究初编 [M]. 北京：中华书局，2002.

[2] 常建华 . 明代宗族研究 [M]. 上海：上海人民出版社，2005.

[3] 程建军 . 中国古代建筑与周易哲学 [M]. 长春：吉林教育出版社，1991.

[4] 程建军，孔尚朴 . 风水与建筑 [M]. 南昌：江西科学技术出版社，2005.

[5] 崔林涛，刘典立，陈宗兴 . 中国历史文化名城大辞典 [M]. 北京：人民日报出版社，1998.

[6] 程民生 . 河南经济简史 [M]. 北京：中国社会科学出版社，2005.

[7] 程有为 . 黄河中下游地区水利史 [M]. 郑州：河南人民出版社，2007.

[8] 陈鸿彝 . 中国治安史 [M]. 北京：中国人民公安大学出版社，2002.

[9] 陈桥驿 . 中国历史名城 [M]. 北京：中国青年出版社，1986.

[10] 陈桥驿 . 中国都城辞典 [M]. 南昌：江西教育出版社，1999.

[11] （美）崔瑞德，牟复礼 . 剑桥中国明代史（1368—1644 年）上下卷 [M]. 杨品泉等译 . 北京：中国社会科学出版社，2006.

[12] 曹树基 . 中国移民史（第五卷）[M]. 福州：福建人民出版社，1997.

[13] 成一农 . 古代城市形态研究方法新探 [M]. 北京：社会科学文献出版社，2009.

[14] 岑仲勉 . 黄河变迁史 [M]. 北京：中华书局，2004.

[15] 陈正祥 . 中国文化地理 [M]. 北京：生活·读书·新知三联书店，1983.

[16] 丁海斌，时义 . 清代陪都盛京研究 [M]. 北京：中国社会科学出版社，2007.

[17] 董鉴泓 . 中国城市建设史 [M]. 北京：中国建筑工业出版社，2004.

[18] 董鉴泓 . 城市规划历史与理论研究 [M]. 上海：同济大学出版社，1999.

[19] 杜正胜.周代城邦 [M].台北:联经出版事业公司,1979.

[20] 杜正胜.古代社会与国家 [M].台北:允晨文化,1992.

[21] 傅崇兰.中国运河城市发展史 [M].成都:四川人民出版社,1985.

[22] 傅崇兰,白晨曦.中国城市发展史 [M].北京:社会科学文献出版社,2009.

[23] 傅娟.近代岳阳城市转型和空间转型研究(1899—1949)[M].北京:中国建筑工业出版社,2010.

[24] 冯江.祖先之翼——明清广州府的开垦、聚族而居与宗族祠堂的衍变 [M].北京:中国建筑工业出版社,2010.

[25] 冯时.中国天文考古学 [M].北京:中国社会科学出版社,2007.

[26] 工程兵工程学院《中国筑城史研究》课题组.中国筑城史 [M].北京:军事谊文出版社,2000.

[27] 顾朝林等.集聚与扩散——城市空间结构新论 [M].南京:东南大学出版社,2000.

[28] 郭湖生.中华古都——中国古代城市史论文集 [M].台北:空间出版社,1997.

[29] 国家文物局文物保护司,江苏省文物管理委员会,南京市文物局.中国古城墙保护研究 [M].北京:文物出版社,2001.

[30] 高佩义.中外城市比较研究 [M].天津:南开大学出版社,1991.

[31] 韩大成.明代城市研究 [M].北京:中国人民大学出版社,1991.

[32] 黄河水利委员会《黄河水利史述要》编写组.黄河水利史述要 [M].北京:水利出版社,1957.

[33] 黄河水利委员会.民国黄河大事记 [M].郑州:黄河水利出版社,2004.

[34] 黄河水利委员会.黄河志 [M].郑州:河南人民出版社,1998.

[35] 胡俊.中国城市:模式与演进 [M].北京:中国建筑工业出版社,1995.

[36] 侯仁之.历史地理学的理论与实践 [M].上海:上海人民出版社,1979.

[37] 贺为才.徽州城市村镇水系营建与管理研究 [M].北京:中国建筑工业出版社,2010.

[38] 贺业钜.考工记营国制度研究 [M].中国建筑工业出版社,1985.

[39] 贺业钜.中国古代城市规划史 [M].北京:中国建筑工业出版社,1996.

[40] 何一民.中国城市史纲 [M].成都:四川大学出版社,1994.

[41] 何一民.中国城市史 [M].武汉:武汉大学出版社,2012.

[42] 韩大成.明代城市研究 [M].北京:中国人民大学出版社,1991.

[43] 韩昭庆.黄淮关系及其演变过程研究 [M].上海:复旦大学出版社,1999.

[44] 姜波.汉唐都城礼制建筑研究 [M].北京:文物出版社,2003.

[45] (日)久保田和男.宋代开封研究 [M].郭万平译.董科校译.上海:上海古籍出版社,2010.

[46] 江晓原.天学真原 [M]. 沈阳：辽宁教育出版社，2007.

[47] 开封市文物工作队.开封考古发现与研究 [M]. 郑州：中州古籍出版社，1998.

[48] 刘春迎.北宋东京研究 [M]. 北京：科学出版社，2004.

[49] 刘大可.中国古建筑瓦石营法 M]. 北京：中国建筑工业出版社，2002.

[50] 刘凤云.明清城市空间的文化探析 [M]. 北京：中央民族大学出版社，2001.

[51] 刘晖.珠三角城市边缘传统聚落形态的城市化演进研究 [M]. 北京：中国建筑工业出版社，2010.

[52] 刘剀.晚清汉口城市发展与空间形态研究 [M]. 北京：中国建筑工业出版社，2010.

[53] 刘庆柱.中国考古发现与研究（1949—2009）[M]. 北京：人民出版社，2010.

[54] 刘叙杰.中国古代建筑史第一卷 [M]. 北京：中国建筑工业出版社，2009.

[55] 李长傅.开封历史地理 [M]. 北京：商务印书馆，1958.

[56] 李峰.西周的灭亡——中国早期国家的地理和政治危机 [M]. 上海：上海古籍出版社，2007.

[57] 李峰.西周的政体——中国早期的官僚制度和国家 [M]. 北京：生活·读书·新知三联书店，2010.

[58] 李可亭等.商丘通史 [M]. 开封：河南大学出版社，2000.

[59] 李炎.清代南阳"梅花城"研究 [M]. 北京：中国建筑工业出版社，2010.

[60] 李允鉌.华夏意匠 [M]. 北京：中国建筑工业出版社，1985.

[61] 李孝聪.历史城市地理 [M]. 济南：山东教育出版社，2007.

[62] 李孝聪.中国区域历史地理 [M]. 北京：北京大学出版社，2009.

[63] 李学勤.春秋史与春秋文明 [M]. 上海：上海科学技术文献出版社，2007.

[64] 李孝悌.中国的城市生活 [M]. 北京：新星出版社，2006.

[65] 卢嘉锡总主编，丘光明等著.中国科学技术史·度量衡卷 [M]. 北京：科学出版社，2001.

[66] 罗哲文，赵所生等.中国城墙 [M]. 南京：江苏教育出版社，2000.

[67] 马世之.中国史前古城 [M]. 武汉：湖北教育出版社，2003.

[68] 马正林.中国城市历史地理 [M]. 济南：山东教育出版社，1998.

[69] 马先醒.中国古代城市论集 [M]. 台北：简牍学会刊行，1980.

[70] 潘谷西.中国建筑史第四卷（元明卷）[M]. 北京：中国建筑工业出版社，2001.

[71] 彭卿云.中国历史文化名城词典续编 [M]. 上海：上海辞书出版社，1997.

[72] （加）卜正民 . 明代的社会与国家 [M]. 陈时龙译 . 合肥：黄山书社，2009.

[73] 启良 . 中国文明史 [M]. 北京：国际文化出版公司，2010.

[74] 钱穆 . 中国历史研究法 [M]. 北京：生活·读书·新知三联书店，2001.

[75] 钱穆 . 国史大纲 [M]. 北京：商务印书馆，2010.

[76] 曲英杰 . 先秦都城复原研究 [M]. 哈尔滨：黑龙江人民出版社，1991.

[77] 曲英杰 . 古代城市 [M]. 北京：文物出版社，2003.

[78] 曲英杰 . 史记都城考 [M]. 北京：商务出版社，2007.

[79] 任崇岳 . 中原移民简史 [M]. 开封：河南大学出版社，2006.

[80] （日）斯波义信 . 宋代江南经济史 [M]. 方健，河忠扎译 . 南京：江苏人民出版社，2001.

[81] 苏畅 .〈管子〉城市思想研究 [M]. 北京：中国建筑工业出版社，2010.

[82] （美）施坚雅 . 中华帝国晚期的城市 [M]. 叶光庭等译，陈桥驿校 . 北京：中华书局，2000.

[83] 水利部黄河水利委员会 . 黄河水利史述要 [M]. 北京：水利出版社，1982.

[84] 水利部治淮委员会《淮河水利简史》编写组 . 淮河水利简史 [M]. 北京：水利电力出版社，1990.

[85] 水利水电科学研究院《中国水利史稿》编写组 . 中国水利史稿 [M]. 北京：水利电力出版社，1989.

[86] 史念海 . 河山集·一集 [M]. 北京：生活·读书·新知三联书店，1963.

[87] 史念海 . 河山集·二集 [M]. 北京：生活·读书·新知三联书店，1981.

[88] 史念海 . 中国古都和文化 [M]. 北京：中华书局，1998.

[89] 谭其骧 . 中国历史地图集 [M]. 北京：中国地图出版社，1996.

[90] 田银生 . 走向开放的街市——宋代东京街市研究 [M]. 北京：生活·读书·新知三联书店，2011.

[91] 汪德华 . 中国古代城市规划文化思想 [M]. 北京：中国城市出版社，1997.

[92] 汪德华 . 中国山水文化与城市规划 [M]. 南京：东南大学出版社，2002.

[93] 王大有 . 三皇五帝时代 [M]. 北京：中国社会出版社，2000.

[94] 王大有 . 人类理想家园 [M]. 北京：中国时代经济出版社，2005.

[95] 王大有 . 上古中华文明 [M]. 北京：中国时代经济出版社，2006.

[96] 王大有 . 中华龙种文化 [M]. 北京：中国时代经济出版社，2006.

[97] （美）巫鸿 . 礼仪中的美术：巫鸿中国古代美术史文编 [M]. 北京：生活·读书·新知三联书店，2005.

[98] （美）巫鸿 . 中国古代艺术与建筑中的"纪念碑性"[M]. 李清泉，郑岩等译 . 上海：上海人民出版社，2008.

[99] 王景慧，阮仪三，王林 . 历史文化名城保护理论与规划 [M]. 上海：同

济大学出版社，1999.

[100] 汪铭铭. 逝去的繁荣——一座老城的历史人类学考察 [M]. 杭州：浙江人民出版社，1999.

[101] 王茂生. 从盛京到沈阳——清代沈阳城市发展与空间形态研究 [M]. 北京：中国建筑工业出版社，2010.

[102] 万谦. 江陵城池与荆州城市御灾防卫体系研究 [M]. 北京：中国建筑工业出版社，2010.

[103] 王其亨. 风水理论研究 [M]. 天津：天津大学出版社，1998.

[104] 吴庆洲. 中国军事建筑艺术（上下）[M]. 武汉：湖北教育出版社，2005.

[105] 吴庆洲. 建筑哲理、意匠与文化 [M]. 北京：中国建筑工业出版社，2005.

[106] 吴庆洲. 中国古城防洪研究 [M]. 北京：中国建筑工业出版社，2009.

[107] 吴庆洲. 中国古城营建与仿生象物 [M]. 北京：中国建筑工业出版社，2013.

[108] 吴庆洲. 中国器物设计与仿生象物 [M]. 北京：中国建筑工业出版社，2013.

[109] 吴松弟. 中国古代都城 [M]. 北京：商务印书馆，1998.

[110] 王天有. 晚明东林党议 [M]. 上海：上海古籍出版社，1991.

[111] 王鑫义. 淮河流域经济开发史 [M]. 合肥：黄山书社，2001.

[112] 王毓铨. 明代的军屯 [M]. 北京：中华书局，1965.

[113] 王毓铨. 王毓铨集 [M]. 北京：中国社会科学出版社，2006.

[114] 许倬云. 西周史 [M]. 北京：生活·读书·新知三联书店，2001.

[115] 许宏. 先秦城市考古学研究 [M]. 北京：燕山出版社，2000.

[116] 肖建乐. 唐代城市经济研究 [M]. 北京：人民出版社，2009.

[117] 严国泰. 历史城镇旅游规划理论与实务 [M]. 北京：中国旅游出版社，2005.

[118] 姚汉源. 中国水利发展史 [M]. 上海：上海人民出版社，2005.

[119] 杨宽. 西周史 [M]. 上海：上海人民出版社，2004.

[120] 杨宽. 战国史 [M]. 上海：上海人民出版社，2004.

[121] 杨宽. 中国古代都城制度史研究 [M]. 上海：上海人民出版社，2006.

[122] 俞孔坚，李迪华，刘海龙，北京大学景观设计学研究院. "反规划"途径 [M]. 北京：中国建筑工业出版社，2005.

[123] 俞孔坚. 生存的艺术：定位当代景观设计学 [M]. 中国建筑工业出版社，2006.

[124] 于志嘉. 明代军户世袭制度 [M]. 台北：台湾学生书局，1987.

[125] 赵保佑. 商丘与商文化 [C]. 郑州：中州古籍出版社，1999.

[126] 周宝珠. 宋代东京研究 [M]. 开封：河南大学出版社，1992.

[127] 中村圭尔，辛德勇 . 中国古代城市研究 [M]. 北京：中国社会科学出版社，2004.

[128] 周长山 . 汉代城市研究 M]. 北京：人民出版社，2001.

[129] 赵冈 . 中国城市发展史论集 [M]. 北京：新星出版社，2006.

[130] 张国硕 . 夏商时代都城制度研究 [M]. 郑州：河南人民出版社，2002.

[131] （美）张光直 . 商文明 [M]. 长春：吉林文史出版社，2002.

[132] （美）张光直 . 中国青铜时代 [M]. 北京：生活·读书·新知三联书店，2013.

[133] 张含英 . 历代治河方略探讨 [M]. 北京：水利出版社，1982.

[134] 张继海 . 汉代城市社会 [M]. 北京：社会科学文献出版社，2006.

[135] 周魁一 . 中国科学技术史（水利卷）[M]. 北京：科学出版社，2002.

[136] 郑连第 . 古代城市水利 [M]. 北京：水利电力出版社，1985.

[137] 郑连第 . 中国古代城市水利 [M]. 北京：水利电力出版社，1985.

[138] 赵荣，杨正泰 . 中国地理学史（清代）[M]. 北京：商务印书馆，2006.

[139] 张鸿声，王士祥 . 经典河南名城 [M]. 郑州：大象出版社，2007.

[140] 张松 . 历史城市保护学导论——文化遗产和历史环境保护的一种整体性方法 [M]. 上海：上海科学技术出版社，2001.

[141] 张琼 . 三商之源商丘 [M]. 郑州：河南美术出版社，2006.

[142] 郑清森 . 商丘的考古发现与初步研究 [M]. 北京：中国广播电视出版社，2005.

[143] 张蓉 . 先秦至五代成都古城形态变迁研究 [M]. 北京：中国建筑工业出版社，2010.

[144] 张驭寰 . 中国城池史 [M]. 天津：百花文艺出版社，2003.

[145] 邹逸麟 . 黄淮海平原历史地理 M]. 合肥：安徽教育出版社，1993.

[146] 邹逸麟 . 椿庐史地论稿 [M]. 天津：天津古籍出版社，2005.

[147] 张轸 . 话说古都群——寻找失落的古都文明 [M]. 长春：吉林文史出版社，2009.

[148] 钟少异 . 中国古代军事工程技术史·上古至五代 [M]. 太原：山西教育出版社，2008.

三、学术期刊文献（含 ISBN 号的论文集）

[1] 陈道山 . 商丘古城："阴阳五行八卦"城 [J]. 中外建筑，2008（12）：58-60.

[2] 陈道山 . 商丘古城"天圆地方"格局的文化意境解读 [J]. 规划师，2011(7)：104-107.

[3] 陈道山 . "商丘古城"的概念界定及其科学意义 [J]. 河南科技大学学报（社

科版），2011（4）：65-72.

[4] 陈道山. 商丘古城：地平天成的龟城 [J]. 电子科技大学学报（社科版），
2013（4）：70-77.

[5] 陈华光. 商丘古城变迁其文化内涵 [J]. 中州今古，2002（2）：26-28.

[6] 曹隆龚. 商丘地区的水灾规律及其治水的历史经验 [J]. 中国农史，1990
（3）：103-113.

[7] 成一农. 中国古代城市城墙史研究综述 [J]. 中国史研究动态，2007（1）：
20-25.

[8] 成一农.2010 年中国历史地理研究综述 [J]. 中国史研究动态，2011（5）：
27-34.

[9] 郭文佳. 北宋时期应天府文化繁盛论 [J]. 商丘师范学院学报，2003（3）：
44-46.

[10] 郭文佳. 北宋南京应天府人士及文化成就 [J]. 商丘师范学院学报，2004
（1）：44-46.

[11] 郭文佳. 应天书院与北宋文化的发展 [J]. 商丘师范学院学报，2009（2）：
24-28.

[12] 郭文佳. 试论商丘在宋代的历史地位 [J]. 商丘师范学院学报，2010（10）：
15-19.

[13] 贡晓丽. 自成一体的中国古天文 [N]. 中国科学报，2012-11-23（第 5 版）.

[14] 黄婕. 从日本京都看古都文化环境与地域经济发展 [J]. 洛阳师范学院
学报，2013（3）：84-87.

[15] 贺凯. 明代政府. 崔瑞德，牟复礼编. 杨品泉等译. 剑桥中国明代史
（1368—1644 年）下卷 [M]. 北京：中国社会科学出版社，2006：66-90.

[16] 河南省博物馆新郑工作站等. 河南新郑郑韩故城的钻探和试掘 [J]. 文
物资料丛刊，1980（3）：56-66.

[17] 黄仁宇. 明代的财政管理. 崔瑞德，牟复礼编. 杨品泉等译. 剑桥中国
明代史（1368—1644 年）下卷 [M]. 北京：中国社会科学出版社，2006：
105-110.

[18] 何韶颖. 明清城市史研究综述 [J]. 南方建筑，2012（1）：18-21.

[19] 韩昭庆. 明清时期黄河水灾对淮北社会的影响探微 [A]. 刘海平主编. 文
明对话：东亚现代化的涵义和全球化中的文化多样性——中国哈佛—
燕京学者第四、五届学术研讨会论文选编 [C]. 上海：上海外语教育出
版社，2006：441-463.

[20] 贾玉英，赵文东. 北宋开封府管理制度研究 [J]. 史学月刊，2001（6）：
128-134.

[21] 荆志淳，George（Rip）Rapp，Jr，高天麟. 河南商丘全新世地貌演变

及其对史前和早期历史考古遗址的影响 [J]. 考古，1997（5）：68-84.

[22] 李东坡，李可东. 黄河在商丘的迁徙及其影响 [J]. 商丘职业技术学院
学报，2004（4）：69-71.

[23] 李丽，李伟伟. 商丘古城改造中的保护规划探索 [J]. 城乡建设，2012
（2）：26-28.

[24] 李丽，李兵强. 商丘古城与世界文化遗产 [J]. 城市探索，2012（1）：
38-39.

[25] 李景聃. 豫东商丘永城调查及造律台黑孤堆曹桥三处小发掘 [J]. 中国
考古学报，1947（2）：83-120.

[26] 李永菊. 从田野考察看明清归德府世家大族的形成与变迁 [J]. 商丘师
范学院学报，2009（11）：20-22.

[27] 李正华. 商丘地区黄河水患史料辑要 [J]. 黄淮学刊，1989（3）：90-91.

[28] 刘园园. 商丘古城城址变迁及其原因探讨 [J]. 三门峡职业技术学院学
报，2007（4）：50-53.

[29] 马程远. 从黄河河道迁徙看下游平原地貌的发育 [J]. 河南师大学报，
1981（1）：89-95.

[30] 毛曦. 城市史学与中国古代城市研究 [J]. 史学理论研究，2006（2）：
71-81.

[31] 潘谷西. 我国明代地区中心城市的建设 [A]. 刘先觉主编. 建筑历史与
理论研究文集 [C]. 北京：中国建筑工业出版社，1997：13-34.

[32] 庞朴. 火历钩沉——一个遗失已久的古历之发现 [J]. 中国文化，1989（1）：
3-23.

[33] 群力. 临淄齐国故城勘探纪要 [J]. 文物，1972（5）：45-54.

[34] 钱林书. 春秋战国时期宋国的城邑及疆域考 [J]. 历史地理（第七辑），
1990（6）.

[35] 钱林书. 春秋战国时期的国家、都城、疆域及政区 [J]. 历史教学问题，
2000（4）：17-22.

[36] 齐文涛. 概述近年来山东出土的商周青铜器 [J]. 文物，1972（5）：3-18.

[37] 任吉东. 从宏观到微观从主流到边缘——中国近代城市史研究回顾与
瞻望 [J]. 理论与现代化，2007（4）：122-126.

[38] 阮仪三. 商丘县历史文化名城保护规划 [J]. 城市规划，1988（5）：54-58.

[39] 孙兵. 在广阔的视野中日渐丰满的城墙面相——中国古代城市城墙史
研究综述 [J]. 史林，2010（3）：32-37.

[40] （美）斯蒂芬·福伊希特旺. 学宫与城隍. （美）施坚雅主编，叶光庭
等译. 中华帝国晚期的城市 [M]. 北京：中华书局，2000：699-730.

[41] 山东省文物管理处. 山东临淄齐故城试掘简报 [J]. 考古，1961（6）：

245

289-297.

[42] 山东省文物考古研究所.齐故城五号东周墓及大型殉马坑的发掘 [J].文物，1984（9）：14-19.

[43] 商丘地区文物管理委员会，中国社会科学院考古研究所河南二队.河南商丘县坞墙遗址试掘简报 [J].考古.1983（2）：116-132.

[44] 苏珊.基于生态学角度浅谈城市滨水区水系绿道设计 [J].南方建筑，2013（1）：41-43.

[45] 王良田.论商丘古城在我国古都史上的地位 [J].中国古都研究（第二十三辑）——南越国遗迹与广州历史文化名城学术研讨会暨中国古都学会 2007 年年会论文集，2007（6）：294-304.

[46] 吴朋飞.商丘古城发展研究——兼析明代商丘城市的历史地理问题 [J].商丘师范学院学报，2010（2）：20-26.

[47] 王青.试论史前黄河下游的改道与古文化的发展 [J].中原文物，1993(4)：63-72.

[48] 魏清彩.应天书院历史沿革考述 [J].商丘师范学院学报，2012（4）：130-132.

[49] 吴庆洲.中国古代的城市水系 [J].华中建筑，1991（2）：55-61.

[50] 吴庆洲.中国古城防洪的技术措施 [J].古建园林技术，1993（2）：8-14.

[51] 吴庆洲.象天法地意匠与中国古都规划 [J].华中建筑，1996（2）：31-40.

[52] 吴庆洲.中国古城选址于建设的历史经验与借鉴 [J].城市规划，2000(9)：31-36.

[53] 吴庆洲.中国古城防洪的历史经验与借鉴 [J].城市规划，2002（4）：84-92.

[54] 吴庆洲.回顾和展望——关于建筑史研究生的培养 [J].城市建筑，2005（3）：85-87.

[55] 吴庆洲.中国建筑史学近 20 年的发展及今后展望 [J].华中建筑，2005（3）：126-133.

[56] 吴庆洲.荆州古城防洪体系和措施研究 [J].中国名城，2009（3）：34-40.

[57] 吴庆洲.龟文化与中国传统建筑 [A].中国建筑史论汇刊（第贰辑）[C].北京：清华大学出版社，2009：445-483.

[58] 吴庆洲.中国古代城市规划哲理研究——以龟形城市格局为例 [J].中国名城，2010（8）：37-46.

[59] 王瑞平.明清时期商丘的集市贸易 [J].商丘师范学院学报，2005（3）：135-138.

[60] 魏泽崧，汪霞，郭海.从文化生态学范畴看中国历史城市的发展 [J].华中建筑，2013（2）：117-121.

[61] 王小块．关于商丘火神台庙会的田野调查 [J]．商丘师范学院学报，2005 (3)：142-144.

[62] 王小块．阏伯台庙会与商丘的历史文化 [J]．商丘师范学院学报，2007(7)：19-21.

[63] 王颖．试论商丘在中原古都群中的发展定位 [J]．商丘师范学院学报，2013 (8)：128-130.

[64] 邹逸麟．隋唐汴河考 [N]．光明日报，1962-7-4.

[65] 王玉霞．商丘古城与大运河商丘段捆绑申遗问题探讨 [J]．商丘师范学院学报，2012 (11)：126-133.

[66] 许继清，张庆．商丘古城坑塘水系探微 [J]．山西建筑，2010 (24)：4-5.

[67] 徐睿．范仲淹与应天书院的教学改革 [J]．岱宗学刊，2008 (3)：101-103.

[68] 熊月之、张生．中国城市史研究综述（1986—2006）[J]．史林，2008 (1)：21-35.

[69] 阎道衡．论豫鲁苏皖交界的堌堆遗址——兼论先商和早商文化问题 [A]．赵保佑主编．商丘与商文化 [C]．郑州：中州古籍出版社，1999：160-176.

[70] 阎根齐．商丘城墙 [A]．赵所生，顾砚耕主编．中国城墙 [C]．南京：江苏教育出版社，2000：203-221.

[71] 阎根齐，刘海燕．先秦宋国史若干问题初探 [J]．商丘师范学院学报，2004 (1)：93-95.

[72] （美）约翰·R·瓦特．衙门与城市行政管理．（美）施坚雅主编，叶光庭等译．中华帝国晚期的城市 [M]．北京：中华书局，2000：418-468.

[73] 俞孔坚，张蕾．黄泛平原古城镇洪涝经验及其适应性景观 [J]．城市规划学刊，2007 (5)：85-91.

[74] 俞孔坚，张蕾．黄泛平原适应性"水城"景观及其保护和建设途径 [J]．水利学报，2008 (6)：688-696.

[75] 养拙．范仲淹与应天府书院 [J]．商丘师专学报，1987 (2)：34-40.

[76] 周宝珠．北宋时期的西京洛阳 [J]．史学月刊，2001 (4)：109-116.

[77] 赵冈．从宏观角度看中国的城市史 [J]．历史研究，1993 (1)：9.

[78] 周峰．全新世时期河南的地理环境与气候 [J]．中原文物，1995 (4)：111-114.

[79] 中国科学院考古研究所山东工作队等．山东曲阜考古调查试掘简报 [J]．考古，1965 (12)：599-613.

[80] 中国社会科学院考古研究所河南二队，商丘地区文物管理委员会．1977年豫东考古纪要 [J]．考古，1981 (5)：385-397.

[81] 中国社会科学院考古研究所，美国哈佛大学皮德保博物馆中美联合考古队．河南商丘县东周城址勘查简报 [J]．考古，1998 (12)：18-27.

247

[82] 张长寿，张光直.河南商丘地区殷商文明调查发掘初步报告 [J].考古，1997（4）：24-31.

[83] 赵广华.明代河南科举与人才的消长 [J].河南大学学报，1992（1）：59-63.

[84] 张涵，朱晓娟.河南省传统文化资源的深度挖掘 [J].河南科技大学学报（社会科学版），2011（2）：67-69.

[85] 张光直.一个美国人类学家看中国考古学的一些重要问题 [J].华夏考古，1995（1）：36-43.

[86] 张锴生.商丘地区考古学文化试析 [A].赵保佑主编.商丘与商文化 [C].郑州：中州古籍出版社，1999：135-159.

[87] 郑连第.城市水利的历史借鉴 [J].中国水利，1982（1）：24-27.

[88] 郑连第.古代城市防洪 [J].中国水利，1989（5）：40-41.

[89] 张民服，徐晶.明代河南宗藩浅述 [J].商丘师范学院学报，2002（1）：48-51.

[90] 翟慕华.北宋时期应天书院兴盛的原因分析 [J].商丘师范学院学报，2004（4）：80-82.

[91] 周年兴等.关注遗产保护的新动向：文化景观 [J].人文地理，2006（5）：61-65.

[92] 周年兴等.绿道及其研究进展 [J].生态学报，2006（9）：3108-3116.

[93] 朱强，刘海龙.绿色通道规划研究进展评述 [J].城市问题，2006（5）：11-16.

[94] 朱强，李伟.遗产区域：一种大尺度文化景观保护的新方法 [J].中国人口、资源与环境，2007（1）：50-55.

[95] 郑清森.宋国都城初探 [J].文物世界，2001（3）：12-14.

[96] 周述椿.四千年前黄河北流改道与鲧禹治水的传说 [J].中国历史地理论丛，1994（1）.

[97] 章生道.城治的形态与结构研究 [A].[美] 施坚雅主编，叶光庭等译，陈桥驿校.中华帝国晚期的城市 [C].北京：中华书局，2000：84-111.

[98] 赵彤梅.商丘归德府古城城门特点探析 [J].山西建筑，2007（2）：63-65.

[99] 赵彤梅.商丘归德府城墙保护与利用的认识及思考 [J].福建建筑，2009（8）：13-14.

[100] 邹逸麟.历史时期黄河流域的环境变迁与城市兴衰 [J].江汉论坛，2006（5）：98-105.

[101] 郑州大学历史学院考古系.豫东商丘地区考古调查简报 [J].华夏考古，2005（2）：13-27.

四、硕士学位论文

[1] 王小块. 商丘阏伯台庙会研究 [D]. 北京：北京师范大学，2004.

[2] 刘园园. 商丘古城的保护与发展研究 [D]. 西安：陕西师范大学，2008.

[3] 纪丹阳. 西周至春秋时期宋国史料辑考 [D]. 合肥：安徽大学，2012.

[4] 陈曦. 河南商丘地区古城洪涝适应性景观研究 [D]. 北京：北京大学，2008.

[5] 王修全. 隋唐大运河商丘段的遗产构成与价值分析 [D]. 郑州：郑州大学，2011.

[6] 丁祥利. 春旱秋潦：黄河与豫东平原社会变迁（1644—1795）[D]. 南京：南京大学，2011.

[7] 程敬磊. 清代豫东地区城镇地理初探 [D]. 郑州：郑州大学，2012.

[8] 许涛. 明代中后期归德府水患治理研究 [D]. 合肥：安徽大学，2012.

[9] 臧守刚. 侯方域与雪苑社研究 [D]. 南京：南京师范大学，2006.

[10] 赵晓华. 商丘历代行政区划沿革研究 [D]. 郑州：郑州大学，2009.

[11] 丁亮. 明代役的结构研究 [D]. 沈阳：辽宁师范大学，2010.

[12] 刘海侠. 侯方域研究 [D]. 成都：四川师范大学，2008.

[13] 张庆. 黄河影响下的商丘古城空间格局探微 [D]. 郑州：郑州大学，2010.

[14] 刘利轩. 商丘与平遥古城空间形态比较研究 [D]. 郑州：郑州大学，2010.

[15] 刘园园. 商丘古城的保护与发展研究 [D]. 西安：陕西师范大学，2008.

[16] 李伟伟. 商丘古城传统建筑地域性特色研究 [D]. 开封：河南大学，2012.

[17] 李兵强. 商丘古城保护与利用价值研究 [D]. 开封：河南大学，2012.

[18] 黄晓燕. 吕坤社会救济思想研究 [D]. 苏州：苏州大学，2012.

[19] 张显运. 简论北宋时期的河南书院 [D]. 武汉：华中师范大学，2003.

五、博士学位论文

[1] 吴庆洲. 中国古代城市防洪研究 [D]. 广州：华南理工大学，1987.

[2] 沈亚虹. 潮州古城规划设计研究 [D]. 广州：华南理工大学，1987.

[3] 郑力鹏. 福州城市发展史研究 [D]. 广州：华南理工大学，1991.

[4] 张春阳. 肇庆古城研究 [D]. 广州：华南理工大学，1992.

[5] 成一农. 唐末至明中叶中国地方建制城市形态研究 [D]. 北京：北京大学，2003.

[6] 萧红颜. 东周以前城市史研究 [D]. 南京：东南大学，2003.

[7] 王静. 唐代长安社会史研究——从社会流动的角度来观察 [D]. 北京：北

京大学，2004.

[8] 苗永立.周代宋国史研究 [D].长春：吉林大学，2008.

[9] 张祥云.北宋西京河南府研究 [D].开封：河南大学，2007.

[10] 杨瑞军.北宋东京治安研究 [D].北京：首都师范大学，2012.

[11] 张蕾.黄泛平原古城洪涝灾害经验与适应性景观——以明清归德府七城为例 [D].北京：北京大学，2008.

[12] 李永菊.明代河南的军事权贵与士绅阶层——归德府世家大族研究 [D].厦门：厦门大学，2008.

[13] 张佐良.清初河南社会重建研究 [D].北京：中国社会科学院研究生院，2009.

[14] 李晓方.县志编纂与地方社会：明清《瑞金县志》研究 [D].上海：华东师范大学，2011.

六、地方志、文集及其他

[1] 李贤修.明一统志 [M].四库全书本.

[2] 田文镜等修，孙灏等纂.雍正河南通志 [M].清雍正十三年（1735）刻，同治八年（1869）补刻本.

[3] 阿思哈，嵩贵纂修.乾隆续河南通志 [M].清乾隆三十二年（1767）刻本.

[4] （清）岳浚监修，杜诏编纂.山东通志 [M].四库全书本.

[5] （明）李嵩纂修.嘉靖归德志 [M].天一阁藏明代方志选刊续编（六十）.上海：上海书店，1990.

[6] （清）陈锡辂修.归德府志 [M].刻本.1754（清乾隆十九年）.

[7] 河南省商丘地区地方志编纂委员会.归德府志 [M].郑州：中州古籍出版社，1994.

[8] （清）刘昌德修.商丘县志 [M].刻本.1705（清康熙四十四年）.

[9] 刘德昌修，叶云纂.康熙商丘县志 [M].台北：台湾成文出版社1976年影印本.

[10] 商丘县志编纂委员会.（清康熙四十四年）商丘县志 [M].北京：生活·读书·新知三联书店，1991.

[11] （清）马世英纂修.睢州志 [M].刻本.1693（清康熙三十二年）.

[12] 睢县志编纂委员会.睢县志 [M].河南：中州古籍出版社，1989.

[13] （清）李藩、元淮等纂修.柘城县志 [M].刻本.1896（清光绪二十二年）

[14] 柘城县志编纂委员会.柘城县志 [M].郑州：中州古籍出版社，1991

[15] （清）李淇等修.虞城县志 [M].刻本.1895（清光绪二十一年）.

[16] 虞城县志编纂委员会.虞城县志 [M].北京：生活·读书·新知三联书店，1991.

[17] 黎德芬等纂修 . 夏邑县志 [M]. 影印本 .1920（民国 9 年）.

[18] 夏邑县志编纂委员会 . 夏邑县志 [M]. 郑州：河南人民出版社，1989.

[19] （明）郑相等纂修 . 嘉靖夏邑县志 [M]. 天一阁藏明代方志选刊续编
（六十）. 上海：上海书店，1990.

[20] （清）于沧澜修 . 鹿邑县志 [M]. 刻本 .1896（清光绪二十二年）

[21] 王殿举主编 . 鹿邑县志 [M]. 郑州：中州古籍出版社，1992.

[22] （清）王肇栋辑 . 宁陵县志 [M]. 刻本 .1693（清康熙三十二年）

[23] 宁陵县志编纂委员会 . 宁陵县志 [M]. 郑州：中州古籍出版社，1992.

[24] （明）郑礼纂修 . 嘉靖永城县志 [M]. 天一阁藏明代方志选刊续编（六十）.
上海：上海书店，1990.

[25] 胡赞采、吕永辉编纂 . 永城县志编纂委员会整理 . 光绪永城县志 [M].
郑州：中州古籍出版社 1991 年版 .

[26] 民国《民权县志》，阎召棠纂修，民国 33 年（1944）错印本 .

[27] 河南省商丘地区地方志编纂委员会 . 商丘地区志 [M]. 北京：生活· 读
书· 新知三联书店，1996.

[28] 商丘地区水利志编纂委员会 . 商丘地区水利志 [M].1992.

[29] 商丘市睢阳区地方史志编纂委员会 . 商丘市睢阳区志（1986—2005）
评审稿 .

[30] 杨瑞奇主编 . 商丘地区建筑志 [M]. 郑州：河南人民出版社，1990.

[31] 杨瑞奇，朱明伦 . 商丘近代建筑史 [M]. 郑州：中州古籍出版社，1995.

[32] 商丘地区计划建设委员会 . 商丘地区城乡建设志 [M].1989.

[33] 商丘地区水利志编纂委员会 . 商丘地区水利志 [M].1992.

[34] 商丘地区文化局 . 商丘地区文化志 [M].1990.

[35] 商丘县水利局 . 商丘县水利志 [M].1987.

[36] （明）沈鲤 . 文雅社约，四库全书存书丛书（子部杂家类）[M]. 济南：
齐鲁书社，1997.

[37] （清）侯方域 . 壮悔堂文集，四库禁毁书丛刊（集部，225 册）[M]. 北京：
北京出版社，1998.

[38] （清商丘）郑廉 . 豫变纪略，四库禁毁书丛刊（史部，74 册）[M]. 北京：
北京出版社，1998.

[39] （清）贾开宗 . 溯园文集，道光八年（1828）刊本 [M].（河南省图书馆藏）.

[40] （清）田文镜 . 抚豫宣化录，四库全书存目丛书（史部，69 册）[M]. 济南：
齐鲁书社，1997.

[41] （明）吕坤 . 救命书，丛书集成初编 [M]. 北京：中华书局，1983.

[42] 商丘朱氏家乘 [Z].1985 年本（商丘双八乡乡朱楼朱氏家藏）.

[43] 商丘叶氏家乘 [Z]. 民国 8 年（1919）本（虞城县叶老家藏）.

[44] 虞城瓦屋刘氏族谱 [Z].1985 年本（宁陵县程楼乡刘氏家藏）.

[45] 商丘蒋氏族谱 [Z]. 光绪五年（1879）本（商丘师院图书馆藏）.

[46] 商丘宋氏家乘 [Z]. 光绪八年（1882）本（商丘宋氏理事会藏）.

[47] 商丘侯氏家乘 [Z]. 光绪三十年（1904）本（商丘侯园侯友全家藏）.

[48] 商丘叶氏家乘 [Z]. 民国 8 年（1919）本（虞城县叶老家藏）.

七、非正式出版物

[1] 河南省古代建筑保护研究所 . 商丘归德府城墙南墙东段及东墙南段现状勘查及维修设计说明 [R].2001.

[2] 河南省文物建筑保护设计研究中心 . 商丘归德府城门维修保护工程说明书 [R].2005.

[3] 商丘市文物管理局 . 隋唐运河故道河南商丘段考古勘探调查成果报告 [R].2007.

[4] 天津大学城市规划设计研究院，商丘市规划勘测建筑设计院 . 商丘市总体规划（2005 ～ 2020）[R].2005.

[5] 同济大学建筑城规学院，商丘县人民政府 . 商丘县历史文化名城保护规划 [R].1987.

[6] 同济大学城市规划设计院，同济大学风景科学与旅游系，商丘人民政府编制 . 商丘古城旅游发展规划——详细规划部分 [R].2002.

[7] 李建业 . 商丘文史资料第五辑（隋唐大运河专辑）内部资料 [G].2008.

[8] 中共商丘市睢阳区委，商丘市睢阳区人民政府等 . 商丘古城申报世界文化遗产资料集锦 [R].2006.

后 记

本书是在笔者博士论文的基础上修改而成。七年前，年近不惑之年的我再次走进大学校门，成为华南理工大学建筑学院的一名学生。有机会聆听诸位名家的教诲，感受他们的睿智，真是倍感荣幸！五年的博士学习生活，对我来说是个"痛苦"多于欢乐的过程。如果寻找价值的过程必然要伴随"煎熬"，我欣然接受，毕竟它使我的人生变得自觉且有了点分量。

受惠于学院深厚扎实的学科背景、科研素质训练和恩师吴庆洲先生的悉心指导，自己的理论素养、研究方法、实践经验等都有了较大提高。先生的谆谆教诲以及自己经历的城市营建史论的学术历练，都使我对先生所倡导的城市营建理念有了深刻的理解。正如先生所言，城市营建不仅是建造，更有形而上的意涵。2010年，在先生指导下，我开始了博士论文的准备。从选题、构架到具体写作，都得到先生的悉心指导。其中，先生对问题的精深见解和对学术的责任感，让我由衷钦佩。师母马怀英女士慈母般的问候和关怀，常常令我感动不已。对他们无私的帮助和关怀，学生终生难忘，心怀感恩！

感谢我的授业之师：吴庆洲教授、唐孝祥教授、程建军教授、郑力鹏教授、田银生教授、陆琦教授、孟庆林教授。是他们用自己渊博的学识、深厚的学养、高尚的品格助我又启一扇人生之门，使我在历练过后的心灵有了更丰富的内涵。特别是我的导师吴庆洲教授，年逾花甲却不辞劳苦地对我的论文一遍遍指导，还有唐孝祥教授，在百忙之中抽出时间，对我的论文写作提出认真、中肯的建议，感激之情无以言表。

感谢我的同窗，特别是张楠、陈吟、李自若，正是他们的刻苦努力、好学进取，使我不敢有片刻倦怠与懒惰；感谢我的母校、建筑学院所有老师还有在学业上助我成长的学长们，使我的学业得以顺利完成；感谢我的家人为我的中途求学给予物质和精神的支持与鼓励；感谢幸运之神对我次次的眷恋。

在商丘查阅资料与进行田野考察的时候，得到了当地专家及朋友的大力支持，除了要表达对他们的真诚谢意，更为他们对所在城市所拥有的那份情感与责任而生敬意。感谢商丘师范学院李可亭教授、贾光老师、商丘市委地方志办公室刘雪艳主任、商丘市博物馆王良田馆长、商丘市规划管理局刘局长、规划勘测建筑设计院丁院长、睢阳区旅游局盛鹏局长。感谢为我提供过资料的商丘市图书馆、水利局、旅游局、史志办等。

再次感谢诸位五年来的提携与帮助，请接受我深深的敬意！

张涵

2017年9月